Günther Hasinger
Das Schicksal des Universums

Günther Hasinger

Das Schicksal des
Universums

Eine Reise vom Anfang zum Ende

Verlag C. H. Beck

Für Ba, Olli und Piz

Erste Auflage. 2007
Zweite Auflage. 2007
Dritte, durchgesehene Auflage. 2008

Mit 48 Abbildungen und 1 Tabelle

Vierte, durchgesehene Auflage. 2009
© Verlag C. H. Beck oHG, München 2007
Satz: Fotosatz Amann, Aichstetten
Druck und Bindung: Ebner & Spiegel, Ulm
Gedruckt auf säurefreiem, alterungsbeständigem Papier
(hergestellt aus chlorfrei gebleichtem Zellstoff)
Printed in Germany
ISBN 978 3 406 56203 7

www.schicksal-des-universums.de
www.beck.de

Inhalt

Einleitung

Der gestirnte Himmel gibt immer wieder Anlass zur Faszination. Wenn wir in einer klaren Nacht an einem dunklen Ort zum Firmament schauen, können wir mit dem bloßen Auge etwa 6000 Sterne erkennen. Über die Jahrhunderte hinweg war dies unser Kosmos, unser «Welt-All». Mit fortschreitender wissenschaftlicher Erkenntnis jedoch wurde der Kosmos zusehends größer. Im vergangenen Jahrhundert vollzog sich dieser Erkenntnisprozess mit geradezu atemberaubender Geschwindigkeit. Heute wissen wir, dass wir selbst mit den größten Teleskopen immer nur einen winzigen Ausschnitt aus den riesigen Weiten des Universums sehen werden. Neben der Faszination und der Ehrfurcht vor der Größe des Weltalls ergreift viele Menschen auch die Furcht vor seinen unfassbaren Dimensionen und Zeiträumen. Letztendlich treibt uns die Frage um: «Woher kommen wir, und wohin gehen wir?» Gehen aber die Antworten auf diese Frage über die mit dem «gesunden Menschenverstand» erfassbaren Raum- und Zeitdimensionen hinaus, begegnen wir ihnen mit großer Skepsis oder ziehen uns wieder in unser geistiges Schneckenhaus zurück. Albert Einstein, der mit seinen Theorien die klassischen Konzepte von Raum und Zeit auf den Kopf stellte, meinte dagegen, der gesunde Menschenverstand sei ohnehin nur die Summe der Vorurteile, die man bis zu seinem 18. Lebensjahr angesammelt habe. Seit Einstein haben unsere Erkenntnisse riesige Schritte gemacht, und trotzdem habe ich manchmal das Gefühl, wir wissen immer weniger, je mehr wir dazulernen. Mit jeder neuen Erkenntnis stoßen wir eine weitere Tür zum Unbekannten auf, mit jeder beantworteten Frage jedoch entdecken wir wieder eine Menge neuer, noch verschlossener Türen.

Bei den verschiedensten Gelegenheiten liebe ich es, vor interessiertem Publikum allgemeinverständliche Vorträge über das Universum zu halten. Das gebannte Interesse der Zuhörer und der meist positive Zuspruch nach dem Vortrag sind für mich eine Labsal, aus der ich Kraft für weitere Unternehmungen schöpfe. Besonders die langen Diskussionen im Anschluss sind für mich sehr wichtig und reizvoll, schon deshalb, weil ich daraus etwas über die Sichtweise und die Fragen der interessierten Zuhörer lerne. Einige Fragen tauchen dabei immer wieder auf. Es sind die wichtigsten und dennoch am schwersten zu beantwortenden, weil wir die Antworten einfach noch nicht kennen und vielleicht nie wissen werden:

Was war vor dem Urknall? Was ist hinter dem Rand des Weltalls? Wohin dehnt sich das Universum aus? Wird es später einmal wieder zusammenstürzen? Was ist Raum? Was ist Zeit? Sind sie unendlich? Was ist im Innern eines Schwarzen Lochs? Sind wir allein im All?

Manchmal sage ich zu Anfang des Vortrags scherzhaft zu den Zuhörern: «Sie dürfen mich alles fragen, nur das nicht, worauf ich keine Antwort weiß!» Zwar geht die Erkenntnis mit riesigen Schritten voran, und etliche Fragen, die gestern noch nicht gestellt werden konnten, sind heute bereits beantwortet. An der Beantwortung anderer Fragen, zum Beispiel der nach dem Leben des Universums vor seiner Geburt, wird derzeit heftig gearbeitet.

Manche Zuhörer kommen nach den Vorträgen auch zum Podium, um einfach ihren Unmut über die Beschäftigung des Referenten mit dem Unfassbaren kundzutun. Der dabei am häufigsten gehörte Einwand lautet sinngemäß: «Das, was ihr da macht, ist doch reine Theorie und hat mit der Wirklichkeit überhaupt nichts zu tun. Solange ich das nicht mit eigenen Augen gesehen habe, kann ich es nicht glauben. Warum sollte ich also nicht gleich etwas anderes glauben?» Diesen Menschen versuche ich zu erklären, dass das, was wir «mit eigenen Augen sehen» nennen, sich um keinen Deut davon unterscheidet, was die Astronomen mit ihren Teleskopen machen. Die Linse in unserem Auge bündelt elektromagnetische Strahlen auf die Netzhaut (den Detektor), wo sie in elektrische Signale umgewandelt und an das Gehirn (den Zentralcomputer) weitergeleitet werden. Das Gehirn versucht, diese Signale zu interpretieren, zum Beispiel dadurch, dass es sie mit einer riesigen Menge an gespeicherten Informationen und Modellen aus der Erfahrung vergleicht und dann zu dem Schluss kommt: «Das ist ein Baum, das ist ein Gesicht.» Dabei ist das Gehirn natürlich nicht frei von Fehlern und Irrtümern, wie man etwa an den allseits bekannten optischen Täuschungen sieht. Empfängt das Gehirn etwas, das es absolut nicht zuordnen kann, dann wird dies unter der Kategorie «neue Erfahrung» abgespeichert und gleichsam archiviert. Die Wirklichkeit als solche gibt es nicht, sondern sie wird uns durch ein stetiges Vergleichen und Abwägen im Gehirn vorgegaukelt. Ersetzen Sie in diesem Beispiel die Linse im Auge durch den Spiegel eines Teleskops, die Netzhaut durch einen empfindlichen Detektor und die Datenverarbeitung im Gehirn durch einen großen Computer, haben Sie eine sehr ähnliche Situation wie das «Sehen mit eigenen Augen». Natürlich müssen all die astronomischen Ergebnisse und Bilder wiederum mit dem menschlichen Gehirn verarbeitet und interpretiert werden. Aber wir würden doch nie im Leben auf den Gedanken kommen, die Realität einer Ultraschallaufnahme, eines Röntgenbildes oder eines Blickes durch ein Mikroskop anzuzweifeln, nur weil wir sie nicht mit bloßen Augen sehen.

Eine andere Kategorie von Zuhörern, die nach dem Vortrag zu mir kommen, fragen, wo man das soeben Gehörte nachlesen kann. Es gibt viele faszinierende Bücher über das Universum und die atemberaubenden jüngsten Entdeckungen, von denen ich einige im Anhang aufliste. Etliche davon sind von berühmten Wissenschaftlern selbst geschrieben, und die meisten habe ich mit größtem Vergnügen gelesen. Jeder hat aber seine eigene Art, komplizierte Sachverhalte einem interessierten Publikum nahezubringen. Deshalb habe ich auch oft gehört: «Warum schreiben Sie denn nicht selbst einmal ein Buch?» Was ich hiermit getan habe.

Sie können mein Buch als eine Reise verstehen – vom Anfang des Universums in seinem unfassbar heißen Urknall vor ziemlich genau 13,7 Milliarden Jahren bis zu seinem kalten, dunklen Ende in fernen Ewigkeiten. Dazwischen liegen die Zeiten, in denen sich großräumige Strukturen, Galaxien, Sterne und Planeten entwickeln. Auf mindestens einem dieser Planeten lässt es sich für einige Zeit relativ gemütlich leben, so dass sich komplexe Organismen entwickeln, unter anderem der Mensch, der darüber nachdenkt, wie er beschaffen ist, woher er kommt und wohin er einmal gehen wird. Wenn es darum geht, die weit zurückliegende Vergangenheit zu erforschen, helfen ihm die Astronomie und die Astrophysik.

Die Geschichte der jüngsten Erkenntnisse in der Astronomie und Astrophysik ist schlicht atemberaubend. Neue, mächtige Teleskope und Beobachtungsmethoden, aber auch die rasante Entwicklung in der numerischen Astrophysik durch schnellere Computer und ausgefeiltere Algorithmen erschließen völlig neue Räume für Entdeckungen. Astrophysik und Kosmologie erleben derzeit ein «goldenes Zeitalter», in dem fundamentale Umwälzungen unseres Verständnisses von Raum und Zeit, der Entstehung und der Zukunft unseres Universums und der Exploration unserer kosmischen Heimat stattfinden. Das Hubble-Weltraumteleskop, die Großen Observatorien mit 8 bis 10 Metern Durchmesser an den besten Beobachtungsstandorten am Boden, große Radioteleskope und eine ganze Armada von Satelliten in verschiedenen, vom Erdboden aus nicht zugänglichen Wellenlängenbereichen, wie zum Beispiel die Röntgensatelliten ROSAT, *Chandra* und *XMM-Newton* oder die Infrarotsatelliten ISO und *Spitzer,* haben zu Erkenntnisdurchbrüchen und Paradigmenwechseln geführt. In den letzten Jahren regneten die Entdeckungen geradezu auf uns herab. Umwälzungen gab es nicht nur innerhalb der Kosmologie, wo wir inzwischen über ein allgemein akzeptiertes Modell der Entstehung und Entwicklung des Universums verfügen, sondern zum Beispiel auch bei der Entdeckung von Planeten außerhalb unseres Sonnensystems, von denen wir inzwischen bereits über 200 kennen. Ein Paradigmenwechsel fand auch bei den Schwarzen Löchern statt, die sich von reinen Gedankenkonstrukten zu real existierenden Himmelskörpern gewandelt haben. Sie haben vermutlich einen wesentlichen Einfluss auf die Entwicklung unseres Universums. Selbst die rätselhaften Gammastrahlenausbrüche konnten in den letzten Jahren als die Geburtsvorgänge von Schwarzen Löchern interpretiert werden.

Wo immer möglich, werde ich versuchen, nicht nur die neuen, faszinierenden Erkenntnisse über unser Universum darzustellen, sondern auf den Stationen unserer Reise Ihnen auch die Methoden, mit denen in der Astrophysik gearbeitet wird, sowie die menschliche Seite der Erforschung des Weltalls und die dazugehörigen Anekdoten nahezubringen. Dabei werde ich mich bemühen, Ihnen ein Gefühl zu geben, an welchen Stellen unser Wissen noch so unvollständig ist, dass wir eigentlich nur spekulieren können und die Reise dadurch etwas holprig wird. Natürlich verschieben sich die Grenzen zwischen Nichtwissen und Wissen ständig für uns alle.

Da alle Signale aus dem Kosmos eine geraume Zeit benötigen, um bei uns anzukommen, kann man die Astronomie als eine Zeitmaschine betrachten: Je weiter ein Objekt von uns entfernt ist, desto jünger war es, als es sein Licht ausgesandt hat. Je tiefer wir also in den Weltraum schauen, desto frühere Phasen des Kosmos sehen wir. Es ist fast so, als würden wir in unsere eigene Kinderstube oder sogar in den Mutterleib zurückblicken. Haben wir einmal die Entwicklung des Universums bis zu seinem heutigen Tag einigermaßen verstanden, dann können wir auch wagen, in die Zukunft zu blicken und Vorhersagen zu machen. Natürlich werden die Konturen unserer Aussagen über die Vergangenheit und die Zukunft des Kosmos immer unschärfer, je weiter diese Zeiten von uns entfernt sind. Aber je mehr wir erforschen, je größere Teleskope und Teilchenbeschleuniger wir bauen, je ausgefeilter unsere Theorien werden, desto schärfer werden diese Konturen. Desto mehr erkennen wir aber auch, wie viel wir noch nicht wissen. So ist die gesamte Geschichte des Kosmos, eingeschlossen der dieses Buches, Teil der immerwährenden Evolution.

Darf ich Sie einladen zu einer Reise durch die Geschichte des Universums?

1 Die dunkle Seite des Universums

Tohuwabohu – der chaotische Beginn

«Am Anfang schuf Gott Himmel und Erde. Und die Erde war wüst und leer, und es war finster auf der Tiefe; und der Geist Gottes schwebte auf dem Wasser.»[1] Erstaunlicherweise ist der Anfang der Schöpfungsgeschichte aus dem ersten Buch Mose, abgesehen von einigen wichtigen Details, gar nicht so weit entfernt vom Beginn des Universums, wie ihn sich Astrophysiker und Kosmologen heute vorstellen. Der hebräische Ausdruck «Tohuwabohu», der in der deutschen Version der Bibel mit «wüst und leer» übersetzt wurde, ist heute ein Synonym für Chaos und Wirrwarr. Tatsächlich geht die moderne Kosmologie davon aus, dass unser Universum in einer chaotischen, inflationären Aufblähung aus dem Nichts entstanden ist. Wenn die neuesten astrophysikalischen Erkenntnisse richtig sind, müssen wir uns mit dem Gedanken anfreunden, dass das, was wir als «Nichts» bezeichnen, das Vakuum also, den höchsten Energiezustand im Universum darstellt. Dieses Nichts ist an manchen Stellen bis zum Zerreißen mit einer Spannung erfüllt, ähnlich wie die aufgezogene Feder in einem Uhrengehäuse oder die Schoten der «Rühr-mich-nicht-an»-Pflanze. Die kleinste Störung, der Hauch einer Berührung führt dazu, dass die Schoten aufplatzen und die Samen sich mit Macht in alle Winde zerstreuen. Im übertragenen Sinn kann man sich den Urknall wie ein derartiges Aufplatzen vorstellen. Die Spannung des Raums, die in diesem Bild zur Entstehung des Universums führt, wird auf eine bisher noch nicht verstandene Kraft zurückgeführt, das sogenannte Higgs-Feld. Ob das etwas mit der vor kurzem entdeckten Dunklen Energie zu tun hat, wissen wir noch nicht, doch hat die Dunkle Energie heutigen Vorstellungen nach ebenfalls eine exponentiell beschleunigte Ausdehnung des Kosmos zur Folge. Die Erkenntnisse über dieses Tohuwabohu haben eine lange, wechselvolle Geschichte, in der unsere eigene Milchstraße eine wichtige Rolle spielt.

Wenn wir einmal das Glück haben, in einer dunklen, sternklaren Nacht an den Himmel zu blicken, sehen wir das helle Band der Milchstraße über uns. Abbildung 1 zeigt das Panorama des gesamten Himmels. Das helle Band, das sich quer über das Firmament zieht, ist unsere Milchstraße. In der Mitte des Bildes befindet sich das Galaktische Zentrum, für das unbewehrte Auge unsichtbar, weil es von dunklen Staubwolken verdeckt ist. Als Galileo Galilei im Jahr 1609 das erste Mal ein Fernrohr auf die Milchstraße richtete, stellte er fest, dass das schwache Leuchten aus Tausenden von Sternen besteht. Wir scheinen uns mitten in einer Scheibe aus Milliarden von Sternen zu befinden. Fast alle Objekte, die wir mit bloßem Auge am Nachthimmel sehen, sind Sterne unserer Milchstraße – der Galaxis. Nur in der rechten unteren Hälfte des Bildes sind zwei kleine Nebelflecken zu erkennen, von denen der Seefahrer Magellan 1521 berichtete. Anders als die Astronomen vor einhundert Jahren wissen wir heute, dass die Magellan'schen Wolken zwei kleine, nahe der Milchstraße gelegene, eigenständige Galaxien sind.

1 Panorama des gesamten Himmels im sichtbaren Licht. In der Mitte der Abbildung befindet sich das Galaktische Zentrum. Die Milchstraßenebene ist als helles, von Dunkelwolken durchzogenes Band erkennbar.

Könnten wir uns über die Ebene der Milchstraße hinaus erheben, würden wir feststellen, dass unsere Galaxis ein gigantisches Spiralrad aus Sternen und Gasnebeln ist, ähnlich der wunderschönen Spiralgalaxie NGC 1232 in Abbildung 2,

2 Das «Erste Licht» des *Very Large Telescope* der Europäischen Südsternwarte auf dem Cerro Paranal in Chile. Das Bild zeigt die Spiralgalaxie NGC 1232, die wir fast exakt von oben sehen.

dem ersten Bild, das mit dem ersten *Very Large Telescope* (VLT) der Europäischen Südsternwarte ESO in der chilenischen Atacama-Wüste aufgenommen wurde.[2] Die relativ nahe Galaxie NGC 1232 beobachten wir fast genau von oben. Wie an Perlenschnüren aufgereiht sieht man die jungen, blauen Sterne in den Spiralarmen der Galaxie, während im Zentrum die älteren, roten Sterne vorherrschen. Insgesamt gibt es in der Milchstraße oder anderen typischen Spiralgalaxien etwa 100 Milliarden Sterne. Wir wissen inzwischen

auch, dass unser Sonnensystem zwischen zwei der äußeren Spiralarme der Galaxis liegt; was wir als «Milchstraße» sehen, sind die
Sterne, Gas- und Staubwolken der uns umgebenden Spiralarme.

Über Jahrhunderte galt der gestirnte Himmel über uns als un-
vergänglich, lediglich unterbrochen vom regelmäßigen Lauf der
Wandelsterne und manchmal durch das unheilschwangere Auftauchen von Kometen oder «Gaststernen», die für wenige Wochen erschienen. Noch für die meisten astronomischen Zeitgenossen Einsteins bestand das Universum einzig und allein aus dem Band der
Milchstraße, das seit dem Anfang aller Zeiten existiert haben musste und auch in alle Ewigkeit weiterbestehen würde. Man glaubte
damals, dass die Sonne ziemlich genau in der Mitte dieses Kosmos
stünde, unter anderem deshalb, weil das galaktische Band rund
um den Himmel in alle Richtungen sehr ähnlich aussieht, weil man
in jede Richtung etwa die gleiche Anzahl von Sternen zählt und
weil sich die Sterne untereinander nur relativ langsam bewegen.
Man glaubte allerdings, dass dieser Kosmos zwar zeitlich ohne Anfang und Ende, dafür aber räumlich durchaus begrenzt sei.

Als Albert Einstein im Jahr 1915 die erste Version der Allgemeinen Relativitätstheorie aufgestellt hatte, realisierte er, dass die Lösungen seiner Feldgleichungen kein statisches, räumlich begrenztes
Universum erlaubten, sondern eines, das entweder in sich zusammenstürzen oder auseinanderfliegen müsste. Man kann verstehen,
welches Unbehagen die Vorstellung eines unstabilen, dynamischen
Universums damals ausgelöst hat. Deshalb sah sich Einstein dazu
veranlasst, im Jahr 1917 ein zusätzliches, stabilisierendes Glied in
seine Gleichungen einzubauen, die sogenannte *Kosmologische Konstante* Λ. In einem Brief an Paul Ehrenfest schrieb er im Februar
1917: «Ich habe wieder etwas verbrochen in der Gravitationstheorie, was mich ein wenig in Gefahr bringt, in ein Tollhaus interniert
zu werden.»[3] Diese Konstante kann man sich als eine Art abstoßende Wirkung – eine Anti-Gravitationskraft – vorstellen: Wenn
ich einen Stein in die Höhe werfe, wird dieser durch die Schwerkraft angezogen und kommt wieder auf die Erde zurück (oder,
wenn ich ihn mit einem Raketenantrieb ausstatte, kann er die Erde
verlassen). Die abstoßende Kosmologische Konstante würde jedoch

dazu führen, dass der Stein ab einer gewissen Entfernung von der Erde beschleunigt und mit steigendem Abstand immer schneller würde.

Der Wert der Kosmologischen Konstante musste demnach genau so eingestellt werden, dass diese abstoßende Kraft der Anziehungskraft der gesamten Materie im Kosmos exakt die Waage hält und damit ein statisches Universum ermöglicht. Um bei dem Beispiel des Steins zu bleiben, so müsste dieser in gewisser Entfernung von der Erde gerade zur Ruhe kommen. Wir wissen heute allerdings, dass der Kosmos selbst mit dieser Kosmologischen Konstante nicht wirklich statisch wäre. Die kleinste Störung würde ihn aus dem Gleichgewicht werfen.

Würde man alle Materie und Strahlung aus dem Kosmos entfernen – und damit aus Einsteins Gleichungen –, bliebe in letzter Konsequenz immer noch die Kosmologische Konstante übrig. Das Nichts wäre gleichmäßig mit einer Substanz gefüllt. Mit diesem Problem schlugen sich Einstein und seine mit ihm im regen wissenschaftlichen Austausch stehenden Zeitgenossen über viele Jahre herum. Einstein selbst, der stark von dem Philosophen Ernst Mach beeinflusst war, hatte ursprünglich das Mach'sche Prinzip postuliert, nach dem der Raum nur durch die Materie geschaffen wird. In einem Brief vom Januar 1916 an Karl Schwarzschild, den wir später noch im Zusammenhang mit den Schwarzen Löchern genauer kennenlernen werden, schreibt er: «Man kann es scherzhaft so ausdrücken: Wenn ich alle Dinge aus der Welt verschwinden lasse, so bleibt nach Newton der Galileische Trägheitsraum, nach meiner Auffassung aber *nichts* übrig.»[4] Er glaubte, das Mach sche Prinzip müsse zwischen vernünftigen und unvernünftigen Lösungen seiner Feldgleichungen auswählen. Der holländische Astronom und spätere Direktor der Sternwarte in Leiden, Willem de Sitter, hatte dagegen bereits im Jahr der Veröffentlichung der Allgemeinen Relativitätstheorie eine Lösung der Einstein'schen Feldgleichungen für ein von einer Kosmologischen Konstante dominiertes, massefreies Universum publiziert. Einstein kritisierte natürlich umgehend die von seinem Gegenspieler angegebene Lösung der Gravitationsgleichungen. Erst viel später wurde realisiert, dass sich ein derartiges de-Sitter-Universum exponentiell ausdehnen müsste, was im Rahmen der weiter unten beschriebenen Inflationstheorie noch sehr wichtig werden wird. Im Jahr 1921 veröffentlichte der russische Meteorologe Alexander Friedman allgemeine Lösungen der Einstein'schen Feldgleichungen, die zeigten, dass der Kosmos, mit oder ohne Kosmologische Konstante, expandieren oder kontrahieren kann, je nachdem, welche Parameter man in die Gleichungen einsetzt. Einstein, der den dynamischen Lösungen seiner Gleichungen von Anfang an mit großer Skepsis begegnete, glaubte ursprünglich, einen Rechenfehler in Friedmans Lösungen gefunden zu haben, musste diesem dann aber 1923 doch Recht geben, was sein Vertrauen in das Mach'sche Prinzip deutlich erschütterte.[5]

Die Allgemeine Relativitätstheorie hatte zu Beginn ausschließlich astronomische Anwendungen. Ihre Feuertaufe bestand sie durch Einsteins Erklärung der bis dato unverstandenen astronomischen Beobachtungen zur Drehung der Merkurbahn. Die im Jahr 1919 von Sir Arthur Eddington, dem englischen Hofastronomen, zum ersten Mal durchgeführte Messung der Gravitationsablenkung von Lichtstrahlen am Sonnenrand machte Einstein über Nacht weltweit berühmt. Anders als beispielsweise de Sitter war Einstein jedoch zunächst wenig an den Auswirkungen interessiert, welche die dramatischen Entwicklungen der beobachtenden Astronomie Anfang des letzten Jahrhunderts auf seine Theorie haben würden. Um 1920 kulminierte ein Streit unter den Astronomen, der eine zweite Kopernikanische Wende in unserem Verständnis des Kosmos einleiten sollte: die «Welteninsel-Debatte». Bereits Ende des 18. Jahrhunderts hatte sich Immanuel Kant gefragt, ob einige der elliptischen diffusen Nebelflecken, die man beim Blick durch ein großes Teleskop überall zwischen den Sternen entdecken konnte, möglicherweise aus eigenständigen, weit entfernten scheibenförmigen Sternsystemen bestehen, eben den Welteninseln («Island Universes»), oder aber aus leuchtenden Gaswolken in unserer Milchstraße, etwa dem Großen Nebel im Sternbild Orion.

Der Astronom Julius Scheiner hatte schon im Jahr 1899 am Astrophysikalischen Observatorium Potsdam ein Spektrum des Andromeda-Nebels aufgenommen und festgestellt, dass die Lichtverteilung dieses Nebels derjenigen der Sonne sehr ähnlich ist.[6] Er schloss daraus, dass der Spiralnebel im Sternbild Andromeda wie unsere Milchstraße ein System aus Sternen sein müsse. Er ließ sich sogar zu der Vorhersage inspirieren, unsere Milchstraße müsse ebenfalls eine Spiralstruktur besitzen, womit er seiner Zeit weit voraus war. Die Astronomen der damaligen Zeit waren diesem Ergebnis gegenüber sehr skeptisch oder ignorierten es einfach. In einer Veröffentlichung aus dem Jahr 1909 beschwerte sich Scheiner über den Direktor seines Observatoriums, Hermann Carl Vogel, der mehrere seiner Arbeiten nicht für Wert befunden hatte, in das Nachschlagewerk *Populäre Astronomie* aufgenommen zu werden.[7] In der gleichen Notiz beklagte er sich auch über den Kollegen Edward Arthur Fath aus Pasadena, der geschlossen hatte, Scheiners Spektrum müsse wohl so schwach gewesen sein, dass an seiner Interpretation Zweifel angebracht wären, aber aus seiner eigenen Arbeit dennoch zur gleichen Schlussfolgerung gelangt war. Erst 1995 wurde Scheiner endgültig rehabilitiert, als es Hans Oleak, einem meiner Kollegen am Astrophysikalischen Institut Potsdam, gelang, Scheiners inzwischen fast vollständig verblasste originale Photoplatte auf einer modernen Maschine zu digitalisieren und seine Aussagen vollauf zu bestätigen.[8]

Im Jahr 1920 fand in der Nationalen Akademie der Wissenschaften in Washington die berühmte «Great Debate» zwischen den beiden amerikanischen Astronomen Heber D. Curtis und Harlow Shapley statt, die sich über die Natur der Nebel stritten. Shapley war der Meinung, die Nebel seien Gaswolken in der Milchstraße, während Curtis sie als eigene Insel-Universen aus unzähligen Sternen ansah. Wie sich herausstellte, hatten die Vertreter beider Lager Recht. Eines der schwierigsten Probleme in der Astronomie liegt nämlich in der Bestimmung der Entfernung zu den Himmelskörpern, und damals war es noch nicht möglich, die Entfernung der Nebel hinreichend genau zu bestimmen. Mit immer besseren Teleskopen gelang es, in einigen der Nebel einzelne helle Sterne aufzulösen, während sich andere Nebel tatsächlich als Gaswolken herausstellten.

Die amerikanische Astronomin Henrietta Leavitt hatte 1912 in einer langjährigen Arbeit an einer Gruppe variabler Sterne in den Magellan'schen Wolken gezeigt, dass deren Pulsationsperiode direkt von ihrer Leuchtkraft abhängt. Aus dieser Tatsache konnte man eine neue Technik zur Bestimmung von Entfernungen entwickeln, die sogenannte Cepheiden-Methode. Bereits im Jahr 1913 schätzte der in Potsdam arbeitende dänische Astronom Ejnar Hertzsprung mit Hilfe des variablen Sterns Delta Cephei, nach dem die Methode benannt ist, die Entfernung zur Kleinen Magellan'schen Wolke ab und kam zu der seinerzeit außerordentlichen Schlussfolgerung, dass dieser Nebel ein Sternsystem außerhalb unserer Milchstraße – also eine eigene Welteninsel – sein muss. Die von ihm damals angegebene Entfernung, etwa 3000 Lichtjahre, war aber vermutlich wegen eines Rechenfehlers lächerlich klein ausgefallen, so dass die eigentlich bahnbrechende Arbeit international kaum beachtet wurde. Der Durchbruch und das Ende der Welteninsel-Debatte kam erst 1923 mit Edwin Powell Hubble, der mit Hilfe des damals größten Teleskops, des 2,3-Meter-Spiegels auf dem Mount-Wilson-Observatorium, im Nebel Messier 31 einzelne Cepheiden-Sterne beobachtete und damit Scheiners Vermutung beweisen konnte, dass dieses kleine diffuse, nur mit dem Feldstecher sichtbare Nebelfleckchen im nördlichen Sternbild Andromeda in Wirklichkeit ein riesiges Sternsystem darstellt, vergleichbar unserer eigenen Milchstraße, aber in der gigantischen Entfernung von 2,1 Millionen Lichtjahren. Seit dieser Zeit gibt es den Begriff «extragalaktisch», also außerhalb unserer Milchstraße gelegen. Parallel dazu zeigte Harlow Shapley durch die Entfernungsbestimmung von Kugelsternhaufen, ebenfalls am Mount Wilson, dass die Sonne gar nicht im Zentrum unserer Milchstraße, sondern vielmehr am Rand ihrer Scheibe beheimatet ist. Damit war das Universum mit einem Schlag um ein Vielfaches größer geworden, und wieder einmal, wie bereits bei Nikolaus Kopernikus, wurde der Mensch aus dem Zentrum seines Universums vertrieben. Abbildung 3 zeigt, wie sich die Erkenntnis über die Größe unseres Weltalls mit der Zeit dramatisch geändert hat.

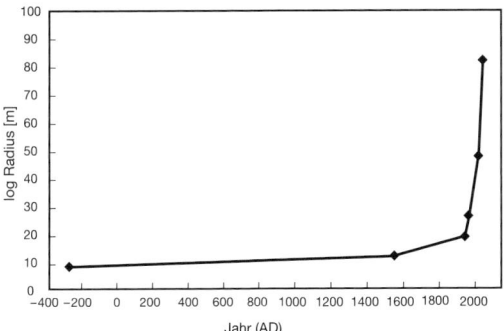

Jahr (AD)

3   Die bekannte Größe des Weltalls als Funktion der Zeit. Mehrere Kopernikanische Wenden haben das bekannte Weltall dramatisch vergrößert: Um 1500 zeigte Kopernikus, dass nicht die Erde, sondern die Sonne den Mittelpunkt des Sonnensystems darstellt. Noch bis 1920 glaubten die Astronomen jedoch, dass sich die Sonne im Mittelpunkt der Milchstraße befindet. Erst Shapley bewies, dass die Sonne am Rande unserer Milchstraße beheimatet ist, und Hubble stellte 1929 fest, dass unsere Milchstraße nur eine unter vielen Welteninseln ist. Durch die Inflationstheorie und die beschleunigte Ausdehnung haben sich die Grenzen des Universums abermals wesentlich weiter hinausgeschoben. Aus der Kurve ist bisher noch kein Ende abzusehen.

Mit dem Namen von Edwin Hubble ist aber ein noch viel größerer Durchbruch verbunden, und dieser bringt uns zurück zu Einstein. Ähnlich wie die Polizei die Geschwindigkeit von Temposündern in einer Radarfalle bestimmt, kann man auch die Bewegungsgeschwindigkeiten von Galaxien messen. Dies ist analog zu dem von dem österreichischen Physiker Christian Doppler 1842 entdeckten Effekt, dass sich die Frequenz von Schall- oder Lichtwellen mit der Geschwindigkeit des Objektes ändert. Besonders gut lässt sich das an vorbeifahrenden Polizeiautos beobachten, deren Tatütata beim Herannahen deutlich höher erscheint als beim Wegfahren. Noch schöner ist der Effekt allerdings bei Formel-1 Rennen, wo der Zuschauer das charakteristische Wrrrooam der vorbeirasenden Rennwagen hört. Überlegen Sie einmal, was Michael Schumacher selbst hörte, wenn er in seinem Boliden über die Piste raste!

Teilt man das Licht eines Sterns mit einem Prisma oder einem fein geritzten Gitter in seine Regenbogenfarben auf, lassen sich in diesem sogenannten Spektrum dunkle Linien erkennen, die Fraunhofer'schen Spektrallinien, die von einzelnen chemischen Elementen in den Atmosphären der Sterne stammen. Bereits seit 1912 hatte der amerikanische Astronom Vesto M. Slipher am Lowell-Observatorium in Arizona in einigen Galaxien eine Verschiebung dieser Spektrallinien zum roten Teil des Spektrums hin gefunden, und bis 1928 hatte er etwa vierzig «Rotverschiebungen» gemessen. Der schon erwähnte Willem de Sitter interpretierte diese Rotverschiebungen als Erster als Doppler-Verschiebungen, die Fluchtgeschwindigkeiten von etlichen hundert Kilometern pro Sekunde entsprechen, und baute sie in sein Modell des expandierenden Kosmos ein. Für eine kurze Zeit waren diese Rotverschiebungen als de-Sitter-Effekt bekannt und spielten auch eine wichtige Rolle in der Großen Debatte von 1920. Im Jahr 1923 kombinierte der Kieler Astronom Carl Wirtz Sliphers Rotverschiebungsmessungen mit Entfernungsschätzungen, die auf der Größe der Spiralnebel basierten, und schlug als Erster einen linearen Zusammenhang zwischen der Geschwindigkeit und der Entfernung der Galaxien vor. Mit Hilfe der Cepheiden-Methode bestimmte Edwin Hubble 1924 die Entfernung zum Andromeda-Nebel. Fünf Jahre später hatte er die Entfernung zu 18 Galaxien bestimmt und stellte ebenso wie Wirtz eine annähernd lineare Beziehung mit der Rotverschiebung fest. Zusammen mit seinem Nachtassistenten Milton Humason veröffentlichte er 1931 eine wesentlich erweiterte, überzeugendere Stichprobe.[9] Daraus ergab sich, dass sich fast alle Galaxien von uns wegbewegen, und zwar umso schneller, je weiter sie von uns entfernt sind. Unsere Nachbargalaxie, der Andromeda-Nebel, ist demgegenüber eine der wenigen Galaxien, die sich auf uns zu bewegen, und zwar mit etwa 150 km/s. Das wird gegen Ende dieses Buches noch eine wichtige Rolle spielen.

Die Entdeckung der Galaxienfluchtbewegung ist eines von mehreren Beispielen dafür, dass der Ruhm für eine astronomische Beobachtung nicht notwendigerweise all den Personen zuteil wird, denen er eigentlich gebührt. Die Idee eines expandierenden Universums, das aus einem «Ur-Atom» hervorging, hatte bereits 1927 der Jesuit Georges-Henri Lemaître veröffentlicht. Der katholische Priester aus Belgien, der gleichzeitig als Astronom ein Schüler von Harlow Shapley war, hatte damit in die kosmologischen Modelle eine Art Schöpfungsakt eingebracht. Schaut man sich im Nachhinein das berühmte Hubble-Diagramm aus dem Jahr 1929 an, so ist es schwer, eine signifikante Korrelation zwischen Geschwindigkeit und Entfernung festzustellen, und man versteht die von Steven Weinberg formulierten Zweifel daran, ob der Ruhm für diese Entdeckung nicht auch mit den Namen von Slipher, Wirtz, Humason und Lemaître in Verbindung gebracht werden muss.[10] Die Schlussfolgerungen aus diesen Beobachtungen waren jedoch kolossal: Der Kosmos dehnt sich tatsächlich aus! Wie die Rosinen in einem Hefekuchen, der beim Backen aufgeht, bewegen sich alle Galaxien voneinander weg, und zwar mit einer Geschwindigkeit, die umso größer ist, je weiter sie auseinanderliegen. Dies legt den Schluss nahe, dass in der Frühzeit des Kosmos alle Materie einmal sehr nahe beieinandergestanden haben musste – das Urknall-Modell war geboren. Das Alter des Kosmos lässt sich direkt aus der Expansionsrate abschätzen: Je schneller die Galaxien auseinanderfliegen, desto kürzer muss die Zeit seit dem Urknall sein (siehe Abbildung 11). Leider war die Hubble-Konstante ursprünglich deutlich zu groß ausgefallen, was zunächst auf ein viel zu kleines Weltalter von nur 2 Milliarden Jahren deutete.

Einstein muss wohl in den Jahren seit 1917 diese atemberaubenden Entwicklungen in der Astronomie mitbekommen haben. Er war aber immer noch von seinem statischen Kosmos überzeugt, obwohl er inzwischen vereinzelt Zweifel am Mach'schen Prinzip geäußert hatte. Noch 1927 wies er auf dem Solvay-Kongress in Brüssel die Lösungen für expandierende Universen zurück und sagte zu Lemaître: «Vos calculs sont corrects, mais votre physique est abominable» (Ihre Rechnungen sind korrekt, aber Ihre Physik ist abscheulich).[11] Im Jahr 1931 besuchte er auf einer Reise in die Vereinigten Staaten von Amerika auch das California Institute of Technology und das Mount-Wilson-Observatorium, an dem Hubble und Humason ihre Entdeckung gemacht hatten. Abbildung 4 zeigt ein sehr schönes Foto von diesem Besuch, auf dem Einstein durch das Okular des 2,3-Meter-Teleskops schaut und Edwin Hubble im Hintergrund seine Pfeife raucht. Erst auf dieser Reise wurde Einstein klar, dass mit der Fluchtbewegung der Galaxien sein Bild vom statischen Universum endgültig zerstört war. Mit der Ausdehnung des Universums war der ursprüngliche Grund für die Einführung der Kosmologischen Konstante obsolet geworden. Fast unmittelbar nach seiner Rückkehr nach Berlin

4 Albert Einstein mit
Edwin Hubble und Walter
Adams (von links nach rechts)
im Jahr 1931 bei einem Blick
durch das 100"-Teleskop
auf dem Mount Wilson, an
dem Hubble und Kollegen
zwei Jahre zuvor die Expansion des Universums ent-
deckt hatten.[12]

hielt er einen Vortrag in der Preußischen Akademie der Wissenschaften, in dem er mitteilte, seine Annahme eines statischen Universums sei durch Hubbles Messungen unhaltbar geworden, und
seine ursprünglichen Gleichungen – ohne Kosmologische Konstante – würden den expandierenden Kosmos auf einfache Weise
beschreiben. Im Jahr 1932 schrieb er zusammen mit seinem ursprünglichen Kontrahenten Willem de Sitter eine gemeinsame
Arbeit über das expandierende Universum als Lösung seiner ursprünglichen Feldgleichungen. Viele Jahre später – bereits 1933
war er auf der Flucht vor den Nazis in den Vereinigten Staaten geblieben – schrieb er: «Wenn die Hubble-Expansion zu der Zeit, als
ich die Allgemeine Relativitätstheorie entwickelt hatte, bereits bekannt gewesen wäre, wäre die Kosmologische Konstante nie eingeführt worden.»[13] Der berühmte Astrophysiker George Gamow, ein
Kollege aus der Zeit Einsteins in Princeton, den wir im Zusammenhang mit dem heißen Urknall-Modell noch kennenlernen werden,
schreibt in seiner 1970 posthum veröffentlichten Autobiographie:
«… Also war Einsteins ursprüngliche Gravitationsgleichung korrekt, und sie zu ändern war ein Fehler. Als ich viel später mit Einstein kosmologische Probleme erörterte, bemerkte er, dass die Einführung der Kosmologischen Konstante die ‹größte Eselei› seines
Lebens gewesen sei (the biggest blunder he ever made in his life).
Aber diese von Einstein verworfene ‹Eselei› wird sogar heute im-

mer noch manchmal von Kosmologen verwendet, und die Kosmologische Konstante Λ hebt ihr hässliches Haupt wieder und wieder und wieder ...»[14] Gamow konnte augenscheinlich die Kosmologische Konstante nicht besonders leiden. Böse Zungen behaupten, dass er froh gewesen sei, dass Einstein diese Bemerkung selbst gemacht hatte, ansonsten wäre Gamow wohl stark versucht gewesen, sie zu erfinden. Die Geschichte von seiner «größten Eselei» wurde Einstein jedenfalls nicht wieder los.

Die Tatsache, dass ohne Kosmologische Konstante das Alter des Kosmos viel geringer ausfiel als zum Beispiel das bereits bekannte Alter der Erde oder vieler Sterne, störte Einstein nicht zu sehr; er meinte, in der Astronomie müsse man vorsichtig sein mit zu großen Extrapolationen in der Zeit (womit er Recht behielt). Einige Verfechter von Λ, wie zum Beispiel Eddington und Lemaître, bestanden jedoch weiterhin darauf, die Kosmologische Konstante beizubehalten, und in den sechziger und siebziger Jahren des letzten Jahrhunderts wurde sie von einigen Astrophysikern wieder eingeführt. In Deutschland war der Bonner Astronom Wolfgang Priester jahrelang einer der glühenden Verfechter einer Kosmologischen Konstante. Ihre Existenz und ihre genaue Größe waren jahrzehntelang umstritten, aber man war sich einig, dass sie sehr klein sein musste. Ihre Energiedichte konnte nicht viel größer sein als einige Wasserstoffatome pro Kubikmeter. Erst kurz vor der Jahrtausendwende wurden die astronomischen Indizienbeweise so erdrückend, dass eine Art Kosmologischer Konstante dingfest gemacht werden konnte. Mehrere unabhängige Messungen deuten darauf hin, dass es tatsächlich so etwas wie eine abstoßende Gravitationskraft geben muss, die fortan als «Dunkle Energie» bezeichnet und von der Mehrheit der Astronomen akzeptiert wurde.

Hat dies etwas mit dem «Tohuwabohu» zu tun, aus dem die Welt entstanden ist? Wir wissen es heute noch nicht. Tatsächlich liegt sowohl der kosmologischen Inflation in den ersten Sekundenbruchteilen des Universums als auch der gegenwärtigen beschleunigten Ausdehnung des Kosmos eine abstoßende Kraft zugrunde, die eine exponentielle Vergrößerung des Kosmos verursacht. Ehrlich gesagt ist die Information, die wir heute sowohl über die Inflation als auch über die Dunkle Energie haben, noch viel zu lückenhaft, um derartige Schlussfolgerungen zu ziehen. Um aber diese Frage näher zu behandeln, müssen wir uns zuerst mit den unheimlichen Quantenfluktuationen des Vakuums beschäftigen.

Mayonnaise und die Kraft aus dem Nichts

Wie können wir uns vorstellen, dass das «Nichts» mit Energie gefüllt ist? Was ist Vakuum überhaupt? In der klassischen Physik ist ein Vakuum das, was übrig bleibt, wenn man aus einem Raum sämtliche Materieteilchen herauspumpt und außerdem seine Wände bis auf den absoluten Nullpunkt abkühlt, so dass sich keinerlei Strahlung mehr in ihm befindet. Seit Mitte des letzten Jahrhunderts wissen wir jedoch, dass das Vakuum durch die Quantenmechanik beschrieben werden muss. Einstein hatte bereits in seinen Relativitätstheorien gezeigt, dass Raum und Zeit ihre mit unserem gesunden Menschenverstand erfassbare Form verlieren, wenn man es mit extrem großen Geschwindigkeiten oder sehr großen Massen zu tun hat. Der Raum wird dann verkürzt oder gekrümmt, die Zeit verbogen, und Uhren laufen langsamer. Stößt man umgekehrt zu sehr kleinen Dimensionen vor, zerteilt also zum Beispiel einen Meterstab oder ein Zeitintervall immer weiter, verlieren Raum und Zeit bei den kleinsten Dimensionen ebenfalls ihre Alltagsform und müssen durch die Gesetze der Quantenmechanik beschrieben werden. Man kann sich dabei vielleicht eine Art «wabernde» Struktur vorstellen, in der die Teilchen der Materie und des Lichts Wellenform annehmen und nur noch durch Aufenthaltswahrscheinlichkeiten beschrieben werden können.

Stellen Sie sich vor, Sie müssen am Samstag Mittag verreisen und erwarten wie auf glühenden Kohlen ihren Postboten, der die Flugtickets bringen soll. Sie können zwar ungefähr abschätzen, wo sich der Postbote gerade aufhalten müsste, können aber nie genau sagen, wo er ist und ob er noch rechtzeitig kommt, damit Sie Ihr Flugzeug erreichen. Eine ähnliche Unbestimmtheit existiert in der physikalischen Beschreibung des Kleinsten ebenfalls: die von Werner Heisenberg im Jahre 1927 aufgestellte Unschärferelation. Danach lässt sich der Aufenthaltsort eines Teilchens niemals gleichzeitig mit seiner Geschwindigkeit bestimmen. Die Ungenauigkeit in den beiden Messgrößen wird durch das berühmte Planck'sche Wirkungsquantum $\hbar$ angegeben. Dieselbe Unschärferelation gilt auch zwischen der Energie eines Teilchens und dem Zeitintervall, in dem Sie diese Energie messen wollen. Innerhalb eines sehr kurzen Zeitintervalls kann ein Teilchen eine extrem hohe Energie haben, ohne die Unschärferelation zu verletzen.

Was bedeutet das nun für das Vakuum? Es stellt sich heraus, dass es ein Vakuum, so wie es die klassische Physik definiert, gar nicht geben kann. Man kann ein klassisches Vakuum nämlich als ein Teilchen mit der Energie null auffassen. Wenn Sie dessen Energie in einem beliebigen Zeitintervall messen würden, käme immer exakt null heraus. Das ist aber durch die Quantenmechanik verboten, in der alle Größen, auch die Null, immer mit einer gewissen Unschärfe verbunden sind. Im Vakuum muss es demnach Fluktuationen geben. Wir können uns eine derartige Fluktuation beispielsweise als ein Paar virtueller Teilchen vorstellen, etwa zwei Lichtquanten oder ein Materieteilchen und das entsprechende Antiteilchen, die sich für eine sehr kurze Zeit aus dem Nichts Energie leihen, einen winzigen Augenblick miteinander existieren und ebenso schnell wieder verschwinden, wobei sie dem Vakuum die geliehene Energie zurückgeben. Das Vakuum muss natürlich in dieser kurzen Zeit eine entsprechend negative Energie haben. Solange dieses Zeitintervall nur kurz genug und die Energie klein genug ist, dass sie beide zusammen die Heisenberg'sche Unschärferelation erfüllen, ist alles in Ordnung.

Die Quantenmechanik postuliert also Vakuumfluktuationen. Das Vakuum ist danach tatsächlich immer mit Energie gefüllt. Diese Fluktuationen sind allerdings nicht nur irgendwelche abstrakten Erfindungen aus Physikergehirnen, sondern sie haben Konsequenzen, die auf mikroskopischen Skalen direkt beobachtbar sind. Bringt man zum Beispiel ein Elektron in einem Atom in einen angeregten Zustand, dann fällt es nach einer gewissen Zeit spontan in den Grundzustand zurück und sendet dabei ein Lichtquant aus. Der Anstoß für diesen Rückfall wird durch eine Vakuumfluktuation gegeben. Die faszinierendste Konsequenz der Vakuumfluktuationen ist aber die Kraft aus dem Casimir-Effekt.

Der holländische Physiker Hendrik Casimir machte sich 1948 im Philips-Laboratorium Gedanken darüber, warum kolloidale Lösungen, also cremige Emulsionen wie zum Beispiel Mayonnaise oder Wandfarbe, so «pappig» sind. In diesen Flüssigkeiten sind mikrometerkleine Partikel eingemischt, die durch damals noch nicht verstandene Kräfte in einer Art Gitter-Matrix verbunden sind und damit der Mayonnaise ihre Festigkeit verleihen. Casimir realisierte, dass sich die Kräfte zwischen zwei Molekülen durch Vakuumfluktuationen erklären lassen.[15] Daraufhin stellte er folgendes Gedankenexperiment auf: Was würde passieren, wenn man zwei exakt parallele Spiegel im Vakuum in kleinem Abstand einander gegenüberstellt? Nach der Unschärferelation gibt es im Vakuum normalerweise Fluktuationen jeder beliebigen Wellenlänge (also zum Beispiel Lichtquanten jeder beliebigen Energie). Zwischen zwei nahe beieinanderstehenden Metallplatten passen aber nur Fluktuationen, deren Wellenlänge kleiner ist als der Abstand der Platten. Weil außerhalb der Platten weiterhin jede beliebige Fluktuation erzeugt werden kann, müsste es nach Casimir eine Netto-Kraft geben, die die Metallplatten zusammendrückt. Analog dazu wirkt die gleiche Kraft auch auf die Moleküle in der Mayonnaise. Diese Kraft ist normalerweise sehr klein, aber messbar. Obwohl der Casimir-Effekt mit den Methoden der damaligen Zeit extrem schwer zu messen war, wurden bereits zehn Jahre nach seiner Vorhersage im Philips-Laboratorium Versuche mit zwei Spiegeln durchgeführt, die zumindest den theoretischen Erwartungen nicht widersprachen.

Die genauesten Messungen dazu gelangen im Jahr 2001 mit einem atomaren Kraftmikroskop, das den Effekt einer Kugel mit 0,2 Millimetern Durchmesser gegenüber einer Metallplatte auf etwa ein Prozent genau gemessen hat (siehe Abbildung 5). Eine Kugel gegenüber einer Metallplatte entspricht natürlich nicht genau der von Casimir ursprünglich erdachten Konfiguration zweier

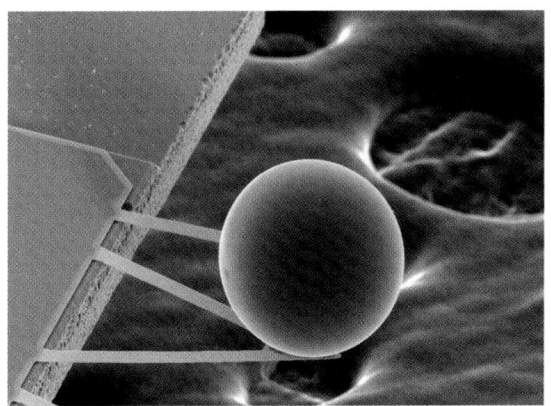

5 Dieser winzige Ball mit einem Durchmesser von etwa 0,2 Millimetern wird durch Quantenfluktuationen in Richtung auf die glatte Platte gedrückt. Die Messung des Casimir-Effekts mit höchster Präzision gelang Umar Mohideen und seiner Gruppe von der University of California, Riverside.[16]

paralleler Metallplatten. Trotzdem lassen sich dabei ähnliche Effekte beobachten, und die Kugel hat den Vorteil, dass sie nicht erst exakt gegenüber der Metallplatte ausgerichtet werden muss, so dass man wesentlich genauer messen kann. Der Casimir-Effekt wächst allerdings mit kleinerem Abstand stark an und wird unterhalb von einem Mikrometer zur stärksten Kraft zwischen zwei Molekülen. Im Abstand von 10 Nanometern – etwa 100-mal so groß wie ein typisches Atom – erzeugt der Casimir-Effekt zum Beispiel bereits den Druck von einer Atmosphäre! Die Physiker und Ingenieure, die winzigkleine Strukturen für die Nano-Welt entwickeln – beispielsweise Nano-Roboter, die in menschlichen Blutbahnen herumschwimmen können –, müssen sich tagtäglich mit der Casimir-Kraft herumschlagen. Tatsächlich gibt es bereits mikromechanische Bauteile, die auf der Grundlage der Casimir-Kraft arbeiten.

Was aber hat das nun mit der Kosmologie zu tun? Die Casimir-Kraft ist ein Effekt der relativistischen Quantenelektrodynamik, also der Theorie, die elektromagnetische Kräfte auf kleinsten Skalen beschreibt. Obwohl diese Theorie sehr gut verstanden ist, ist es schwierig, die Gesamtenergie des Vakuums auszurechnen. Der Grund dafür ist, dass die Casimir-Kraft ja mit kleiner werdendem Abstand stark ansteigt, so dass formal die Vakuumenergie der Quantenelektrodynamik unendlich groß würde. Je nachdem, bis zu wie kurzen Wellenlängen man sie berechnet, bekommt man dramatisch unterschiedliche Werte zwischen 10^{36} und 10^{70} Joule für die Energie in einem Kubikmeter Vakuum heraus. Nach Einsteins Formel $E = mc^2$ entspricht dies mindestens 10 Milliarden Tonnen Masse pro Kubikzentimeter Vakuum! Dieser völlig unsinnige Wert ist um viele Zehnerpotenzen größer als der aus der Astronomie abgeleitete Wert der Kosmologischen Konstante, der wenigen Atomen pro Kubikmeter entspricht. Der Umstand, dass die Quantentheorie am Anfang genügend andere Probleme hatte, lässt es verständlich erscheinen, dass sich die Physiker zunächst nicht um dieses Problem kümmerten. Eine Ausnahme war der österreichische Physiker und spätere Nobelpreisträger Wolfgang Pauli, der sich Anfang der zwanziger Jahre Gedanken machte, ob die Energie aus den Nullpunktschwingungen des Vakuums eine Gravitationskraft ausüben könnte. Er kam zu dem Schluss, dass in diesem Fall der Radius des Universums «nicht mal bis zum Mond reichen» würde.

Dies offenbart ein fundamentales Problem zwischen den beiden erfolgreichsten Säulen der theoretischen Physik des 20. Jahrhunderts, der Relativitätstheorie und der Quantenmechanik. Beide Theorien sind inzwischen auf das Genaueste experimentell überprüft worden, und beide sind heute, etwas mehr als einhundert Jahre nach ihrer Einführung, Grundlage technologischer Entwicklungen von immenser volkswirtschaftlicher Bedeutung. Nach der Einschätzung des amerikanischen Nobelpreisträgers Leon Lederman basieren etwa 40 Prozent des amerikanischen Bruttosozialprodukts auf der Quantenmechanik, zum Beispiel Transistor, Mikroelektronik, Computer, Laser, die moderne Chemie, die Bio- und Nanotechnologie. Die Relativitätstheorie ist andererseits Voraussetzung beispielsweise für die GPS-Satellitennavigation und das nun doch endlich erfolgreiche deutsche LKW-Mautsystem, ebenfalls ein Milliarden-Markt. Und doch passen die beiden Theorien an ihrer Nahtstelle nicht zusammen. Das betrifft all diejenigen Fälle, bei denen eine starke Gravitationskraft auf kleinstem Raum wirkt, also insbesondere den Urknall und die Schwarzen Löcher. Die Relativitätstheorie beschreibt die Gravitationskraft und baut auf einem homogenen Raum-Zeit-Kontinuum auf, während die

Quantentheorie die vereinheitlichten Kräfte von elektromagnetischer, schwacher und starker Wechselwirkung beschreibt und auf kleinsten Skalen eine verwaschene, vom Zufall geprägte Raum-Zeit-Struktur beinhaltet. Heerscharen von Physikern zerbrechen sich nun schon seit vielen Jahren die Köpfe, wie es gelingen könnte, diese beiden Theorien zu einer einheitlichen Quantengravitationstheorie zu verbinden, darunter Stephen Hawking in Cambridge, England, oder die Forscher am Max-Planck-Institut für Gravitationsphysik, dem Albert-Einstein-Institut in Potsdam. Einstein selbst beschäftigte sich bis an sein Lebensende ebenfalls mit diesem Problem. Es gibt zwar einige vielversprechende Ansätze, aber bisher leider noch keinen durchschlagenden Erfolg. Deshalb bleiben viele Fragen, die den Anfang des Universums oder die Beschaffenheit von Schwarzen Löchern betreffen, weiterhin offen, und das macht die Forschung daran so spannend.

Dunkle Materie in Galaxienhaufen

Galaxien stehen oft nicht allein am Himmel, sondern sind in Gruppen und ganzen Haufen angeordnet. So befindet sich unsere Milchstraße zusammen mit dem Andromeda-Nebel in der «Lokalen Gruppe», deren Name 1925 von Edwin Hubble geprägt wurde. Die Lokale Gruppe beherbergt insgesamt etwa 40 Mitglieder, hauptsächlich Zwerggalaxien wie zum Beispiel die beiden Magellan'schen Wolken, und hat eine Ausdehnung von etwa 5 Millionen Lichtjahren. Der Andromeda-Nebel ist die größte Galaxie der Lokalen Gruppe und steht etwa 2,3 Millionen Lichtjahre von der Milchstraße entfernt. Hätten die beiden Galaxien die Größe von 1-Euro-Münzen, so wären diese ungefähr 90 Zentimeter voneinander entfernt. Die beiden Galaxien rasen mit einer Geschwindigkeit von etwa 150 Kilometern pro Sekunde aufeinander zu und werden wahrscheinlich in etwa 3 bis 4 Milliarden Jahren miteinander verschmelzen. Die Lokale Gruppe ist Teil eines noch viel größeren Galaxiensystems, nämlich des Virgo-Haufens im Sternbild Jungfrau, der mehrere hundert Galaxien enthält. Die Lokale

Gruppe fliegt mit einer Geschwindigkeit von etwa 200 Kilometern pro Sekunde durch den Raum in Richtung des Virgo-Haufens. Gleichzeitig fliegt sie mit einer Geschwindigkeit von etwa 460 Kilometern pro Sekunde auf einen Galaxien-Superhaufen in den Sternbildern Hydra und Centaurus zu. Der Virgo-Komplex könnte eine Struktur in den Außenbezirken des Hydra-Centaurus-Superhaufens sein. Einer der größten Galaxienhaufen mit mehreren tausend Mitgliedern steht im Abstand von etwa 200 Millionen Lichtjahren im Sternbild Coma Berenices und wird als Coma-Haufen bezeichnet. Die Galaxienhaufen sind damit die größten zusammenhängenden stabilen Strukturen im Kosmos.

Im übertragenen Sinne kann man die Galaxienhaufen als Megacitys im Kosmos betrachten, die sich schon viele kleinere Städte und Gemeinden einverleibt haben, während unsere Milchstraße und auch der Andromeda-Nebel wohl eher mit Kleinstädten in deren Umfeld vergleichbar sind. Der wesentliche Unterschied zu diesem statischen Bild ist jedoch, dass diese Ansammlungen mit sehr großen Geschwindigkeiten unterwegs sind. Um die Größe dieser Geschwindigkeiten zu veranschaulichen, können wir sie mit denen im Sonnensystem vergleichen. Unsere Erde rotiert am Äquator mit einer Geschwindigkeit von etwa 0,5 Kilometern pro Sekunde. Der Mond bewegt sich in seinem Umlauf um die Erde mit etwa einem Kilometer pro Sekunde und die Erde in ihrer Bahn um die Sonne mit etwa 30 Kilometern pro Sekunde. Die Voraussetzung dafür, dass der Mond oder die Erde nicht aus ihrer Bahn geschleudert werden, ist, dass die Anziehungskraft des zentralen Himmelskörpers der Zentrifugalkraft die Waage hält.

Der in Bulgarien geborene und in der Schweiz aufgewachsene exzellente, aber auch sehr exzentrische amerikanische Astronomieprofessor Fritz Zwicky war der Erste, der erkannte, dass mit den Geschwindigkeiten der Galaxien etwas nicht stimmte. Im Jahr 1933 untersuchte er mit dem 1,2-Meter-Teleskop auf dem Mount Palomar die Galaxien des Coma-Haufens. Am California Institute of Technology (Caltech) erzählt man sich wilde Geschichten über Zwicky,[17] zum Beispiel dass er einmal Sprengkörper in der Öffnung der Teleskopkuppel explodieren ließ, um die Beobachtungsbedingungen zu verbessern. Seinen jüngeren Kollegen Walter Baade, von dem wir später noch hören werden, schüchterte er dermaßen ein, dass dieser glaubte, Zwicky wolle ihn umbringen. Seine Kollegen bezeichnete er manchmal als «sphärische Vollidioten», sphärisch deshalb, weil sie eben rundum Vollidioten seien. Zu guter Letzt landete Zwicky am Caltech in einem Kellerbüro, wo er die vorbeieilenden Studenten ab und zu anschrie: «Wer zum Teufel sind Sie?»[18] Seine Beiträge zur Astrophysik waren allerdings genial. Als er die Geschwindigkeiten der Galaxien in den Randbereichen des Coma-Haufens bestimmte, bemerkte er, dass sich diese viel zu schnell bewegten. Um zu verhindern, dass die Galaxien aus ihrem Haufen herausfliegen, muss – wie auch im Sonnensystem – die Anziehungskraft der im Haufen vorhandenen Materie der auf die Galaxien im Außenbereich wirkenden Zentrifugalkraft die Waage halten. Leitet man aber aus dem Licht sämtlicher Galaxien im Haufen die Gesamtzahl der Sterne und ihre gesamte Masse ab, so stellt man fest, dass diese bei weitem nicht ausreicht, um die Galaxien im Haufen zu halten. Zwicky folgerte messerscharf, dass eine starke, unsichtbare Kraft den Haufen zusammenhalten musste, die ungefähr zehnmal stärker war als die Gravitationskraft der Galaxien. Er nannte den Verursacher dieser Kraft die «fehlende Masse», eigentlich ein irreführender Ausdruck, weil ja in Wirklichkeit nicht die Masse fehlte, sondern das Licht, das eine derartige Masse aussenden oder absorbieren müsste. Heute wird diese zusätzliche, unsichtbare Komponente als «Dunkle Materie» bezeichnet. Wir werden später noch auf Zwickys weitere wichtige Entdeckungen zurückkommen.

Galaktische Rotationskurven

Ebenfalls in den dreißiger Jahren beschäftigte sich der berühmte holländische Astronom Jan Hendrik Oort mit der Geschwindigkeit der Sterne in der Sonnenumgebung. Aus der räumlichen Verteilung der hellsten Sterne in der Nähe der Sonne konnte er einerseits die Dicke der Galaktischen Scheibe in der Sonnenumgebung auf etwa 2000 Lichtjahre schätzen, andererseits konnte er aus den

Geschwindigkeiten dieser Sterne auf die Masse schließen, die notwendig ist, um die Sterne innerhalb der Scheibe zu halten. Ähnlich wie Zwicky kam er zu dem Schluss, dass die gesamte Masse der Sterne und Gaswolken in der Sonnenumgebung nicht dazu ausreicht, die Sterne in der Milchstraße zu halten. Er berechnete, dass etwa zwei- bis dreimal mehr Masse als die der sichtbaren Sterne dafür notwendig ist.

Mehrere Jahrzehnte kümmerte sich kaum ein Astronom um Oorts und Zwickys fehlende Masse. Erst seit den sechziger und siebziger Jahren des 20. Jahrhunderts weisen neue, unabhängige Messungen zweifelsfrei darauf hin, dass tatsächlich ein großer Anteil der Materie im Kosmos dunkel sein muss. Vergleicht man die Geschwindigkeit der Sterne in Richtung des Zentrums der Milchstraße mit denen in der Gegenrichtung, stellt man fest, dass sich die Sonne mit einer Geschwindigkeit von 220 Kilometern pro Sekunde um das Galaktische Zentrum bewegt. Da der Radius der Sonnenbahn etwa 25 000 Lichtjahre beträgt, benötigt sie für einen Umlauf etwa 240 Millionen Jahre. Betrachtet man die Bewegung der Sterne um das Galaktische Zentrum analog zu den Bahnen der Planeten im Sonnensystem, so würde man aufgrund der von Johannes Kepler Anfang des 17. Jahrhunderts aufgestellten Gesetze erwarten, dass die Sterne im Innenbereich der Galaxie wesentlich schneller um das Zentrum rotieren als die in den Außenbereichen. Für das Sonnensystem gilt dabei: Während die Erde die Sonne genau in einem Jahr umkreist, benötigt Saturn bereits mehr als 29 Jahre und Uranus mehr als 84 Jahre für einen Umlauf. Weil wir uns mitten in der Scheibe der Milchstraße befinden, ist es aber sehr schwer, die Rotationsgeschwindigkeiten von Sternen innerhalb und außerhalb der Sonnenbahn zu bestimmen. Aus Geschwindigkeitsmessungen von Wasserstoffwolken im Radiobereich hatte jedoch der holländische Astronom Maarten Schmidt, ein Schüler von Jan-Hendrik Oort, bereits 1965 eine erste Rotationskurve für unsere Milchstraße abgeleitet, die völlig anders als die anhand der Kepler'schen Gesetze vorausgesagte Kurve aussah und darauf hinwies, dass außerhalb der Sonnenbahn noch große Mengen unsichtbarer Materie existieren müssen. Wir werden Maarten

Schmidt im Zusammenhang mit den Schwarzen Löchern und Quasaren in den Zentren von Galaxien später noch ausführlich kennenlernen.

Aber erst die Messungen von Rotationskurven anderer Galaxien durch die amerikanische Astronomin Vera Rubin konnten zweifelsfrei beweisen, dass in den Außenbereichen von Galaxien große Mengen an Dunkler Materie existieren müssen. Im Jahr 1970 veröffentlichte Vera Rubin zusammen mit ihrem Kollegen Kent Ford eine sehr umfassende Arbeit über die Rotationsgeschwindigkeiten im Andromeda-Nebel. Spektroskopische Beobachtungen erlaubten ihr, mit Hilfe des Doppler-Effekts die Geschwindigkeit vieler leuchtender Gaswolken in unserer Nachbargalaxie zu messen. Die daraus abgeleitete Rotationskurve fiel erstaunlicherweise nicht zum Rand der Galaxie hin ab, sondern war fast völlig flach. Das heißt, die Sterne am äußersten Rand der Galaxie bewegten sich ebenso schnell um das Zentrum wie die inneren Sterne (Abbildung 6). Wie konnte das sein? Was hielt die Galaxie davon ab, aufgrund der Zentrifugalkraft auseinanderzufliegen? Zunächst dachte Vera Rubin, dass der Andromeda-Nebel vermutlich einfach eigenartig war, und hängte ihre Entdeckung nicht an die große Glocke. Zusammen mit Ford unternahm sie spektroskopische Messungen an mehreren anderen Spiralgalaxien, aber die Ergebnisse waren immer die gleichen: flache Rotationskurven. Erst dann erinnerte sie sich an die Übungsaufgabe zu Fritz Zwickys «fehlender Masse» in Galaxienhaufen, die damals jeder Astronomiestudent lösen

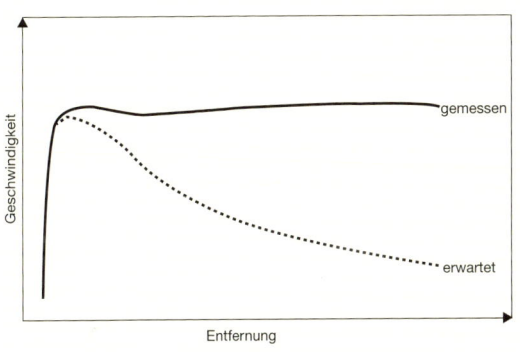

6 Schematische Rotationskurve einer Spiralgalaxie. A gibt die gemessene Kurve, B die ohne Dunkle Materie aufgrund der Kepler'schen Gesetze erwartete Kurve an.[19]

musste, und realisierte, dass ihre Rotationskurven vermutlich auf
die gleiche «Dunkle Materie» hinwiesen, die Zwicky benötigt hatte, um die Galaxienhaufen zusammenzuhalten.

Alle Milchstraßen müssen demnach in einer Wolke Dunkler Materie, einem sogenannten Dunklen Halo, eingebettet sein, der weit
über das sichtbare, leuchtende Areal der Galaxien hinausreicht.
Im Falle der Milchstraße und des Andromeda-Nebels könnte es
durchaus sein, dass sich ihre Dunklen Halos berühren oder sogar
miteinander verschmelzen. Die gesamte Lokale Gruppe von Galaxien sitzt wohl in einem gemeinsamen Halo, der wiederum an die
Außenbereiche des Virgo-Haufens heranreicht.

Gravitationslinsen

Nachdem Albert Einstein im Jahr 1905 seine drei bahnbrechenden
Arbeiten zur Speziellen Relativitätstheorie, zum Photoeffekt und
zur Molekularbewegung veröffentlicht hatte, begann er ab etwa
1907 an der Allgemeinen Relativitätstheorie zu arbeiten. Im Jahr
1911 berief ihn Kaiser Franz Joseph als Ordinarius für Theoretische Physik an die Deutsche Universität in Prag. Bereits ein Jahr
später wurde er zum Professor für Theoretische Physik an der Eidgenössischen Technischen Hochschule in Zürich berufen; im Juli
1914 schließlich wechselte er an die Königlich Preußische Akademie der Wissenschaften in Berlin. In diesen Jahren lernte er den
Astronomen und Assistenten an der Berliner Sternwarte, Erwin
Finlay Freundlich, kennen. Die bereits im Jahr 1700 vom preußischen Herrscher gegründete traditionsreiche Berliner Sternwarte wurde im Jahr 1913 wegen der besseren Beobachtungsbedingungen auf den Babelsberg in der Nähe von Potsdam verlegt.
Freundlich war von Anfang an von der neuen Theorie begeistert
und war nach Einsteins Aussage «der Erste, der die Mühe auf sich
genommen hat, die Theorie einem Test zu unterziehen». Ab 1911
arbeitete Freundlich mit Einstein an Konzepten zur experimentellen Überprüfung der Relativitätstheorie – sehr zum Leidwesen des
damaligen Direktors der Königlichen Sternwarte in Berlin, Her-

mann Struve, der von Freundlich eigentlich die Fertigstellung der Potsdamer Himmelsdurchmusterung erwartete und ihm vehement von der Beschäftigung mit derartig revolutionären Ideen abriet.

Eine der wichtigsten Vorhersagen von Einsteins Relativitätstheorie war, dass die Existenz großer Massen den Raum krümmt. Ein Lichtstrahl, der auf kürzestem Weg durch diesen Raum fliegt, muss durch eine derartige «Massen-Delle» abgelenkt werden. Nach Einstein sollten deshalb die Lichtstrahlen der Sterne, wenn sie hinter der Sonne stehen, um einen winzig kleinen Winkel (etwa zwei Bogensekunden, also ein Zweitausendstel eines Grades) abgelenkt werden. Im Januar 1913 veröffentlichte Erwin Freundlich in den *Astronomischen Nachrichten* die Arbeit «Über einen Versuch, die von A. Einstein vermutete Ablenkung des Lichtes in Gravitationsfeldern zu prüfen».[20] Freundlich war klar, dass sich dieser Effekt nur während einer totalen Sonnenfinsternis beobachten ließ, bei der das Licht der Sonne so stark verdunkelt wird, dass die Sterne im Hintergrund sichtbar werden. In dieser Publikation bittet Freundlich alle Astronomen um Hilfe, bei einer der nächsten Sonnenfinsternisse möglichst entsprechende Aufnahmen zu machen. Die erste Gelegenheit dazu hätte bereits im Jahr 1912 bei einer französischen Finsternis-Expedition in Brasilien bestanden, die aber wegen Wolken und Regengüssen scheiterte. Die nächste Gelegenheit bot sich im Jahr 1914. Da eine Unterstützung durch die anderen Astronomen ausblieb, bereitete Erwin Finlay Freundlich innerhalb weniger Wochen eine eigene Expedition zu der am 21. August in Russland zu beobachtenden Sonnenfinsternis vor, wobei er glücklicherweise von der Preußischen Akademie und von der Stiftung von Gustav Krupp von Bohlen und Halbach eine finanzielle Unterstützung von insgesamt 5000 Mark erhielt. Mit einem Kollegen und einem Techniker verließ er am 19. Juli Berlin und traf nach einer Woche in Feodosija auf der Halbinsel Krim ein, wo bereits eine argentinische und eine amerikanische Expedition auf die Sonnenfinsternis warteten. Freundlich hatte aber die besten Teleskope und Kameras von allen mitgenommen. Am 1. August 1914 brach jedoch der Erste Weltkrieg aus, und alle Pläne und Hoffnungen zerstoben. Freundlich und seine deutschen Kollegen wurden über Nacht als feindliche Ausländer interniert, ihre Geräte konfisziert. Die Expedition hätte jedoch ohnehin nichts gebracht, weil sich in den entscheidenden Momenten wieder einmal der Himmel verdüstert hatte. «Dicke graue Wolken bei der Verfinsterung und wunderbarer Sonnenschein danach», trug die amerikanische Expedition in ihr Tagebuch ein. Einstein bangte in einem Brief um seinen «Guten Astronom Freundlich», der «in Russland statt der Sonnenfinsternis die Kriegsgefangenschaft erleben» wird. Freundlich wurde allerdings wenig später zusammen mit anderen Deutschen gegen russische Offiziere ausgetauscht und konnte Ende September zurück nach Berlin reisen.[21] Freundlichs Geräte blieben, ebenso wie die der anderen Expeditionen, lange Jahre in den Kriegswirren verschollen.

Ich gehöre zu jenen unverbesserlichen Optimisten, die selbst im Falle eines negativen Ergebnisses oder einer schlechten Erfahrung immer noch sagen: «Wer weiß, wofür es gut ist?» Einstein und Freundlich hatten nämlich für die Berechnung der Lichtablenkung ursprünglich nur die Spezielle Relativitätstheorie benutzt. Erst im November 1915 waren sie im Besitz der endgültigen Gleichungen der Allgemeinen Relativitätstheorie, die auch die Raumkrümmung berücksichtigen und die Lichtablenkung an der Sonnenoberfläche zu 1,7 Bogensekunden vorhersagen. Dieser Wert ist genau doppelt so groß wie derjenige, der sich aus Newtons Gravitationstheorie oder der Speziellen Relativitätstheorie ergab. Vielleicht war es deshalb ganz gut, dass keine der Finsternis-Expeditionen vor 1916 erfolgreich war. Stellen Sie sich vor, die Expeditionen von 1912 und 1914 hätten einen doppelt so großen Wert wie den ergeben, der von Einstein ursprünglich vorhergesagt worden war, und dieser wäre erst danach korrigiert worden!

Die durch Krieg und schlechtes Wetter verursachte Pause verhalf so letzten Endes englischen Astronomen zur experimentellen Bestätigung der Allgemeinen Relativitätstheorie. Während des Krieges war die Verbreitung der Einstein'schen Arbeiten im feindlichen Ausland fast unmöglich, aber der junge Astronomieprofessor Arthur Eddington auf dem ursprünglich von Newton eingerichteten «Plumian»-Lehrstuhl im Cambridge, der später zum königlichen Astronom berufen und zum Ritter geschlagen wurde, besaß ein Exemplar von Einsteins großem Artikel über die Allgemeine Relativitätstheorie aus dem Jahr 1916. Mitten im Krieg wurde dem latenten Wehrdienstverweigerer Eddington von der Londoner Admiralität der Wehrdienst unter der Auflage erlassen, eine Expedition zu der Sonnenfinsternis auszurichten, die am 29. Mai 1919 in der Nähe des Äquators beobachtbar sein sollte. Diese Finsternis erschien besonders gut geeignet, da die Sonne dabei gerade vor dem hellen Sternhaufen der Hyaden stand und somit besonders akkurate Messungen erlauben würde. Eddington leitete daher unmittelbar nach Kriegsende die Expedition auf die Insel Principe vor Westafrika, während eine zweite englische Expedition nach Brasilien unterwegs war. Nach wochenlang schönem Wetter gab es genau am Tag der Sonnenfinsternis auch in Westafrika wieder einmal Wolken und Regen. Dennoch führte Eddington das geplante Beobachtungsprogramm unerschütterlich durch und hatte zuletzt Glück im Unglück, weil eine seiner 16 Aufnahmen tatsächlich eine brauchbare Messung der hellsten Sterne in der Nähe der Sonne ergab. Auch die Expedition in Brasilien war erfolgreich. Zwar dauerte es wegen der noch durchzuführenden Vergleichsmessungen, dem Rücktransport per Schiff und der notwendigen detaillierten Auswertung mehrere Monate, bis die Engländer offiziell ihr Ergebnis in London bekannt gaben. Aber bis dahin hatte es sich bereits in Windeseile herumgesprochen: Eddington hat die Allgemeine Relativitätstheorie bestätigt. Und Einstein war über Nacht ein weiberühmter Mann geworden.

Das bringt uns zu den Gravitationslinsen: Analog zum Effekt der Lichtablenkung an der Sonnenoberfläche hatte Einstein 1937 vorhergesagt, dass eine Lichtquelle, die vom Beobachter aus genau hinter einem massereichen Himmelsobjekt steht, in einem Kreis aus Licht abgebildet wird.[22] Das Objekt wirkt also wie eine Gravitationslinse. Aus dem Radius dieses «Einstein-Rings» kann man direkt auf die Masse der Linse schließen. Einstein selbst hielt diesen Effekt jedoch für viel zu klein, um je beobachtet zu werden, da er nur Sterne als Gravitationslinsen in seine Betrachtungen

7   Kaustiken aus einem
Rotweinglas als Modell für
Gravitationslinsen

einbezog. Fritz Zwicky machte jedoch bereits 1937 darauf aufmerksam, dass man den Gravitationslinseneffekt durchaus entdecken könne, wenn er durch eine große Massenansammlung wie
zum Beispiel eine Galaxie oder einen Galaxienhaufen hervorgeru-
fen wird. Rechtzeitig zu Einsteins 100. Geburtstag im Jahre 1979
wurde der erste «Doppelquasar» gefunden, ein extrem helles Objekt einer Art, die wir später noch kennenlernen werden, dessen
Licht durch eine dazwischenliegende Galaxie in zwei Bilder aufge-
spaltet wird.

Wenn Sie abends bei Kerzenlicht und einem Glas Rotwein
am Tisch sitzen und dieses Buch lesen, fällt Ihnen vielleicht
auf, dass die Lichtbrechung im Glas interessante Muster auf die
Buchseiten wirft – sogenannte Kaustiken. Der Wein im Glas wirkt
als Linse, die das Licht der dahinterliegenden Kerze bündelt
und verzerrt (siehe Abbildung 7). Ebenso wirkt die gesamte Materie (also die normale Materie und die Dunkle Materie) in einem
Galaxienhaufen als Gravitationslinse und verzerrt das Licht da-
hinterliegender Galaxien zu interessanten, leuchtenden Bögen,
wie sie zum Beispiel in dem wunderschönen Bild des Hubble-
Weltraumteleskops von dem Galaxienhaufen Abell 2218 erkennbar sind (siehe Abbildung 8). Aus diesen leuchtenden Bögen lässt
sich unmittelbar auf die Masse der dazwischenliegenden Gravitationslinse schließen, die viele Male größer ist als die Masse der

Galaxien in dem Haufen. Daraus ergibt sich eine der besten Bestätigungen für die Existenz der Dunklen Materie.

Die Teilchen des Standardmodells

Bevor wir uns den möglichen Kandidaten für die Dunkle Materie zuwenden, müssen wir erst zu verstehen versuchen, woraus die «normale Materie» zusammengesetzt ist oder, frei nach Goethe, «was die Welt in ihrem Innersten zusammenhalt».

8 *Hubble-Space-Telescope*-Aufnahme des Galaxienhaufens Abell 2218. Alle gelblich leuchtenden Galaxien sind Mitglieder des Haufens, insgesamt mehrere hundert. Die weiß-bläulich oder rötlich strahlenden großen leuchtenden Bögen sind durch den starken Gravitationslinseneffekt verzerrte Bilder von weit hinter dem Haufen liegenden Galaxien. Aus dem Radius der leuchtenden Bögen, die näherungsweise Segmente von «Einstein-Ringen» darstellen, kann man auf die Masse der in dem Haufen vorhandenen Dunklen Materie schließen.

Die bisher bekannten Elementarteilchen und die zwischen ihnen wirkenden fundamentalen Naturkräfte lassen sich sehr gut durch das Standardmodell der Teilchenphysik beschreiben, ein elegantes, etwas kompliziertes theoretisches Modell, das in den letzten Jahrzehnten mit erstaunlicher Genauigkeit experimentell bestätigt werden konnte. Als Elementarteilchen bezeichnet man die gleichsam punktförmigen, nicht weiter teilbaren fundamentalen Bausteine der Materie. Der griechische Gelehrte Demokrit postulierte als Erster, dass die Materie aus kleinsten, unteilbaren Bausteinen aufgebaut ist, die er nach dem griechischen

Wort *atomos* für «unteilbar» nannte. Die Chemiker des 19. Jahrhunderts griffen die Ideen von Demokrit wieder auf, als sie feststellten, dass chemische Reaktionen immer in konstanten Mischungsverhältnissen ablaufen. Die Atome wurden damit als die chemisch unteilbaren Bausteine des Periodensystems der Elemente identifiziert. Ende des 19. Jahrhunderts stellte man im Zusammenhang mit der Untersuchung der Radioaktivität allerdings fest, dass Atome in Wirklichkeit aus kleineren Bausteinen, den Elementarteilchen, bestehen. Als erstes Elementarteilchen wurde das Elektron entdeckt.

Anfang des letzten Jahrhunderts waren die Atomphysiker dem Phänomen der Radioaktivität auf der Spur. Vor allem Otto Hahn und Lise Meitner studierten in Berlin die verschiedenen Arten des radioaktiven Zerfalls, die Alpha-, Beta- und Gammazerfall genannt wurden. Beim Alphazerfall wird ein Alphateilchen, nämlich ein Heliumkern emittiert, beim Betazerfall ein Betateilchen, das heißt ein Elektron, und beim Gammazerfall ein Gammateilchen, das heißt ein Photon. Wenn eine Sorte von Atomkernen zerfällt, müsste eigentlich immer exakt die gleiche Energie emittiert werden. Bei der Untersuchung des Betazerfalls bereitete deshalb Lise Meitner und ihren Kollegen die Tatsache große Sorgen, dass die im Labor gemessenen Elektronen alle möglichen Energien zeigten. Niels Bohr vermutete darin sogar eine Verletzung des Energie-Erhaltungssatzes. Anfang Dezember 1930 traf sich die «Gruppe der Radioaktiven» zur Gauvereinstagung in Tübingen. Der bereits erwähnte österreichische Physiker Wolfgang Pauli, inzwischen Professor an der Eidgenössischen Technischen Hochschule Zürich, verfasste einen offenen Brief an die Teilnehmer der Tagung:[23]

Liebe radioaktive Damen und Herren,
wie der Überbringer dieser Zeilen, den ich huldvollst anzuhören bitte, Ihnen des näheren auseinandersetzen wird, bin ich … auf einen verzweifelten Ausweg verfallen, um den Wechselsatz der Statistik und den Energiesatz zu retten. Nämlich die Möglichkeit, es könnten elektrisch neutrale Teilchen, die ich Neutronen nennen will, in dem Kern existieren, welche den Spin $\frac{1}{2}$ haben und das Ausschließungsprinzip befolgen und sich von Lichtquanten außerdem noch dadurch unterscheiden, daß sie nicht mit

Lichtgeschwindigkeit laufen … Das kontinuierliche β-Spektrum wäre dann verständlich unter der Annahme, daß beim Betazerfall mit dem Elektron jeweils noch ein Neutron emittiert wird, derart, daß die Summe der Energien von Neutron und Elektron konstant ist. Ich traue mich vorläufig aber nicht, etwas über diese Idee zu publizieren, und wende mich erst vertrauensvoll an Euch, liebe Radioaktive, mit der Frage, wie es um den experimentellen Nachweis eines solchen Neutrons stände, wenn dieses ein ebensolches oder etwa 10-mal größeres Durchdringungsvermögen besitzen würde wie ein γ-Strahl … Ich gebe zu, daß mein Ausweg vielleicht von vornherein wenig wahrscheinlich erscheinen mag … Aber nur wer wagt, gewinnt … Also, liebe Radioaktive, prüfet und richtet. – Leider kann ich nicht persönlich in Tübingen erscheinen, da ich infolge eines in der Nacht vom 6. zum 7. Dezember in Zürich stattfindenden Balles hier unabkömmlich bin. Mit vielen Grüßen …

Euer untertänigster Diener W. Pauli.

Die Gemeinde der «Radioaktiven» prüfte, richtete und stimmte dem Vorschlag des in Zürich tanzenden Wolfgang Pauli begeistert zu. Der von Pauli erwähnte «Spin» ist eine quantenmechanische Eigenschaft von Elementarteilchen, der vereinfacht als eine Drehung um die eigene Achse veranschaulicht werden kann – entweder im oder gegen den Uhrzeigersinn. Teilchen mit halbzahligem Spin heißen *Fermionen*, nach dem italienischen Physiker Enrico Fermi. Sie folgen dem sogenannten Pauli'schen Ausschließungsprinzip, das er in seinem Brief noch den «Wechselsatz der Statistik» genannt hatte. Danach dürfen zwei Fermionen nicht exakt die gleichen quantenmechanischen Eigenschaften besitzen, ein Gesetz, das später bei der Behandlung der Weißen Zwerge und Neutronensterne noch sehr wichtig wird. Teilchen mit ganzzahligem Spin heißen *Bosonen*, benannt nach dem indischen Physiker Satyendra Nath Bose. Pauli hatte das von ihm postulierte neue Gespensterteilchen zunächst *Neutron* genannt. Das heutige Neutron, der neutrale Bruder des 1919 entdeckten Protons, wurde erst 1932 identifiziert. Um die Verwirrung zu beenden, nannte Enrico Fermi das Pauli-Teilchen im Jahr 1934 *Neutrino*. Neutrinos sind extrem schwierig nachzuweisen, weil sie nur der schwachen Wechselwirkung folgen. Es dauerte deshalb mehr als ein Vierteljahrhundert, bis im Jahr 1956 die amerikanischen Physiker Clyde Cowen und

Frederick Reines die Neutrinos mit einer Apparatur namens «Poltergeist» entdeckten. Der Poltergeist-Detektor bestand aus einem Tank mit einer Cadmiumchlorid-Lösung, der in der unmittelbaren Umgebung eines sehr starken Kernreaktors in Savannah River, South Carolina, aufgebaut war. Die Wechselwirkung eines Neutrinos mit einem Atom im Tank konnte durch die dabei entstehenden charakteristischen Gammastrahlen nachgewiesen werden. Poltergeist entdeckte zwar nur etwa drei mögliche Neutrino-Ereignisse pro Stunde, aber als der starke Reaktorstrahl ausgeschaltet wurde, ging das Signal auf null zurück. Frederick Reines erhielt im Jahr 1995 für diese Messung den Nobelpreis.

In der Schule haben wir noch gelernt, dass zumindest die Protonen und Neutronen kleinste, untrennbare Bausteine der Materie seien. Auch diese Annahme hat sich inzwischen als falsch herausgestellt. In den sechziger Jahren wurde klar, dass Protonen und Neutronen ihrerseits wiederum aus kleineren Teilchen zusammengesetzt sind – den Quarks. Nach und nach schälten sich die Konturen des heute allgemein akzeptierten Standardmodells der Elementarteilchen und Fundamentalkräfte heraus: Danach gibt es vier fundamentale Kräfte: die starke Wechselwirkung oder Kernkraft, die Atomkerne zusammenhält, die elektromagnetische Wechselwirkung, die sämtliche Effekte der Elektrizität und des Magnetismus, aber auch des Lichts verursacht, die schwache Wechselwirkung, die zum Beispiel für Geisterteilchen wie etwa die Neutrinos zuständig ist, sowie die Gravitationskraft, die Planeten, Sterne und das Universum im Großen zusammenhält.

Im Standardmodell existieren zwei Typen von Elementarteilchen, nämlich die Materieteilchen und die Austauschteilchen, die die Kräfte übertragen. Die Materieteilchen sind Fermionen, das heißt Teilchen mit halbzahligem Spin, die man in sogenannte Leptonen (aus dem griechischen Wort für «leicht») und Quarks unterteilt. Innerhalb der Leptonen unterscheidet man die ursprünglich als masselos angesehenen Neutrinos mit der elektrischen Ladung null sowie das Elektron, das Myon und das Tauon mit der elektrischen Ladung -1 und unterschiedlichen Massen. Es gibt drei unterschiedliche Familien von Neutrinos, die Elektron-, die Myon-

und die Tau-Neutrinos. Insgesamt haben wir es also mit sechs verschiedenen Leptonen zu tun. Während die geladenen Leptonen sowohl an der elektromagnetischen als auch der schwachen Wechselwirkung teilnehmen, können Neutrinos ausschließlich über die schwache Wechselwirkung reagieren. Die Quarks wiederum reagieren neben der schwachen und der elektromagnetischen Wechselwirkung vor allem mit der starken Kraft. Die elektrische Ladung der Quarks ist drittelzahlig. In Symmetrie zu den Leptonen existieren sechs unterschiedliche Arten von Quarks. Die Quarks heißen «up», «down», «charm», «strange», «top», «bottom». Zu jedem Materieteilchen gibt es außerdem noch das entsprechende Antimaterieteilchen, also zum Beispiel das Positron als Gegenpart zum Elektron, die Antineutrinos und die Antiquarks.

Die Austauschteilchen sind Bosonen. Für jede der vier fundamentalen Wechselwirkungen gibt es Austauschteilchen. Das Photon ist das Austauschteilchen der elektromagnetischen Wechselwirkung, das heißt elektromagnetische Kräfte werden durch Photonen übertragen. Für die schwache Wechselwirkung gibt es drei Austauschteilchen, die als W^+-, W^-- und Z-Bosonen bezeichnet werden. Die starke Wechselwirkung wird durch die sogenannten Gluonen übertragen, von denen es acht verschiedene gibt. Wie das funktioniert, ist in dem sehr unterhaltsamen Buch *Vom Urknall zum Zerfall* des Münchner Physikers Harald Fritzsch beschrieben, der selbst wesentlich an der Quarktheorie, der sogenannten Quantenchromodynamik, beteiligt war.[24] Die Austauchteilchen der elektromagnetischen, schwachen und starken Wechselwirkung haben jeweils den Spin 1 und konnten alle in den letzten Jahrzehnten experimentell nachgewiesen werden. Derselben Theorie zufolge soll die Gravitationskraft durch das Graviton übertragen werden, einem Teilchen mit dem Spin 2, das bisher aber noch nicht entdeckt wurde. Ebenso gibt es im Standardmodell ein weiteres, bisher unentdecktes Teilchen, das Higgs-Teilchen genannt und für die Entstehung der Masse verantwortlich gemacht wird.

Quarks können bei niedrigen Temperaturen nicht einzeln existieren, sondern werden durch die starke Anziehungskraft der Gluonen entweder zu Gruppen von jeweils drei Quarks zusammengeschweißt, den sogenannten Baryonen, oder ein Quark und ein Antiquark bilden ein sogenanntes Meson, das aber in kürzester Zeit wieder zerfällt.[25] Die Bezeichnung Baryon stammt von dem griechischen Wort *barys* für «schwer» und deutet an, dass diese Teilchen eine große Masse haben, im Gegensatz zu den leichten Leptonen und den mittelschweren Mesonen. Die wichtigsten Bausteine der Materie, aus der das Periodensystem der Elemente besteht, die Protonen und Neutronen, sind dabei aus «up»-(u-) und «down»-(d-)Quarks aufgebaut. Das Proton besteht aus zwei up- und einem down-Quark (uud) und das Neutron aus einem up- und zwei down-Quarks (udd). Wie wir später noch sehen werden, sind die Baryonen übrig geblieben, nachdem sich im heißen Feuerball in der ersten Sekunde nach dem Urknall gigantische Mengen von Quarks und Antiquarks gegenseitig vernichtet haben. Diesen Vorgang bezeichnet man als Baryogenese – die Entstehung der Baryonen. Aus den übrigen, schwereren Quarks wird ein ganzer Zoo exotischer Teilchen aufgebaut, die aber nur sehr kurz leben und deshalb für das Schicksal des Universums nicht weiter interessant sind.

Die Teilchen der Dunklen Materie

Im Gegensatz zu den normalen Materieteilchen des Standardmodells haben wir derzeit noch keinerlei Hinweis auf die Natur der Dunklen Materie. Wir wissen nur, dass es keine Baryonen sein können. Nach Meinung vieler Physiker handelt es sich um eine bisher noch unentdeckte Art von Elementarteilchen. Auch ich bin von dieser Möglichkeit überzeugt. Nach einem Vortrag in der Nordrhein-Westfälischen Akademie der Wissenschaften im Juni 2004 habe ich mich sogar zu einer Wette mit meinem Bonner Kollegen Karl Menten verleiten lassen, laut der ich eine Flasche Champagner bezahlen muss, wenn die Teilchen der Dunklen Materie bis zum Juni 2014 nicht entdeckt werden sollten. Um meinen Optimismus in dieser Sache verständlich zu machen, möchte ich die weitere Geschichte der Neutrino-Gespensterteilchen heranziehen.

Nach den jüngsten Erkenntnissen haben Neutrinos nämlich einen kleinen Anteil an der Dunklen Materie. Pauli hatte ursprünglich nur postuliert, dass die Neutrinos etwa so leicht wie die Elektronen sein und sich mit einer Geschwindigkeit kleiner als die Lichtgeschwindigkeit bewegen sollten. Das Standardmodell der Elementarteilchen ging jedoch jahrzehntelang davon aus, dass die Neutrinos masselos sind und sich deshalb mit Lichtgeschwindigkeit bewegen. In den Kernfusionsprozessen im Innern der Sonne entstehen Neutrinos in großer Zahl. In den sechziger Jahren begannen deshalb Raymond Davis und Kollegen mit dem Aufbau eines Neutrino-Detektors zur Messung der solaren Neutrinos in der Homestake Mine in den USA. Der innere Aufbau und der Fusionsprozess der Sonne sind sehr gut verstanden, so dass das solare Modell den Neutrino-Fluss der Sonne präzise vorhersagt. Über langjährige Messreihen von Raymond Davis ergab sich jedoch ein dreimal kleinerer Fluss als erwartet. Lange Zeit war es deshalb unsicher, ob etwas mit der Apparatur, mit dem Sonnenmodell oder mit dem Standardmodell der Elementarteilchen nicht stimmte. Allerdings stammten die von Davis gemessenen Neutrinos nur aus einer relativ seltenen Nebenreaktion bei der Kernfusion im Sonneninnern. Eine Sensation war deshalb Anfang der neunziger Jahre, dass mehrere Experimente, unter anderem das unter deutscher Leitung durchgeführte GALLEX und sein Nachfolger GNO, erstmals Neutrinos aus dem Hauptzweig des Wasserstofffusionszyklus nachwiesen – wiederum signifikant weniger als theoretisch erwartet – und damit Raymond Davis' Messungen voll bestätigten.

Der Nachweis solarer Neutrinos von Raymond Davis wurde zusammen mit der Entdeckung von Neutrinos der Supernova 1987A in dem japanischen Kamiokande-Detektor durch Masatoshi Koshiba jeweils mit einem Teil des Nobelpreises 2002 honoriert. Heute geht man davon aus, dass Neutrinos im Gegensatz zu den Annahmen des Standardmodells eine endliche, allerdings sehr kleine Ruhemasse haben. In die gleiche Richtung weisen die Beobachtungen des japanischen Detektors Super-Kamiokande. Falls die Neutrinos eine Masse besitzen, können sich die Teilchen der drei unter-

schiedlichen Familien ineinander umwandeln; man nennt das
«oszillieren». Die fehlenden Elektron-Neutrinos von der Sonne
müssen sich also auf dem Weg zur Erde in Neutrinos einer anderen
Sorte umgewandelt haben. Der Beweis für die Neutrino-Oszillatio-
nen bedeutet eine Revolution in der Elementarteilchenphysik,
weil zum ersten Mal signifikante Abweichungen vom Standardmodell nachgewiesen werden konnten, und das hat wichtige Konsequenzen für die Physik.

Die Neutrinos im Universum stammen zum überwiegenden
Teil noch aus der heißen Ursuppe, die sich unmittelbar nach
dem Urknall gebildet hat. Da es, wie wir noch sehen werden, etwa
eine Milliarde Mal mehr Neutrinos gibt als beispielsweise Pro-
tonen und Elektronen, kann selbst eine sehr geringe Neutrino-
Masse einen signifikanten Teil zur Gesamtenergie des Kosmos
beitragen. Gegenwärtige Schätzungen gehen davon aus, dass die
Neutrinos zwischen 0,2 und 1,9 Prozent zur gesamten Masse- und
Energie-Dichte des Universums beisteu-
ern. Das entspricht etwa dem gesamten
Beitrag der Sterne im Universum (siehe
Abbildung 9).

9   Beitrag der verschiedenen Formen
bekannter Masse- und Energiedichte
im Universum

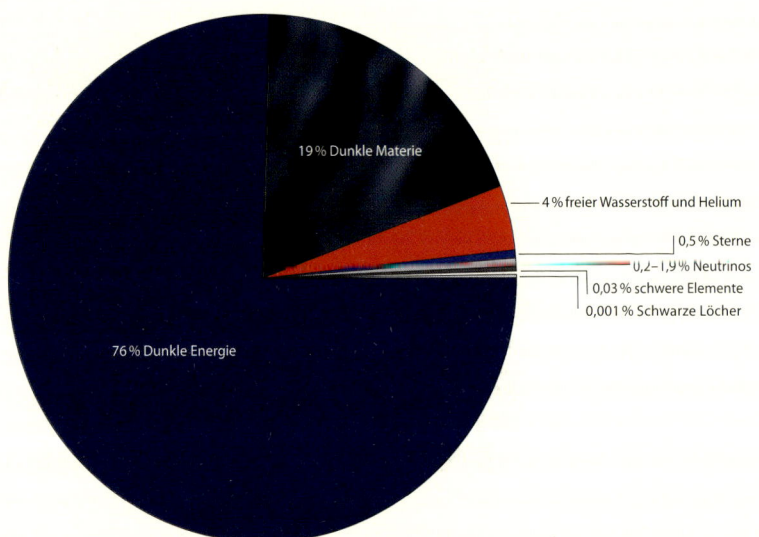

19 % Dunkle Materie

4 % freier Wasserstoff und Helium

0,5 % Sterne

0,2–1,9 % Neutrinos

0,03 % schwere Elemente

0,001 % Schwarze Löcher

76 % Dunkle Energie

Die Neutrinos stellen also bereits einen Teil der Dunklen Materie dar, allerdings viel zu wenig, um das gesamte Phänomen zu erklären. Außerdem bewegen sich die Neutrinos wegen ihrer geringen Masse fast mit Lichtgeschwindigkeit. Sie werden deshalb als «Heiße Dunkle Materie» bezeichnet. Wie wir in Kapitel 4 noch sehen werden, benötigen wir aber «Kalte Dunkle Materie», um die Entwicklung der großräumigen kosmischen Strukturen zu verstehen. Die Teilchen der Dunklen Materie müssen sich mit wesentlich geringeren Geschwindigkeiten bewegen, damit sich die kosmischen Strukturen ausbilden können.

Als mögliche Kandidaten für die Dunkle Materie haben sich eine gewisse Zeit lang die sogenannten MACHOs eines großen Interesses erfreut. MACHO steht für *MAssive Compact Halo Object*, also schwere, nicht sichtbare Himmelskörper in den Halos von Galaxien. Dabei könnte es sich zum Beispiel um Schwarze Löcher, Braune Zwergsterne oder abgekühlte und damit dunkel gewordene Weiße Zwerge handeln, in jedem Fall aber um Objekte aus ganz normaler, baryonischer Materie. Falls es wirklich eine große Anzahl solcher Objekte gibt, müssten sie sich durch den bereits besprochenen Gravitationslineneffekt bemerkbar machen. Wenn man ein sehr dicht mit Sternen besetztes Himmelsfeld beobachtet, kann es passieren, dass ein derartiges dunkles Objekt genau vor einem Stern vorbeizieht und damit dessen Licht über den Gravitationslineneffekt verstärkt. Dieses Phänomen wird als Mikrolineneffekt bezeichnet und führt zu einem deutlichen, sehr symmetrischen Anstieg und Abfall der Helligkeit des Sterns über mehrere Tage. Ein besonders interessantes Muster des Helligkeitsanstiegs entsteht, wenn ein oder mehrere Planeten des dunklen Sterns ebenfalls die Sichtlinie kreuzen. Tatsächlich wurden in gigantischen Beobachtungskampagnen mehrerer Teams in Richtung des Galaktischen Zentrums, der Großen Magellan'schen Wolke und des Andromeda-Nebels eine ganze Reihe dieser Mikrolinsenereignisse entdeckt, in einem Fall sogar mit hoher Wahrscheinlichkeit ein Planet. Jedoch ist die Anzahl dieser Ereignisse bei weitem zu gering, um signifikant zur Dunklen Materie beizutragen. Aus der primordialen Synthese der leichten Elemente, die in Kapitel 2 be-

handelt wird, ergibt sich, dass maximal 5 Prozent der Masse-Energie-Bilanz des Kosmos aus normaler, baryonischer Materie besteht.
MACHOs sind deshalb als Kandidaten für die Dunkle Materie, die ja etwa 24 Prozent der Gesamtmasse/Energie des Kosmos ausmacht (siehe Abbildung 9), praktisch ausgeschlossen.
Ein sehr guter Kandidat für die Kalte Dunkle Materie ist hingegen das WIMP. Das Wort ist dem englischen Ausdruck für «Schwächling» (im Gegensatz zum MACHO) nachempfunden und steht für *Weakly Interacting Massive Particle*. Die Bezeichnung sagt aus, dass dieses Teilchen, ähnlich wie zum Beispiel das Neutrino, nur der schwachen Wechselwirkung und der Schwerkraft unterworfen ist, allerdings eine wesentlich größere Masse hat als das Neutrino. Ähnlich wie die Neutrinos könnten WIMPs über die schwache Wechselwirkung, beispielsweise den inversen Betazerfall, mit normalen Atomkernen reagieren und auf diese Weise entdeckt werden. Zu diesem Zweck gibt es eine ganze Reihe von Detektoren, unter anderem das Experiment CRESST *(Cryogenic Rare Event Search with Superconducting Thermometers)*, das vom Max-Planck-Institut für Physik, der Technischen Universität München und anderen im Tunnel unter dem Gran-Sasso-Massiv betrieben wird, oder das im französischen Frejus-Tunnel betriebene Experiment EDELWEISS *(Expérience pour détecter les WIMPs en Site Souterrain)*. Die für die Dunkle Materie postulierten WIMPs könnten sehr gut zu einer modernen Erweiterung des Standardmodells der Elementarteilchen passen, nämlich der Supersymmetrie (SUSY). Danach verfügt jedes der heute bekannten Elementarteilchen über einen supersymmetrischen Partner, der mit einem kleinen «s» vor dem Namen bezeichnet wird, etwa das sElektron oder die sQuarks. Falls das Elementarteilchen einen halbzahligen Spin hat, also ein Fermion darstellt, hat sein supersymmetrischer Partner einen ganzzahligen Spin und ist damit ein Boson. Nachdem keines dieser SUSY-Teilchen bisher entdeckt wurde, geht man davon aus, dass deren Massen weit oberhalb der Energien liegen, die man mit der bisherigen Generation von Beschleunigern erreichen kann. Es bestehen aber große Hoffnungen, dass der derzeit bei CERN in Genf im Bau befindliche europäische Superbe-

schleuniger *Large Hadron Collider* (LHC) bei seinem vollen Betrieb ab 2008 einen ganzen Zoo supersymmetrischer Teilchen entdecken könnte. Die meisten dieser Teilchen haben vermutlich nur eine extrem kurze Lebenszeit. Die Theorie sagt jedoch voraus, dass das leichteste supersymmetrische Teilchen stabil sein sollte und damit durchaus einen sehr guten Kandidaten für die Kalte Dunkle Materie darstellt und eventuell auch im LHC nachweisbar sein sollte. Ein weiterer Kandidat für die Dunkle Materie sind die sogenannten Axionen. Auch sie wurden postuliert, um ein weiteres Rätsel der Elementarteilchenphysik zu klären, und zwar das des fehlenden Dipolmoments der Neutronen. Das Neutron besteht ja aus positiv und negativ geladenen Quarks, und die Experimente zeigen, dass die elektrische Ladung tatsächlich innerhalb des Neutrons breit verteilt ist. Die positiven und negativen Ladungsschwerpunkte fallen dabei jedoch immer exakt aufeinander, so dass das elektrische Dipolmoment verschwindet. Dieser Effekt ist im Rahmen der bisherigen Theorie der starken Wechselwirkung bis heute nicht verstanden, könnte aber durch die Einführung eines neuen Teilchens – des Axions – erklärt werden. Das Axion hat keine elektrische Ladung, keinen Spin und reagiert mit normaler Materie nur über die schwache Wechselwirkung. Da aber im heißen Feuerball des Urknalls alle Teilchensorten in annähernd gleicher Anzahl entstanden sein müssen, beispielsweise ebenso viele Axionen wie Neutrinos, ist das Axion auch ein guter Kandidat für die Dunkle Materie. Falls es Axionen gibt, müsste die Sonne eine starke Axionen-Quelle sein. Im Sonneninnern wird bei etwa 17 Millionen Grad Wasserstoff zu Helium fusioniert, deshalb entstehen dort gigantische Mengen von Röntgenstrahlung. Nach dem sogenannten Primakoff-Effekt kann sich ein winziger Anteil der Röntgenquanten im starken elektrischen Feld des Sonnenplasmas in Axionen verwandeln. Wie die Sonnenneutrinos gelangen diese solaren Axionen ungehindert zur Erde und könnten hier durch den umgekehrten Primakoff-Effekt in einem starken Magnetfeld wieder in Röntgenstrahlung zurückverwandelt werden. Da die Wahrscheinlichkeit für diesen Prozess quadratisch mit der Magnetfeldstärke und der Länge des Magneten ansteigt, benötigt man dazu aller-

10   Das CAST-Helioskop: Ein 10 Meter langer LHC-Testmagnet mit einer Feldstärke von 9 Tesla wird benutzt, um Axionen von der Sonne aufzuspüren. An den beiden Enden des Magneten sind Röntgenteleskope und Detektoren angebracht, um die über den sogenannten Primakoff-Effekt aus Axionen konvertierten Röntgenphotonen der Sonne zu entdecken.

dings einen extrem starken und möglichst langen Magneten. Zufällig gab es beim CERN einen nicht mehr verwendeten supraleitenden Testmagneten, der ursprünglich für die Technologieentwicklung des LHC gebaut wurde. Dieser Linear-Magnet ist 10 Meter lang und gehört zu den stärksten Magneten der Welt. Das Experiment CAST *(CERN Axion Solar Telescope)*[26] wurde im Rahmen einer großen internationalen Zusammenarbeit im Jahre 2003 aufgebaut (siehe Abbildung 10). Um die aus den Axionen in Röntgenstrahlung umgewandelten Photonen zu entdecken, wurden an beiden Enden des Magneten Röntgendetektoren installiert. Das empfindlichste Gerät wurde von den beiden Max-Planck-Instituten für Physik in München und für extraterrestrische Physik (MPE) in Garching entwickelt. Es handelt sich dabei um ein Röntgenteleskop, das ursprünglich von der Firma Carl Zeiss für unseren Röntgensatelliten ABRIXAS entwickelt wurde, zusammen mit einem für Röntgenstrahlung empfindlichen Detektor, der ursprünglich vom MPE für den ESA-Satelliten *XMM-Newton* gebaut worden war. Seit dem Jahr 2003 arbeitet das CAST-Helioskop kontinuierlich auf der Suche nach Axionen. Da der Magnet wegen seiner empfindlichen supraleitenden Kühlflüssigkeit nicht beliebig stark verkippt werden kann, ohne dass die Flüssigkeit ausläuft, stehen für die Beobachtung der Sonne morgens und abends nur jeweils etwa eineinhalb Stunden zur Verfügung, in denen das Helioskop dem Tagesgestirn nachgeführt wird. Für den Rest der Zeit beobachtet CAST die durch die Umgebung verursachte Untergrundstrahlung oder manchmal auch interessante Himmelsgegenden, wie zum Beispiel das Zentrum der Milchstraße. Um Weihnachten 2004 herum und im Sommer 2006 entstand für kurze Zeit gewisse Aufregung, als die CAST-Physiker glaubten, erste, von Axionen transportierte Röntgensignale aus dem Innern der Sonne entdeckt zu haben. Bisher haben sich diese Signale aber leider nicht bestätigen lassen.

Wenn Sie mich fragen, empfinde ich die WIMPs derzeit als die besten Kandidaten für die Dunkle Materie, und ich erwarte schon mit Spannung die ersten Aussagen über supersymmetrische Teilchen vom LHC in den nächsten Jahren. Aber auch die Axionen darf man noch nicht vollständig aus den Augen verlieren. Jedenfalls bin ich nach wie vor davon überzeugt, dass wir das Teilchen der Dunklen Materie bald finden werden.

2   Der Urknall

Die kritische Dichte

Nachdem wir nun die Hauptakteure des Universums kennengelernt haben – die Dunkle Energie, die Dunkle Materie und die Baryonen –, haben wir genügend Informationen, um uns dem schwie-
rigen Kapitel der Entstehung des Universums zu nähern. Wie Edwin Hubble und seine Zeitgenossen gezeigt haben, bewegen sich
alle Galaxien auseinander, und zwar mit umso größerer Geschwindigkeit, je weiter sie voneinander entfernt sind. Der Zusammenhang zwischen Geschwindigkeit und Entfernung lässt sich durch
eine gerade Linie beschreiben, deren Steigung die berühmte
Hubble-Konstante H_0 ist. Diese Zahl hat eine sehr wechselvolle Geschichte, insbesondere deshalb, weil Entfernungen in der Astronomie so schwer zu messen sind. Der heute allgemein akzeptierte
Wert liegt in der Nähe von 75 Kilometern pro Sekunde pro Megaparsec,[27] während der ursprünglich von Hubble angegebene
Wert etwa achtmal höher war.

Wenn ich einen Stein in die Luft werfe, steigt er in die
Höhe, wird dabei aber wegen der Anziehungskraft der Erde immer langsamer, bis er für einen kurzen Moment in seiner Bewegung innehält, um dann wieder auf den Boden zu stürzen.
Falls ich aber dem Stein eine genügend große Geschwindigkeit verleihe, zum Beispiel indem ich ihm einen Raketenantrieb
verpasse, kann er die Anziehungskraft der Erde überwinden
und in den Weltraum fliegen. So passiert es zum Beispiel manchmal, dass große Meteoriten auf dem Mars einschlagen und dabei
Mars-Gesteine herausschlagen und so stark beschleunigen, dass
sie unseren Nachbarplaneten verlassen und sogar auf die Erde fliegen. Die kritische Geschwindigkeit nennt man «Fluchtgeschwin-

digkeit», und sie hängt nur von der Masse des jeweiligen Planeten ab.

Man kann sich die Bewegung der Galaxien im Kosmos ähnlich vorstellen. Alle Galaxien fliegen auseinander wie die funkelnden Lichtpunkte der wunderschönen, kugelförmigen Feuerwerksraketen, sollten aber gleichzeitig durch ihre gemeinsame Anziehungskraft in ihrer Bewegung gebremst werden. Es hängt dann von der Gesamtmasse aller Galaxien ab, ob deren Geschwindigkeit größer oder kleiner ist als die jeweilige Fluchtgeschwindigkeit, ob also die Bewegung der Galaxien ähnlich wie bei dem in die Luft geworfenen Stein irgendwann einmal in ferner Zukunft zum Stoppen und Umkehren kommt oder ob sie in alle Ewigkeit weiter auseinanderfliegen. Nun lässt sich aus den bekannten Geschwindigkeiten der Galaxien leicht die sogenannte kritische Dichte ρ_c berechnen, die im Weltall existieren müsste, um die Expansion des Kosmos zu stoppen. Sie hängt nur von der Hubble-Konstante ab[28] und entspricht dem winzig kleinen Wert von etwa sechs Wasserstoffatomen pro Kubikmeter Weltraum. Diese Dichte ist wirklich unvorstellbar klein. So hat zum Beispiel das beste im Labor hergestellte Ultrahochvakuum immer noch eine Restdichte von etwa 10^4 Molekülen pro Kubikzentimeter, und selbst in den leeren Weiten unserer Milchstraße herrscht immer noch eine Dichte von etwa einem Wasserstoffatom pro Kubikzentimeter, also 160 000-mal höher als die kritische Dichte. Dieser geringe Wert ist nur dadurch zu verstehen, dass der Kosmos riesig ist und man sich die Masse sämtlicher Sterne, Galaxien und Galaxienhaufen gleichmäßig über das ganze leere Universum verschmiert vorstellen muss. Die wirkliche Dichte im Universum ρ wird üblicherweise in Einheiten der kritischen Dichte ρ_c ausgedrückt und mit dem griechischen Buchstaben Omega bezeichnet: $\Omega = \rho/\rho_c$. Dabei unterscheiden wir zwischen der Materiedichte Ω_m, die eine Anziehungskraft ausübt, und der Dichte der Dunklen Energie Ω_Λ, die eine abstoßende Wirkung hat.

Wir wissen bereits, dass nach Einsteins Allgemeiner Relativitätstheorie die Materie den Raum krümmt. Die Dichte des Universums im Verhältnis zur kritischen Dichte gibt deshalb auch die Geometrie des Raums an. Ist die Dichte exakt gleich der kritischen

Dichte ($\Omega = 1$), so leben wir in einem flachen Universum, das der Euklidischen Geometrie folgt. Hier ist die Winkelsumme im Dreieck genau 180 Grad, parallele Geraden schneiden sich nie, und der Umfang eines Kreises im Verhältnis zum Durchmesser wird durch die Zahl π angegeben. Ist die Dichte größer als die kritische Dichte ($\Omega > 1$), so ist der Raum positiv gekrümmt: Die Winkelsumme im Dreieck ist größer als 180 Grad, parallele Geraden schneiden sich, und der Umfang eines Kreises ist kleiner als π-mal sein Durchmesser. Die Oberfläche eines Globus ist ein gutes zweidimensionales Analogon für einen derart gekrümmten Raum. Würde man einen Lichtstrahl in diesem Raum losschicken, würde er nach einer sehr langen Zeit unter Umständen wieder am Ausgangspunkt ankommen. Ist zu guter Letzt die Dichte kleiner als die kritische Dichte ($\Omega < 1$), so ist der Raum negativ gekrümmt. Die Fläche eines Sattels ist ein zweidimensionales Analogon für einen derartigen Raum. Die Winkelsumme im Dreieck ist kleiner als 180 Grad, parallele Geraden laufen immer weiter auseinander, und der Umfang eines Kreises ist größer als π-mal sein Durchmesser.

Aus der Hubble-Konstante lässt sich noch eine weitere, fundamental wichtige Größe ableiten, nämlich das Alter des Universums. Wenn wir der Einfachheit halber zunächst annehmen, dass die Geschwindigkeit immer konstant geblieben ist, können wir leicht auf den Zeitpunkt zurückrechnen, an dem alle Galaxien wie bei der kugelförmigen Silvesterrakete vom gleichen Punkt ausgegangen sein müssen. Diese sogenannte Hubble-Zeit entspricht etwa 14 Milliarden Jahren, was eine gute Näherung für das Alter des Universums ist. Wir können dieses Alter vergleichen mit dem Alter der Sonne (4,55 Milliarden Jahre) und dem Alter der ältesten bekannten Sterne in unserer Milchstraße (ca. 13 Milliarden Jahre). In Wirklichkeit müssen wir allerdings berücksichtigen, dass sich die Geschwindigkeit der Galaxien im Lauf der Zeit ändert, je nachdem wie stark sie abgebremst oder beschleunigt werden. Hätte das Universum zum Beispiel gerade das Fünffache der kritischen Dichte in Form von Materie ($\Omega_m = 5$), so würde die Expansion stark verlangsamt; die Galaxien hätten sich also früher schneller bewegt als heute. Wie Abbildung 11 zeigt, wäre aber in diesem Fall das Alter

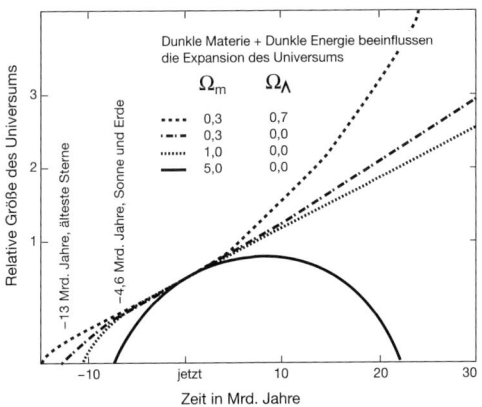

11 Verschiedene Verläufe der kosmischen Expansion für verschieden angenommene Werte für die Energiedichte der Materie (Ω_m bezeichnet die Summe aus Dunkler Materie und normaler Materie) und der Dunklen Energie Ω_Λ.

des Universums nur etwa 7 Milliarden Jahre und damit wesentlich jünger als die ältesten bekannten Sterne. Wenn umgekehrt die abstoßende Dunkle Energie dominiert, wird die Bewegung der Galaxien beschleunigt. Sie hätten sich dann früher langsamer bewegt, und somit wäre das Universum älter als die Hubble-Zeit. Die besten heute verfügbaren Messungen, auf die wir in den nächsten Kapiteln noch zu sprechen kommen, lassen darauf schließen, dass die Materiedichte im Kosmos etwa 30 Prozent der kritischen Dichte beträgt ($\Omega_m = 0,3$) und die Energiedichte der Dunklen Energie etwa 70 Prozent ($\Omega_\Lambda = 0,7$). Damit ergibt sich die oberste in der Abbildung 11 gezeigte Kurve mit einem Weltalter von 13,7 Milliarden Jahren. Am Anfang des Universums, als der Kosmos viel kleiner war und deshalb die Materiedichte überwog, wurde die Bewegung der Galaxien abgebremst. Heute dagegen überwiegt die Dunkle Energie, und die Bewegung der Galaxien beschleunigt sich. Tatsächlich dominiert also die Energie des Vakuums, des «Nichts», das Universum. Interessanterweise ist die Summe aus Materie- und Energiedichte sehr nahe bei dem Wert der kritischen Dichte ($\Omega_m + \Omega_\Lambda = 1 \pm 0,02$) und damit die Geometrie des Universums nahezu flach.

Wenn das alles so stimmt und Einsteins Kosmologische Konstante tatsächlich die Energiebilanz des Kosmos dominiert, befinden wir uns nach de Sitters Lösung der Einstein'schen Feldgleichungen gerade am Anfang einer exponentiellen Inflationsphase des Universums, die im Prinzip in alle Ewigkeit weitergehen könnte. Eine Abbremsung und Umkehrung der Expansion des Kosmos und eine Art umgekehrter Urknall wären damit ausgeschlossen. Die Materie im Universum würde sich in fernster Zukunft immer weiter verdünnen, wenn sie überhaupt so lange überlebt. Das Licht würde immer schwächer werden und die Temperatur des Kosmos immer weiter abfallen, so dass das Universum ein kaltes Schicksal in unendlichen Weiten erwartet. Im letzten Kapitel dieses Buches wird diese Zukunft des Universums noch weiter ausgemalt. Der Ehrlichkeit halber müssen wir jedoch feststellen, dass wir eigentlich noch keinen blassen Schimmer von der Natur der Dunklen Energie haben. Es ist zum Beispiel völlig unklar, warum die Dunkle Energie und die Dunkle Materie ungefähr die gleiche Energiedichte haben. Warum liegen sie nicht einen Faktor 100 oder sogar 10^{120} auseinander, wie im ersten Kapitel dargelegt? Wenn es sich bei der Dunklen Energie nicht um die von Einstein postulierte Kosmologische Konstante handelt, also eine konstante Energie, die das Vakuum ausfüllt, auch wenn gar kein Universum darin enthalten ist, sondern um eine kompliziertere Substanz, dann ist alles wieder offen. Eine Möglichkeit für eine derartige Substanz ist die «Quintessenz», benannt nach dem lange Zeit von den alten Griechen gesuchten fünften Element. Eine derartige Quintessenz müsste nicht für alle Zeiten konstant sein, sondern könnte sich in der Zukunft verändern, möglicherweise sogar wieder eine anziehende Wirkung annehmen. Damit wäre das Schicksal des Universums wieder vollkommen offen. Die einzige Möglichkeit, mehr über die Dunkle Energie zu erfahren, sind zukünftige Messungen mit noch empfindlicheren, noch vollständigeren Durchmusterungen in allen möglichen Beobachtungsfenstern, die sich uns bieten.

Außerdem benötigen wir ein tieferes theoretisches Verständnis der neuen physikalischen Fragen, insbesondere eine Vereinigung der Quanten- und Relativitätstheorie, von der man sich eine bessere Erklärung sowohl der Dunklen Materie als auch der Dunklen Energie erhofft. In gewissem Sinne kommt mir die derzeitige Situation vor wie die Phase in der Physik vor mehr als 100 Jahren, als

alle Welt nach dem Äther suchte, in dem sich angeblich die Lichtwellen bewegen sollten. Sehr genaue Messungen wiesen eindeutig
darauf hin, dass etwas mit den klassischen Vorstellungen der Physik nicht stimmte, so dass man nach einer neuen, unbekannten
Substanz suchte. Aber erst Einstein stellte mit seiner Speziellen
Relativitätstheorie die Vorstellungen von Raum und Zeit in Frage
und warf damit den Äther aus dem Rennen. Vielleicht geht es uns
mit der Dunklen Energie in einigen Jahren oder Jahrzehnten ebenso. Dazu brauchen wir allerdings vielleicht eine Frau oder einen
Herrn «Zweistein».

Ein vielversprechender Ansatz für eine Quantengravitationstheorie ist etwa die String-Theorie, in der die uns bekannten Elementarteilchen allesamt Oberschwingungen ein und desselben
saitenartigen Gebildes sind. Allerdings existieren diese Gebilde in
zehn oder elf Dimensionen, von denen sechs ganz klein weggewi-
ckelt – kompaktifiziert – sind, so dass nur die vier bekannten Dimensionen, drei für den Raum und eine für die Zeit, übrig bleiben.
Die String-Theorie ist eine überaus vielversprechende, aber auch
überaus komplizierte Theorie. Vor allem ist sie jedoch noch eine
große Baustelle. Als ich vor etlichen Jahren einmal an einer Beru-
fungskommission für einen String-Theoretiker teilnahm, hatte ich
Gelegenheit, von mehreren exzellenten jungen Physikern Vorträge
über diese Theorie anzuhören. Nach dem fünften Vortrag glaubte
ich, wenigstens eine blasse Ahnung davon zu haben, um was es
geht. Allerdings war auffällig, dass alle Kandidaten der Meinung
waren, dass die String-Theorie, sollte sich die Existenz der Dunklen Energie bewahrheiten, nicht mehr haltbar sei. Doch die Theoretiker sind sehr erfinderisch. Inzwischen hat zum Beispiel das
Team um Paul Steinhardt an der Princeton University über eine
neue, mit der String-Theorie konsistente Beschreibung der Kosmologie spekuliert, die sie das «ekpyrotische Universum» genannt
haben, das die Beschleunigung der Galaxien ohne Dunkle Energie
beschreiben kann. In diesem Bild schweben zwei vierdimensionale
«Membranen» in einem fünfdimensionalen Raum ganz nah neben-
einander her. Eine dieser Membranen ist unser sichtbares, vierdi-
mensionales Universum, ein anderes ein Paralleluniversum, das mit

unserem nur durch die Gravitationskraft verbunden ist. Die Galaxien in unserem Universum verspüren die Gravitationskraft der anderen Membranen und werden dadurch beschleunigt. Die beiden
Membranen schweben ganz langsam aufeinander zu und durchdringen sich. Ein Teil der Energie, die dabei frei wird, bildet den
heißen Anfangszustand in unserem Kosmos. Dieser sogenannte *Big
Splat* (Großer Platsch) kann mehrmals geschehen, so dass in diesem Bild durchaus zyklische Kosmologiegeschichten möglich sind.
Das Problem der verschiedenen Inkarnationen der String-Theorie
ist jedoch, dass diese mehr poetische Beschreibung des Universums nur eine Realisierung aus etwa 10^{500} bis 10^{1500} verschiedenen
Möglichkeiten darstellt. Wie soll man sich da noch zurechtfinden?

Ich bin, was neue theoretische Konzepte angeht, zumeist sehr
konservativ; oft fehlt mir auch einfach das Verständnis dafür.
Manchmal passiert es aber, dass im Laufe der Jahre immer überzeugendere Beweise für eine neue Theorie gefunden werden, bis
langsam selbst die Skeptiker daran glauben. So ist es mir zum Beispiel mit der Dunklen Materie und der Dunklen Energie gegangen.
Für die weitere Abhandlung dieses Buches möchte ich deshalb
beim Modell der Dunklen Energie als Kosmologischer Konstante
bleiben. Ein wichtiges, damit zusammenhängendes Puzzle-Element, das ich anfangs nur als bizarr empfand, das aber inzwischen
durch immer mehr Beobachtungsergebnisse bestätigt wurde, ist
die Inflationstheorie.

Die Inflation – das Universum nimmt einen Kredit auf

Die moderne Kosmologie ist eine Baustelle, bei der auf der einen
Seite die Astrophysiker versuchen, sich mit immer empfindlicheren
und umfassenderen Beobachtungsmethoden immer weiter in die
Vergangenheit in Richtung Urknall vorzutasten, und dabei die
größten Strukturen des Universums untersuchen, während auf
der anderen Seite theoretische Physiker und experimentelle Teilchenphysiker darum bemüht sind, das grundlegende Verständnis
der Materie und der Kräfte im Universum und damit die aller

kleinsten Strukturen zu ergründen. Die Inflationstheorie wurde im Jahr 1979 von dem brillanten amerikanischen Physiker Alan Guth und parallel dazu in Russland von Alexei Starobinsky entwickelt, ursprünglich, um einige Probleme der Großen Vereinheitlichten Theorie (*Grand Unified Theory* – GUT) anzugehen. Sie hat sich dann aber speziell bei ihrer Anwendung auf die Kosmologie als extrem erfolgreich herausgestellt. Alexei Starobinsky ist ein hoch intelligenter und etwas exzentrischer Physiker, den ich nach der Wende in meiner Zeit als Direktor am Astrophysikalischen Institut Potsdam kennenlernen durfte. Alan Guth hat die Geschichte der Inflationstheorie selbst in einem sehr schönen Buch beschrieben, das 1997 erschienen ist.[29]

Wie wir wissen, gibt es vier fundamentale Kräfte: die starke Wechselwirkung, die elektromagnetische Wechselwirkung, die schwache Wechselwirkung und die Gravitationskraft. Die relative Stärke dieser Kräfte zueinander ist heute sehr unterschiedlich; sie liegt im Verhältnis von $1 : 1/137 : 5 \cdot 10^{-14} : 2 \cdot 10^{-39}$. Die Gravitationskraft ist also fast 40 Größenordnungen kleiner als die Kernkraft. Die Großen Vereinheitlichten Theorien gehen davon aus, dass diese vier Kräfte bei extrem hohen Energien, wie sie im sehr frühen Universum geherrscht haben und wie sie kein Teilchenbeschleuniger auf der Erde je erreichen wird, alle zusammen aus einer einzigen Urkraft entstanden sein müssen (siehe Abbildung 12 oben).

Es gibt in der Quantenmechanik eine kleinste Länge, unterhalb derer sich physikalische Vorgänge mit den heutigen Theorien nicht mehr sinnvoll beschreiben lassen. Diese sogenannte Planck-Länge beträgt etwa 10^{-35} Meter. Jedes Objekt, das kleiner als die Planck-Länge ist, müsste nach den Gesetzen der Quantenmechanik eine Masse haben, die größer als die Planck-Masse von 22 Mikrogramm ist, und wäre damit automatisch ein Schwarzes Loch (siehe dazu Kapitel 8). Analog dazu gibt es auch die Planck-Zeit, etwa 10^{-43} Sekunden, die das Zeitintervall angibt, das ein Lichtstrahl benötigt, um die Planck-Länge zu durchqueren. Die Planck-Zeit stellt deshalb den frühest möglichen Zeitpunkt dar, zu dem sich das Universum beschreiben lässt (siehe Abbildung 12). Bereits bei der Planck-Zeit und damit einer Energieskala von 10^{19} GeV muss sich

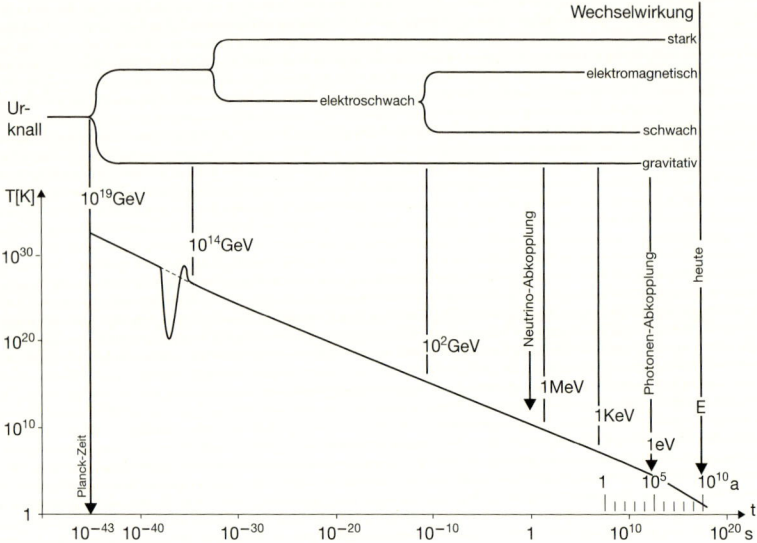

12 Die gesamte Geschichte des Universums auf einen Blick. Auf einer extrem gestauchten logarithmischen Zeitskala ist die Temperatur des Universums dargestellt. Der obere Teil der Grafik zeigt auf der dazu äquivalenten Energieskala zu den entsprechenden Zeitpunkten die Phasenübergänge bei der Aufspaltung der Naturkräfte aus einer einzigen Urkraft.

die Gravitationskraft von den drei anderen vereinigten Kräften, der sogenannten GUT-Kraft, abgespalten haben. Um diese Energie verständlich zu machen, können wir sie mit Energiemengen des täglichen Lebens vergleichen. Mit einer Energie von 10^{19} GeV kann man etwa eine 100-Watt-Lampe ungefähr acht Monate brennen lassen. Die gleiche Bewegungsenergie hat ein Auto mit einer Tonne Gewicht, das mit 220 Kilometern pro Stunde gegen eine Wand rast. Allerdings ist diese Energie auf einen winzig kleinen Raum konzentriert – in der Größe der Planck-Länge –, so dass sich eine unvorstellbar hohe Energiedichte ergibt. Für derartig hohe Energiedichten passen die Theorien des 20. Jahrhunderts, die Quantentheorie von Planck, Heisenberg und Schrödinger und Einsteins Allgemeine Relativitätstheorie, nicht mehr zusammen. Der Zustand des Universums zu diesem Zeitpunkt muss deshalb durch die noch in ihren Kinderschuhen steckende Quantengravitationstheorie beschrieben werden, deren charakteristische Einheiten die Planck-Größen sind: Planck-Zeit, Planck-

Länge, Planck-Masse und Planck-Temperatur.[30] Auf dieser Skala ist der beobachtbare Teil des heutigen Universums winzig klein (siehe Abbildung 13). Wie in jedem Vakuum gibt es in diesem Embryo-Universum die bereits im Zusammenhang mit dem Casimir-Effekt beschriebenen Quantenfluktuationen, die sich später noch als außerordentlich wichtig herausstellen werden.

Nachdem sich die Gravitationskraft abgespalten hat, beginnt dieses Baby-Universum zu wachsen und sich gleichzeitig abzukühlen. Wenn Sie Ihr Fahrrad aufpumpen, bemerken Sie, dass der Reifen, die Luftpumpe und auch Ihre Hand heiß werden. Dies liegt daran, dass sich Gas beim Komprimieren aufheizt. Umgekehrt kühlt sich ein Gasball ab, wenn sich sein Volumen vergrößert. Das weitere Schicksal des Universums ist deshalb im Wesentlichen durch eine dramatische Abkühlung gekennzeichnet, wie in Abbildung 12 gezeigt wird. Am Anfang haben sämtliche existierenden Teilchen noch Energien in der Nähe der Planck-Skala, Energien, die wesentlich höher sind als die Ruhemasse sämtlicher bekannter und aller noch zu entdeckender Teilchen, auch der die Kräfte vermitteln-

13 Der Radius des heute sichtbaren Universums ist hier auf einer logarithmisch gestauchten Zeitskala dargestellt. Am unteren Rand der Abbildung sind wichtige Ereignisse in der Geschichte des Universums angegeben.

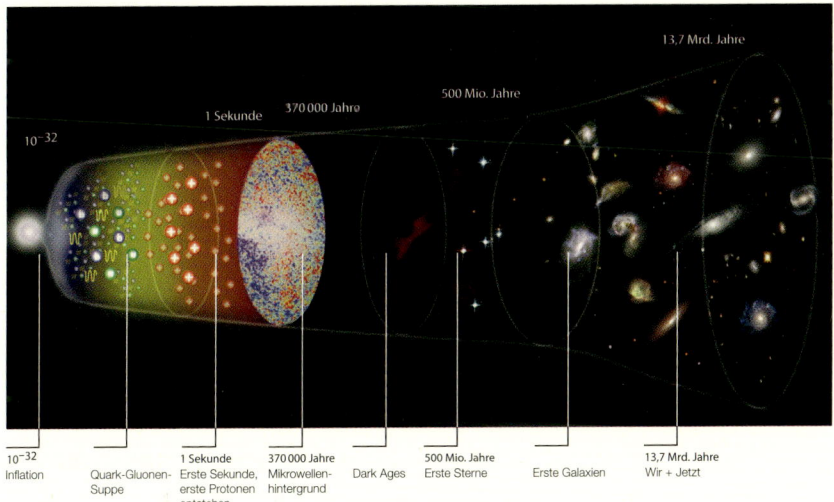

13,7 Mrd. Jahre

500 Mio. Jahre

1 Sekunde 370 000 Jahre

10^{-32}

10^{-32}		1 Sekunde	370 000 Jahre		500 Mio. Jahre		13,7 Mrd. Jahre
Inflation	Quark-Gluonen-Suppe	Erste Sekunde, erste Protonen entstehen	Mikrowellen-hintergrund	Dark Ages	Erste Sterne	Erste Galaxien	Wir + Jetzt

den Teilchen. Nach Einsteins berühmter Formel $E = mc^2$ können deshalb sämtliche bekannten und selbst noch unbekannten Teilchensorten kontinuierlich aus Energie neu entstehen und wieder vernichtet werden. Wenn die Energie hoch genug ist, kann zum Beispiel ohne weiteres aus zwei Lichtquanten ein Elektron und ein Positron, das positiv geladene Antiteilchen des Elektrons, entstehen. Umgekehrt werden durch den Zusammenstoß eines Teilchens mit seinem Antiteilchen die beiden Materieteilchen vernichtet und in Strahlungsenergie umgewandelt. Man geht deshalb davon aus, dass in den ersten Sekundenbruchteilen die Dichte und Temperatur so hoch waren, dass sich alle Elementarteilchen, wie zum Beispiel Photonen, Neutrinos, Elektronen, Quarks etc., zusammen mit ihren Antiteilchen ständig ineinander umgewandelt haben. Dadurch stellte sich ein thermisches Gleichgewicht zwischen allen Teilchensorten ein; abgesehen von statistischen Faktoren, die nur von der Natur der Teilchen abhängen, müssen alle Teilchensorten anfangs deshalb in jedem Raumelement in ungefähr gleicher Anzahl existiert haben. Zu dieser Zeit herrschte die Vereinigte GUT-Kraft, die durch ein hypothetisches Kräfteteilchen übertragen wird, das X-Boson, das eine sehr hohe Masse und damit eine extrem kurze Lebensdauer haben muss.[31] Nach einem Zeitraum von etwa 10^{-34} Sekunden, also immer noch einer extrem kurzen Zeit, aber immerhin schon nach mehr als einer Milliarde Planck-Zeiten, hatte sich das Universum auf eine Temperatur von 10^{28} K abgekühlt, die X-Bosonen zerfallen, und aus dem Wärmebad können keine neuen GUT-Krafteilchen erzeugt werden. Damit spaltet sich in einem Phasenübergang, einer sogenannten Symmetriebrechung, die starke Wechselwirkung von der GUT-Kraft ab. Dabei wird eine große Menge Energie frei. Das Universum wird noch mehrere derartige Umstrukturierungen bei Abkühlungen erleben. Ein schönes Beispiel dafür ist das Gefrieren von Wasser in einem See. Wenn es kälter wird, verwandelt sich das ursprünglich völlig gestaltlose Wasser in regelmäßig geformte Eiskristalle und komplexere Gebilde. Dabei kommt es auch zu Unterkühlungen, also zu niedrigeren Temperaturen als dem eigentlichen Gefrierpunkt, und danach zu einem abrupten Phasenübergang, bei dem Energie frei wird. Eine ähnliche Unterkühlung hat das Universum in der Inflationsphase durchgemacht.

Die Symmetriebrechung in der GUT-Phase geschieht bei einer Energie von etwa 10^{15} GeV, also etwa vier Größenordnungen unterhalb der Planck-Skala, aber immer noch 13 Größenordnungen über den Energien, die sich mit den größten terrestrischen Teilchenbeschleunigern erreichen lassen. Einzig und allein der Urknall selbst kann derart gigantische Energien erreicht haben. Erst wesentlich später, etwa 10^{-10} Sekunden nach dem Urknall, spaltete sich von der verbliebenen elektroschwachen Wechselwirkung die schwache und die elektromagnetische Kraft ab. Dies geschieht bei Energien, die von modernen Beschleunigern erreicht werden, so dass dieser Phasenübergang bereits im Detail experimentell untersucht werden konnte.

Die GUT-Symmetriebrechung wird insbesondere auch für den Überschuss von Materie gegenüber der Antimaterie im heutigen Universum verantwortlich gemacht: die sogenannte Baryogenese, die dafür zuständig ist, dass es überhaupt normale Materie in unserem Universum gibt, eingeschlossen Menschen, die sich darüber Gedanken machen können. Am Ende der GUT-Phase gibt es aus irgendeinem, bisher noch nicht verstandenen Grund einen geringfügigen Überschuss von etwa eins zu einer Milliarde Quarks gegenüber Antiquarks und Elektronen gegenüber Positronen. Dieser Überschuss ist für unsere heutige normale, baryonische Materie verantwortlich. Wie das Ganze funktioniert, wissen wir heute noch nicht. Die in den letzten Jahren gemachte Entdeckung allerdings, dass die Neutrinos eine endliche Masse besitzen und sich damit die verschiedenen Neutrino-Familien ineinander umwandeln können, deutet darauf hin, dass die Baryogenese, also die Entstehung des Ungleichgewichts zwischen Materie und Antimaterie im Universum, über die elektroschwache Wechselwirkung erfolgt sein könnte. Das würde möglicherweise auch erklären, warum exakt der gleiche Überschuss bei den Quarks und bei den Elektronen existiert, so dass unser Universum elektrisch neutral geblieben ist.

Das Universum hat demnach gleichsam einen Kredit in der Währung der schwachen Wechselwirkung aufgenommen. Die für die

Baryogenese verantwortliche Symmetriebrechung führt allerdings auch zu der Vermutung, dass die Protonen, die aus drei Quarks zusammengesetzten Bausteine aller Atomkerne, nicht unendlich lange leben, sondern etwa 10^{35} bis 10^{36} Jahre nach dem Urknall, also in ewig ferner Zukunft, einmal zerfallen müssen und damit den Kredit zurückzahlen. Sämtliche zu diesem Zeitpunkt noch vorhandene Materie wird dann dahinschmelzen wie der Schneemann im Sonnenlicht. Obwohl dies fast eine unendlich lange Zeit ist, sollte sich doch der Zerfall des einen oder anderen Protons schon heute beobachten lassen, wenn man nur genügend viele Protonen über eine lange Zeit überwacht. In dem japanischen Super-Kamiokande-Experiment, einer riesigen, mit 50 000 Tonnen Wasser gefüllten unterirdischen Halle, die von Tausenden von lichtempfindlichen Detektoren überwacht wird, wurde mehrere Jahre lang nach den charakteristischen Signalen des Protonzerfalls gefahndet – bisher allerdings ohne Erfolg. Die frühesten GUT-Theorien hatten eine Lebensdauer von etwa 10^{32} Jahren für das Proton vorhergesagt, aber die Kamiokande-Messungen deuten bereits auf eine Lebensdauer von mindestens 10^{35} Jahren hin. Die moderneren GUT-Theorien gehen jetzt von einer Lebensdauer von 10^{36} Jahren aus. Vielleicht lernen wir über die ganze Problematik mehr, wenn der LHC in Genf seine Messungen aufnimmt.

Ein Problem der GUT-Theorien ist jedoch, dass sie magnetische Monopole vorhersagen, seltsame Teilchen, die einen isolierten magnetischen Nordpol oder Südpol beinhalten sollen. Magnetische Monopole sind von der Theorie her nicht verboten, sondern wären sogar besonders erwünscht, weil sie die Symmetrie zwischen elektrischen und magnetischen Ladungen wiederherstellen würden. Sie sind aber trotz intensiver Suche bisher in der Natur noch nicht entdeckt worden. Alan Guth hat als einer der Ersten an magnetischen Monopolen gearbeitet und herausgefunden, dass die Energie der Monopole so groß sein muss, dass sie nur im Urknall erzeugt werden konnten. Er hat dann die Idee entwickelt, dass das Saatkorn, aus dem unser gesamtes sichtbares Universum gewachsen ist, so klein gewesen sein müsse, dass es nur wenige magnetische Monopole enthalten konnte. Diese müssten auch noch existieren, aber es ist höchst unwahrscheinlich, dass irgendwann einmal einer davon hier an der Erde vorbeikommt, um von uns entdeckt zu werden. Das liegt daran, dass sich nach Guths Vorstellungen die Größe des Universums durch die von ihm postulierte Inflation in kürzester Zeit vervielfacht haben muss.

Die Inflationstheorie geht davon aus, dass das Vakuum in der GUT-Phase unmittelbar nach dem Urknall eine wesentlich höhere Energie aufwies als das heutige Universum. Diese Energiedichte, die auch als «Higgs-Feld» bezeichnet wird, hatte, als äquivalente Massendichte ausgedrückt, den extrem hohen Wert von 10^{89} Kilogramm pro Kubikmeter, etwa 10 Millionen Mal niedriger als die Dichte zur Planck-Zeit, aber sie besaß eine abstoßende Wirkung. Sämtliche Zahlenwerte für die Inflationstheorie sind noch mit einer großen Unsicherheit behaftet, im Wesentlichen deshalb, weil die Physik der GUT-Theorien noch nicht vollständig bekannt ist. Deshalb können wir die in diesem Zusammenhang angegebenen Größen nur als grobe Richtzahlen verwenden. Wir haben bereits im ersten Kapitel gesehen, dass sich ein Universum, das von einer abstoßenden Energie dominiert wird, nach der von Willem de Sitter gefundenen Lösung der Einstein'schen Feldgleichungen exponentiell ausdehnen muss. Dies ist der Zustand, in dem sich unser Universum nach der Inflation unter der Wirkung der – wesentlich schwächeren – Dunklen Energie derzeit zum zweiten Mal befindet.

Dieses «falsche Vakuum» der GUT-Zeit muss dann zerfallen sein. Die dabei frei werdende Energie hat in den ersten 10^{-32} Sekunden nach dem Urknall zu einer dramatischen inflationären Expansion geführt und dem dabei entstandenen, extrem heißen Feuerball seinen Anfangsimpuls gegeben. Wir können diesen Vorgang mit dem Bild einer Bootsfahrt über die Niagarafälle vergleichen. Stellen Sie sich vor, Sie treiben irgendwo im Oberlauf der Wasserfälle gemütlich in einem Boot. Der Fluss strömt träge dahin, das Wetter ist schön, und nichts deutet darauf hin, dass Sie sich in Wirklichkeit sechzig Meter über dem Niveau des Unterlaufs befinden. Sobald Sie das Tosen der Wasserfälle hören, werden Sie merken, welche dramatische potentielle Energie in diesen sechzig Höhenmetern liegt, die nun in einem Phasenübergang in kinetische Energie umgewandelt wird. Im Unterlauf der Niagarafälle strömt der Fluss ebenso träge und gemütlich dahin wie oben, und nichts deutet darauf hin, dass er auf einem wesentlich niedrigeren Energieniveau liegt.

Wir können die Größe des heute von der Erde aus sichtbaren Universums, den sogenannten Horizont, ziemlich genau ausrechnen. Er entspricht der Strecke, die das Licht in den 13,7 Milliarden Jahren seit dem Urknall zurückgelegt hat, mal dem Anteil, um den sich das Universum in der Zeit, seit das Licht unterwegs war, inzwischen weiter ausgedehnt hat. Insgesamt ist der Horizont etwa dreimal so groß, wie es dem Alter des Universums entspricht, nämlich ungefähr 40 Milliarden Lichtjahre oder $3,7 \cdot 10^{28}$ Zentimeter. In dem inflationären GUT-Phasenübergang, der etwa von 10^{-34} bis 10^{-32} Sekunden nach dem Urknall dauerte, hat sich das unserem heutigen Horizont entsprechende Universum in kürzester Zeit um mehr als 30 Größenordnungen ausgedehnt – von einem winzig kleinen Punkt, nicht viel größer als die Planck-Länge, auf etwa die Größe eines Hefeteigs, der sich seitdem noch einmal um fast 30 Größenordnungen aufgebläht hat. In dieser winzig kurzen Zeitspanne erfolgte die Ausdehnung mit wesentlich mehr als Lichtgeschwindigkeit, was auf den ersten Blick im Widerspruch zu Einsteins Relativitätstheorie zu stehen scheint. Da sich jedoch die Raumzeit gemeinsam mit ihrem gesamten Inhalt aus Teilchen und Energie ausgedehnt hat, stellt dies kein Problem dar. Die Relativitätstheorie verbietet nur Relativgeschwindigkeiten zwischen Materie und Raum, die größer sind als die Lichtgeschwindigkeit. Nach dem von dem Schweizer Kosmologen und Astrophysiker Gustav Tammann geprägten Bild des Hefekuchens mit Rosinen, der bei der Hitze im Ofen aufgeht, kann sich der ganze Kuchen beliebig schnell aufblähen, solange sich die Rosinen relativ zum Teig nicht schneller als Lichtgeschwindigkeit bewegen. Die Energie aus dem GUT-Phasenübergang hat diesen «Hefeteig» nach einer vorübergehenden Unterkühlung wieder auf etwa 10^{28} K aufgeheizt (siehe Abbildung 12) und all die Teilchen erzeugt, aus denen das heiße Universum sich weiterentwickelt hat. Man kann sich das so vorstellen, dass die Inflation die kurz zuvor existierenden Quantenfluktuationen des Vakuums dramatisch auseinandergezerrt hat. Die jeweils zwei virtuellen Teilchen einer Fluktuation wurden deshalb so weit auseinandergerissen, dass sie sich nicht mehr finden und gegenseitig vernichten konnten. Aus den virtuellen Teilchen des Vakuums, die bereits beim Casimir-Effekt eine Rolle spielten, wurden auf diese Weise reelle Teilchen erzeugt. Wir werden später einen ähnlichen Prozess im Zusammenhang mit der Hawking-Strahlung bei Schwarzen Löchern kennenlernen. Dieser Prozess hat damit die kurz vor dem GUT-Phasenübergang existierenden Quantenfluktuationen des Vakuums eingefroren und räumlich so stark vergrößert, dass daraus die primordialen Fluktuationen des heißen Feuerballs wurden, aus denen sich im Laufe der Entwicklung die großräumigen Strukturen, Filamente, Galaxienhaufen, Galaxien, und letztendlich Sterne und Planeten gebildet haben, wie in Kapitel 4 und 5 beschrieben wird.

Obwohl die Theorie der Inflation ursprünglich im Rahmen der Elementarteilchenphysik entwickelt wurde, hat sie auf einen Schlag zur Lösung zweier fundamentaler Probleme der Urknall-Kosmologie geführt, des sogenannten Horizont-Problems, auf das wir in Kapitel 4 noch näher eingehen werden, sowie des Flachheits-Problems. Wir haben am Anfang dieses Kapitels gesehen, dass aufgrund neuester Messungen die gesamte Masse- und Energie-Dichte des Universums, also die Summe aus Dunkler Materie und Dunkler Energie, mit einer Genauigkeit von wenigen Prozent bei der kritischen Dichte liegt, dass also Ω nahezu gleich 1 und das Universum damit flach ist. Wenn die Dichte beim Urknall exakt der kritischen Dichte entspricht, dann bleibt sie während der gesamten Expansion des Kosmos bei $\Omega = 1$. Wäre Ω beim Urknall allerdings um nur einen winzigen Bruchteil von 1 verschieden gewesen, könnte es unser heutiges Universum nicht geben. Wäre die gesamte Dichte kurz nach dem Urknall um nur einen winzigen Bruchteil größer als die kritische Dichte gewesen, wäre das Universum in Sekundenbruchteilen sofort wieder kollabiert. Wäre sie im Gegenteil minimal kleiner gewesen, hätte sich das Universum so schnell ausgedehnt, dass keine Galaxien entstanden wären. Bereits vor 25 Jahren wusste man, dass Ω heute zwischen 0,1 und 2 und damit relativ nahe bei 1 liegen muss. Rechnet man diese Information auf einen Zeitpunkt eine Sekunde nach dem Urknall zurück, ergibt sich, dass Ω damals lediglich um den winzigen Bruchteil von 10^{-15} vom Wert 1 abweichen durfte. Damit gehört diese Zahl zur genauesten jemals in der Physik bestimmten Größe. Das ursprüngliche Modell des Urknalls enthielt aber nichts, was eine derartige Feinabstimmung eines exakt flachen Universums hätte erklären können.

Die Inflation hingegen schafft das mit links: Stellen Sie sich einen kleinen, schrumpeligen Luftballon vor, dessen Oberfläche natürlich eine starke Krümmung aufweist. Wenn Sie nun diesen Luftballon aufblasen, werden sämtliche Runzeln durch die immer weitere Streckung der Ballonhülle ausgeglättet. Blasen Sie Ihren Superballon so weit auf, dass er so groß wird wie die Erde, dann werden Sie auf seiner Oberfläche nicht die kleinste Krümmung erkennen – er ist für alle menschlichen Anschauungen flach geworden. Dadurch, dass die Inflation das winzige Ur-Universum so gigantisch aufbläht, macht sie es gleichzeitig absolut flach. Der Wert von $\Omega = 1$ war also eine starke Vorhersage der Inflationstheorie. Jahrzehntelang sind die theoretischen Kosmologen immer von $\Omega = 1$ ausgegangen, während die beobachtenden Kosmologen einfach nicht genügend Materie im Kosmos zusammenkratzen konnten. Mit der jüngsten Bestimmung der gesamten Dichte, die in der Summe aus Dunkler Energie und Dunkler Materie weniger als 2 Prozent von der kritischen Dichte abweicht, ergibt sich nun eine exzellente Bestätigung der Jahrzehnte zuvor aufgestellten Inflationstheorie. Es passiert nicht oft, dass bizarre Theorien Vorhersagen machen, die nach Jahren so genau bestätigt werden. Dieser Erfolg hat deshalb der Inflationstheorie einiges an Glaubwürdigkeit eingetragen.

Nach der Inflationstheorie kann das innerhalb unseres Horizonts sichtbare Universum keineswegs dem gesamten durch die Inflation aufgeblähten Gebilde entsprechen, es muss, im Gegenteil, ein winziger Ausschnitt eines viel riesigeren Gebildes sein. Wenn Sie die Spitze einer Stecknadel im Vergleich zur Größe der Erde nehmen, liegen Sie immer noch um viele Zehnerpotenzen daneben. Besser trifft es schon die Nadelspitze im Verhältnis zur Entfernung der Galaxien. Ein kleines Gefühl für diese gigantische Größe bekommen Sie aus der Abbildung 3. Die Antwort auf die beliebt-berüchtigte Frage nach dem, was sich außerhalb unseres Universums befindet, wird also durch die Inflation beantwortet: «Wieder Universum!» Das ist so ähnlich, wie das schöne Lied von Udo Lindenberg: «Hinterm Horizont geht's weiter …» Wenn Sie am Meeresstrand stehen und den Horizont betrachten, haben Sie das Gefühl, in die Unendlichkeit zu blicken. Doch wir wissen genau, dass wir dabei nur etwa 10 Kilometer weit schauen und hinter dem noch Horizont noch tausendmal mehr Horizont kommt.

Interessanterweise wurde das erste inflationäre Modell völlig unabhängig von Alan Guth in den siebziger Jahren des 20. Jahrhunderts von dem russischen Physiker Alexei Starobinsky in Moskau entwickelt. Allerdings war sein Modell sehr kompliziert, und er hatte ihm nicht den knackigen Namen «Inflation» gegeben. Aufgrund des Kalten Krieges und der beschränkten Reisemöglichkeiten im Westen reichte seine Bekanntheit nicht über die Grenzen der Sowjetunion und der DDR hinaus. Aus der Moskauer Schule stammt auch Andrei Linde, der die Inflationstheorie in den letzten Jahren am weitesten entwickelt hat. Von Linde, der inzwischen an der Stanford University arbeitet, stammt das Bild der Chaotischen Inflation, nach dem unser Universum nur eines von vielen in einem sogenannten Multiversum ist. Laut seinen Vorstellungen können aus dem chaotischen «Tohuwabohu» aus Quantenfluktuationen immer wieder neue inflationäre Universen entstehen. Selbst innerhalb unseres Universums könnte so etwas passieren. Möglicherweise besteht das Multiversum deshalb auch aus einem Geflecht vieler sich aufblähender Blasen, aus denen wiederum Blasen über Blasen quellen, etwa so, wie der Schaum beim Einlassen des Badewassers Seifenblasen bildet. Jedes dieser Universen wird von unterschiedlichen physikalischen Gesetzen bestimmt. Viele dieser Universen können nach unendlich kurzer Zeit bereits wieder in sich zusammenfallen, andere könnten wegen zu viel Energie sofort wieder zerplatzen. In einigen aber sind die physikalischen Randbedingungen so beschaffen, dass sie die Entstehung von Materie, Galaxien, Sternen, Planeten und letztlich Menschen ermöglichen.

In einem Vortrag, den er im Jahr 2005 zur Eröffnung des neuen Arnold-Sommerfeld-Zentrums an der Ludwig-Maximilians-Universität München gehalten hat, hat Andrei Linde das Multiversum mit einer schroffen Gebirgslandschaft mit vielen steilen Zinnen und wenigen flachen Almen und Tälern verglichen. Dabei handelt es sich um das sogenannte *String Landscape Modell* von Leonard Susskind aus Berkeley. Schaut man von oben auf diese Landschaft, wundert man sich nicht, dass grünes Gras, Gämsen und Menschen nur auf den flachen Hängen und in Tälern wohnen – die physikalischen Gesetze erlauben ihnen keinen dauerhaften Aufenthalt an den schroffen Steilhängen. Ebenso könnte unser Platz im Universum auf einem Auswahleffekt beruhen: Nur in Gebieten, in denen es die physikalischen Randbedingungen erlauben, gibt es auch komplexe Strukturen und Menschen, die darüber nachdenken, warum das Universum so beschaffen ist, wie es ist. Mit diesem Bild, das man auch als «Schwaches Anthropisches Prinzip»[32] bezeichnet, bereitet Linde die nächste Kopernikanische Revolution vor. Nicht nur, dass der Mensch durch Nikolaus Kopernikus aus dem Zentrum des Sonnensystems und durch Harlow Shapley aus dem Zentrum des Milchstraßen-Universums verbannt wurde, nicht nur, dass der Stoff aus dem wir alle bestehen, nur vier Prozent der Masse- und Energiedichte ausmacht und wir von 96 Prozent keinen blassen Schimmer haben, es könnte sein, dass unser riesiges Universum nur den winzig kleinen Ausschnitt eines Feld-Wald-und-Wiesen-Versums darstellt, das in einem gigantischen Geflecht aus sich durchdringenden Versums-Blasen existiert. Bevor Sie jetzt frustriert das Buch zuschlagen und der Physik ein für alle Mal den Rücken kehren, möchte ich Ihnen aber zurufen: «Halt ein! Immerhin sind wir die einzige (uns) bekannte intelligente Spezies in unserem Universum, und immerhin ist der Stoff, aus dem wir gemacht sind, so einzigartig, dass es sich lohnt, darüber nachzudenken! Wenn nicht wir, wer dann? Wenn nicht jetzt, wann dann?» Ich hoffe also, dass Sie dem «Schicksal unseres Universums» noch etwas weiter gewogen bleiben.

Die Quark-Suppe

Nach der Inflationsphase besteht das Universum im Wesentlichen aus einer sich immer weiter ausdehnenden und abkühlenden dichten Suppe aus Elementarteilchen. Freie Quarks und Gluonen, aber auch die Leptonen, unter die zum Beispiel die Elektronen und Neutrinos fallen, Photonen und die noch unbekannten Teilchen der Dunklen Materie schwimmen in dieser Suppe. Pausenlos wandeln sich weiterhin alle Teilchen, deren Ruhemasse niedriger als ständig sinkende Energieskala ist, ineinander um. Dazu gehören natürlich auch die jeweiligen Antiteilchen. Ein derartiger Materiezustand wird auch als «Quark-Gluonen-Plasma» bezeichnet. Etwa eine Millionstel Sekunde nach dem Urknall hat sich die Quark-Suppe von ursprünglich 10^{28} K auf eine Temperatur von 10^{14} K abgekühlt. Je kälter die Quark-Gluonen-Suppe wird, desto mehr überwiegen nun die Vernichtungsprozesse von Quarks und Antiquarks, und es beginnt das große Quark-Sterben im Universum. Am Ende hat fast jedes Quark ein entsprechendes Antiquark gefunden und sich mit ihm zusammen in zwei Photonen oder auch ein Elektron-Positron-Paar aufgelöst. Hätte es nicht die winzig kleine Symmetriebrechung in der GUT-Phase gegeben – den Kredit, den das Universum ganz am Anfang aufgenommen hat –, hätten sich sämtliche Quarks und Antiquarks in «Luft» aufgelöst, und ich könnte hier nicht sitzen und ein Buch schreiben. Gott sei Dank findet aber jeweils eines von einer Milliarde Quarks keinen Gegenpart für die Vernichtung und überlebt deshalb das Gemetzel.

Am Ende der Quark-Ära, etwa eine Millisekunde nach dem Urknall, hat sich das Universum so weit abgekühlt, dass ein Phasenübergang vom Quark-Gluonen-Plasma zum sogenannten Hadronen-Plasma stattfindet. Als Hadronen werden alle Teilchen bezeichnet, die aus Quarks bestehen, also insbesondere die Baryonen, wie Proton und Neutron, und die flüchtigen Mesonen, wie etwa die π-Mesonen. Bei einer Energieskala von ungefähr 1 GeV, die der Masse der Protonen und Neutronen entspricht, reicht die Energie der Photonen aus der Quarksuppe nicht mehr aus, um die Anziehungskräfte der Gluonen zu überwinden. Jeweils drei Quarks finden sich nun zu Protonen und Neutronen zusammen, den schon aus der Schule bekannten Grundbausteinen der Atomkerne. Damit sind die ersten komplizierten Strukturen im Universum entstanden. Später, wenn das Universum weiter abgekühlt ist, werden aus den Protonen und Elektronen Wasserstoffatome entstehen, aus jeweils zwei Protonen, Neutronen und Elektronen Heliumatome und so weiter. Wir wissen ebenfalls aus der Schule, dass fast die gesamte Masse der Atome in den Atomkernen versammelt ist. In Energie ausgedrückt, hat das Proton zum Beispiel eine Masse von $938\,\text{MeV}/c^2$, während das Elektron mit $0{,}5\,\text{MeV}/c^2$ etwa 2000-mal leichter ist. Ein faszinierender Aspekt an dem Einfang von drei Quarks zu einem Proton ist die Tatsache, dass die drei Quarks zusammen eine viel niedrigere Ruhemasse haben als das Proton. Das up-Quark mit $4\,\text{MeV}/c^2$ und das down-Quark mit $8\,\text{MeV}/c^2$ bringen gemeinsam nur einen kleinen Bruchteil der Protonmasse auf die Waage. Der größte Teil der Proton- und Neutronmasse und damit unserer normalen, baryonischen Materie muss also in der Bewegungsenergie der Quarks und der Bindungsenergie der Gluonen innerhalb der Baryonen stecken. Tatsächlich herrscht innerhalb des Protons Highlife! Die Quarks rasen hin und her, werden aber durch die Gluonen zusammengehalten. Neben den drei normalen Quarks gibt es noch jede Menge an virtuellen Quarks und Antiquarks, die ständig neu erzeugt und wieder vernichtet werden – ein Kommen und Gehen wie in einer Bahnhofshalle. Insgesamt ist im Proton also sehr viel Energie gespeichert, die sich von außen betrachtet als schwere Masse bemerkbar macht. Die Masse der normalen Materie lässt sich demnach als eingefangene Urknall-Energie verstehen. Das ist wirklich angewandte Spezielle Relativitätstheorie nach Einsteins berühmter Formel: $E = mc^2$!

Neutrinos, Dunkle Materie und Elektron-Positron-Paare

Das Universum besteht nun im Wesentlichen aus Protonen und Neutronen, Elektronen und Positronen, Photonen und Neutrinos und den bis heute noch unentdeckten Teilchen der Dunklen Materie. Inzwischen haben sich alle vier bekannten Grundkräfte voneinander getrennt. Immer noch ist aber die Materie so dicht, dass nicht einmal die Neutrinos entkommen können. Würde man zum Beispiel versuchen, Neutrinos mit Hilfe normaler Materie abzuschirmen, so bräuchte man eine Bleimauer, die mindestens ein Lichtjahr stark ist. Sie können sich also vorstellen, wie dicht das Universum eine Millisekunde nach dem Urknall immer noch gewesen sein muss, dessen heute sichtbarer Teil damals etwa so groß war wie unser Sonnensystem.

Kurze Zeit später ist die Dichte des Universums so weit abgesunken, dass die Neutrino-Gespensterteilchen freikommen. Nichts stellt sich ihnen nunmehr in den Weg, so dass sie ab diesem Zeitpunkt einfach in die zuletzt eingeschlagene Richtung weiterfliegen. Fast nichts kann sie nun mehr aufhalten. Unser Körper wird in jeder Sekunde von 10 Millionen Neutrinos durchdrungen, die aus dem Urknall stammen, und auch die Erde durchfliegen diese Teilchen problemlos. Hochenergetische Neutrinos lassen sich mit empfindlichen Detektoren nachweisen. Ganz selten einmal passiert es, dass ein hochenergetisches Neutrino einem Atomkern so nahe kommt, dass es über die schwache Wechselwirkung mit ihm reagiert und ein sehr energiereiches Teilchen herausschlägt. Dieses Teilchen erzeugt in Wasser oder in sehr klarem, durchsichtigem Eis einen blauen Lichtblitz, sogenannte Cherenkow-Strahlung, die sich mit empfindlichen Lichtdetektoren aufspüren lässt. Ein Problem ist allerdings, diese Ereignisse von dem Hintergrund der vielen anderen energiereichen Teilchen zu unterscheiden, welche die Natur in unterschiedlichsten Prozessen erzeugen kann. Im Eis der Antarktis und im Mittelmeer werden derzeit gigantische Neutrinodetektoren mit so klingenden Namen wie AMANDA, ANTARES und ICECUBE[33] aufgebaut, die entweder riesige Mengen an Meerwasser oder gigantische Volumina des reinsten Eises in der Nähe des Südpols benutzen, um die von den Neutrinos erzeugten Cherenkow-Blitze aufzuspüren. Bis auf die Neutrinos von der Supernova 1987A in der Großen Magellan'schen Wolke sowie die regelmäßig gemessenen Neutrinos aus der Sonne ließen sich bisher noch keine kosmischen Neutrinos nachweisen. Infolge der Expansion des Universums muss die Energie der Neutrinos aus dem Urknall bis heute auf eine Temperatur von etwa 1,95 K über dem absoluten Nullpunkt abgesunken sein.[34] Die bislang genutzten Detektoren sind leider nicht in der Lage, derart niederenergetische Neutrinos nachzuweisen. Sollte es dennoch jemals gelingen, ein Bild des Neutrino-Hintergrundes aufzunehmen, könnte man direkt auf den Zustand des Universums etwa eine Zehntelsekunde nach dem Urknall schließen.

Wie in Kapitel 1 beschrieben, wissen wir leider noch nicht, aus welchen Teilchen die Dunkle Materie besteht. Sehr wahrscheinlich handelt es sich dabei jedoch um massereiche Teilchen, die genau wie die Neutrinos nur der schwachen Wechselwirkung folgen. In diesem Fall koppelte sich die Dunkle Materie etwa zum gleichen Zeitpunkt vom Rest des Universums ab wie die Neutrinos. Im Gegensatz zu den Neutrinos, die sehr leicht sind und sich deshalb fast mit Lichtgeschwindigkeit bewegen, müssen die Teilchen der Dunklen Materie viel schwerer sein und sich deshalb relativ langsam bewegen. Man spricht deshalb von «Kalter Dunkler Materie». Derart massereiche Teilchen stoßen in der dichten, heißen Ursuppe häufig zusammen. Wir gehen davon aus, dass die Dunkle Materie, ebenso wie alle anderen im Urknall gebildeten Materiesorten in gleicher Zahl aus Teilchen und Antiteilchen bestehen. Wenn sich zwei dieser Teilchen so nahe kommen, dass die schwache Wechselwirkung zwischen ihnen wirkt, können sie sich gegenseitig vernichten. Teilchen und Antiteilchen der Dunklen Materie, die ursprünglich ebenso zahlreich gewesen sein müssen wie die Photonen, sollten sich zum Zeitpunkt der Neutrino-Entkopplung bereits zum größten Teil wieder gegenseitig vernichtet haben. Wenn das Teilchen der Dunklen Materie tatsächlich ein WIMP mit einer etwa zehn- bis hundertmal größeren

Ruhemasse als das Proton ist, sollte davon jedenfalls erheblich weniger übrig geblieben sein. Wie wir später noch sehen werden, beginnt die Dunkle Materie sofort nach ihrer Entkopplung, unter dem Einfluss ihrer eigenen Schwerkraft, die ersten Strukturen im Kosmos zu bilden.

Immer weiter werden aber aus dem energiereichen Photonenbad spontan leichtere Teilchen gebildet und wieder vernichtet, insbesondere Elektron-Positron-Paare. Das Positron ist das positiv geladene Antiteilchen des Elektrons. Beide haben die Ruhemasse von $511\,\mathrm{keV/c^2}$. Wenn sich ein Elektron und ein Positron begegnen, werden sie durch die elektromagnetische Kraft angezogen, umtanzen sich kurz und vernichten sich dann gegenseitig, wobei zwei Photonen der Energie $511\,\mathrm{keV}$ ausgesandt werden. Nachdem etwa eine Zehntelsekunde nach dem Urknall die Temperatur des Universums unter die Energieskala des Elektron-Positron-Paars, also $1\,\mathrm{MeV/c^2}$ oder etwa 10 Milliarden Grad, abfällt, können aus der Photonenenergie keine Paare mehr erzeugt werden, wodurch ein dramatischer Vernichtungsprozess einsetzt. Durch die Elektron-Positron-Vernichtung wird der Kosmos jetzt etwas aufgeheizt und deshalb in Zukunft immer um etwa 40 Prozent wärmer sein als die Neutrinos, die sich ja bereits abgekoppelt haben und deshalb an diesem Ereignis nicht mehr teilhaben können. Ebenso wie bereits zuvor bei den Quarks vernichten sich fast alle Elektronen und Positronen gegenseitig, nur etwa 1 von 1 Milliarde Elektronen bleibt übrig. Wie von Zauberhand, und bisher vom Standardmodell der Teilchenphysik noch unerklärt, bleiben genau so viele Elektronen übrig, wie benötigt werden, um die elektrische Ladung der ebenfalls übrig gebliebenen Protonen exakt auszugleichen. Das Universum ist nämlich mit erstaunlicher Präzision elektrisch neutral: Da die elektromagnetische Kraft wesentlich stärker ist als die Gravitationskraft, aber genau die gleiche extrem große Reichweite besitzt, müsste jeder elektrische Ladungsüberschuss im Universum Kräfte hervorrufen, die wesentlich stärker sind als die Gravitationskraft, was aber nicht beobachtet wird.

Die primordiale Element-Synthese

Da am Anfang nichts da war, musste alles, was wir im heutigen Universum sehen, erst entstehen. Dazu gehören vor allem auch die chemischen Elemente des Periodensystems, welche die Grundlage für jegliche Materie unseres täglichen Umfelds darstellen. Die Atomkerne der chemischen Elemente sind zusammengesetzt aus Protonen und Neutronen. Im neutralen Zustand, bei niedrigen Temperaturen besteht ihre Hülle aus genauso vielen negativ geladenen Elektronen, wie der Kern positiv geladene Protonen enthält. Etwa eine Sekunde nach dem Urknall ist die Temperatur des heißen Feuerballs so weit abgesunken, dass sie nun vergleichbar wird mit der Hitze der Kernfusionsöfen, die im Innern der Sterne existieren. Die Temperatur ist jetzt niedrig genug, dass kompliziertere, zusammengesetzte Atomkerne entstehen können und nicht gleich wieder durch die Energie der Photonen auseinandergerissen werden. Die kosmische Häufigkeit der leichtesten Elemente – also von Wasserstoff, Helium, zum Teil auch Lithium und Beryllium – erlaubt nun eine Diagnose, die eine der überzeugendsten Bestätigungen des Urknall-Modells darstellt. Chemiker können die Häufigkeit der verschiedenen Elemente auf der Erde sehr gut analysieren. Diese Elementhäufigkeit ist aber nicht repräsentativ für den gesamten Kosmos, da die leichtesten Elemente sich nicht von der Schwerkraft auf der Erde halten lassen, sondern zum größten Teil schon in den Weltraum «abgedampft» sind. Das zweitleichteste Atom des Periodensystems kommt deshalb auf der Erde kaum vor, sondern wurde erst im Spektrum der Sonne entdeckt. Deshalb gab man ihm den Namen «Helium» – nach Helios, dem griechischen Namen des Sonnengottes. Inzwischen hat man jedoch auch auf der Erde genügend unterirdische Heliumvorkommen gefunden, so dass man dieses Element in großen Mengen technisch einsetzen kann, zum Beispiel als Kühlmittel oder als Auftriebsgas für Ballone und Zeppeline. Ein schönes und vollkommen ungefährliches Experiment bezüglich der Leichtigkeit von Helium können Sie durchführen, indem Sie das Gas aus einem Kinderluftballon einatmen und dann für eine kurze Zeit wie Micky Maus sprechen.

Der 1933 unter abenteuerlichen Umständen aus Russland in den Westen ausgewanderte amerikanische Physiker George Gamow[35] wird oft als Vater des Urknalls bezeichnet. Wir haben den leutseligen und auch literarisch sehr begabten Wissenschaftler Gamow bereits in Zusammenhang mit Einsteins «größter Eselei» kennengelernt. Neben seinen großen wissenschaftlichen Leistungen war er ein begnadeter Wissenschaftsvermittler. Er schrieb zum Beispiel populärwissenschaftliche Klassiker, wie *Eins, zwei, drei ... Unendlichkeit* oder die Mr.-Tompkins-Buchreihe, hinterließ aber auch eine unvollendete Autobiographie, *My World Line*,[36] aus der der besagte Einstein-Spruch stammt. Gamow war einer der Wissenschaftler, die während des Zweiten Weltkriegs innerhalb des Manhattan-Projekts die Atombomben gebaut hatten, die unmittelbar darauf in schrecklicher Weise an den Menschen in Hiroshima und Nagasaki getestet wurden. Zusammen mit Edward Teller hat er die ersten Grundlagen für die Wasserstoffbombe gelegt. Nach dem Zweiten Weltkrieg beschäftigte sich Gamow mit der Entstehung der Elemente im Kosmos. Die Wissenschaftler im Manhattan-Projekt hatten den radioaktiven Fallout der frühen Atombombenversuche analysiert und festgestellt, dass die Explosion völlig neue Elemente und Isotope geschaffen hatte. Gamow war deshalb davon überzeugt, dass sämtliche chemischen Elemente auf ähnliche Weise unmittelbar im Urknall entstanden sind. Sein Modell eines heißen Urknalls schloss damit direkt an das 1927 postulierte Ur-Atom des belgischen Priesters Georges-Henri Lemaître an. Gamow war auch der Erste, der darauf hinwies, dass die extrem hohe Temperatur in der Frühphase des Universums große Mengen an Strahlung hinterlassen haben musste, die heute noch bei sehr niedrigen Temperaturen im Weltraum vorhanden sind – doch davon später.

Leiter der Theorie-Abteilung im Manhattan-Projekt war der spätere Nobelpreisträger Hans Bethe. Bereits 1938 hatte er gleichzeitig mit dem deutschen Physiker Carl Friedrich von Weizsäcker, aber unabhängig von ihm gezeigt, dass die Energieerzeugung in Sternen im Wesentlichen durch die Fusion von Wasserstoff zu Helium erfolgen musste. Sterne mit größerer Masse als die Sonne benutzen dabei den sogenannten Bethe-Weizsäcker-Zyklus, in dem das Element Kohlenstoff als Katalysator dient. Die Kernfusion ist die Energiequelle, von der die Existenz unseres Planeten bereits seit Jahrmilliarden abhängt. Fusionsforscher versuchen seit Jahrzehnten, diese Energie zu bändigen und auf der Erde nutzbar zu machen. Im Gegensatz zu Gamows Annahme musste also ein gewisser Teil des Heliums und vermutlich auch anderer Elemente in den Sternen selbst erzeugt werden. Hans Bethe war später einer der glühendsten Verfechter des internationalen Verbots von Atomtests. Ich hatte das Glück, ihn 1992 bei meinem Aufenthalt als Visiting Astronomer am California Institute of Technology (Caltech) persönlich kennenzulernen, wo er sich ebenfalls als Gast aufhielt. Er bat mich in sein Zimmer und fragte mich über die neuesten Ergebnisse unseres Röntgensatelliten ROSAT aus. Er war damals bereits 86 Jahre alt, aber immer noch an allen neuen Erkenntnissen der Astrophysik brennend interessiert. Im Frühjahr 2005 starb er im fast biblischen Alter von 99 Jahren in seinem Haus in Ithaka.

Als Gamow im Jahr 1948 zusammen mit seinem Doktoranden Ralph Alpher seine Theorie von der Entstehung der Elemente veröffentlichte, fiel ihm auf, dass sich die Namen der beiden Autoren fast wie die griechischen Buchstaben *Alpha* und *Gamma* lasen. Zur Symmetrie fehlte allerdings noch das *Beta*. Flugs fügte Gamow deshalb der Publikation noch den Namen seines Kollegen Hans Bethe zu, allerdings ohne ihn vorher zu fragen.[37] Diese Veröffentlichung wurde deshalb als das sogenannte $\alpha\beta\gamma$-Papier bekannt.[38] Bethe, in seiner bescheidenen Art, regte sich darüber nicht einmal auf, sondern beteiligte sich aus Spaß sogar an weiteren Ausarbeitungen der Theorie.

Gamows Gegenspieler war der englische Astrophysiker Sir Fred Hoyle. Er war Nachfolger von Eddington auf dem «Plumian»-Lehrstuhl in Cambridge und einer der größten Kritiker der Urknall-Theorie. Der Name «Big Bang» stammt von Fred Hoyle, der ihn ursprünglich als Veräppelung des Kosmologischen Modells von Lemaître und Gamow benutzt hat. Hoyle und andere Kollegen, zum Beispiel Herman Bondi und Thomas Gold, vertraten die *Steady-*

State-Theorie, eine interessante Alternative zum Urknall-Modell, nach der das Universum schon immer so war, wie wir es heute sehen, und auch immer so bleiben wird.

Sie akzeptierten zwar, dass sich die Galaxien auseinanderbewegen, aber anstatt das Universum mit seinem gesamten Inhalt in einem «Großen Knall» entstehen zu lassen, nahmen sie an, dass zwischen den Galaxien ständig neue Materie geschaffen wird. Dazu müssten pro Jahr nicht mehr als ein paar Protonen pro Kubikmeter neu gebildet werden, eine Menge, die so winzig ist, dass die möglichen Entstehungsprozesse versteckt blieben. Hoyle, der ebenfalls an der Theorie der Kernfusion in Sternen und insbesondere an Supernova-Explosionen gearbeitet hatte, war deshalb der Meinung, dass sämtliche Elemente im Kosmos durch die Fusion in Sternen entstanden sein müssen. Er kannte die relative Häufigkeit der chemischen Elemente auf der Erde sowie in den Sternen und hatte festgestellt, dass die Elemente umso seltener vorkommen, je schwerer sie werden. Nur eine Gruppe von Elementen mit Massen in der Nähe des Eisens ragt deutlich aus diesem Trend hervor. Hoyle führte das darauf zurück, dass Eisen die höchste Bindungsenergie besitzt. Bei allen Elementen, die schwerer sind als Eisen, kann durch ihre Kernspaltung Energie gewonnen werden, während bei allen leichteren Elementen Energie durch deren Fusion gewonnen wird. Egal, von welcher Seite man kommt, Eisen ist das Endprodukt. Dieser Befund war für Hoyle Beweis genug, dass die Elemente in den Sternen erzeugt werden.

Sowohl die Vertreter der Urknall-Nukleosynthese als auch die Proponenten der Fusion in Sternen hatten jedoch ein großes Problem, nämlich Elemente mit Massenzahlen größer als 5 zu erzeugen. Der erste Schritt, bei dem sich zwei Protonen und zwei Neutronen zu Helium vereinigen, war bereits durch Bethe und Weizsäcker beschrieben. Im zweiten Schritt müssten sich zwei Heliumatome zu Beryllium-8 verbinden, einem Kern mit 4 Protonen und 4 Neutronen. Beryllium-8 ist aber nicht stabil und zerfällt sofort wieder in seine Bestandteile. Auch sämtliche anderen Kerne mit Massenzahlen zwischen 5 und 8 sind instabil. Ohne einen derartigen stabilen Kern ist es aber nicht möglich, schwerere Elemente aufzubauen. In seiner wichtigen Arbeit aus dem Jahre 1939 war Bethe deshalb zu dem Schluss gekommen, dass es für das Innere von Sternen unmöglich sei, Elemente schwerer als das Helium herzustellen. Der junge Theoretiker Ed Salpeter, der viel mit Bethe zusammenarbeitete, kam jedoch 1952 auf eine Lösung des Problems. Im Innern von Roten Riesensternen kurz vor ihrer Explosion als Supernova müssen demnach Temperaturen und Dichten herrschen, bei denen es manchmal vorkommt, dass drei Heliumkerne praktisch gleichzeitig zusammenstoßen und es gerade schaffen, einen Atomkern des Kohlenstoff-12 zu erzeugen. Dieser Kern ist stabil und erlaubt die Fortsetzung der Fusionskette zu schwereren Elementen.

Sir Fred Hoyle reichte dies allerdings bei weitem noch nicht aus. Im Jahr 1953 besuchte er den Kernphysiker Willy Fowler im Kellogg-Strahlungslabor am Caltech.[39] Hoyle hatte ausgerechnet, dass die Wahrscheinlichkeit für den gleichzeitigen Zusammenstoß dreier Heliumatome selbst im Innern von massereichen Sternen immer noch viel zu gering ist, um die Häufigkeit des Elements Kohlenstoff zu erklären. Dieses Ereignis wäre das kernphysikalische Äquivalent von drei vollgefüllten Einkaufswagen, die auf dem Parkplatz eines amerikanischen Supermarkts gleichzeitig ineinanderknallen: interessant, aber extrem unwahrscheinlich! Das Element Kohlenstoff ist für die gesamte Biologie und damit das Leben verantwortlich. Ohne die richtige Menge an Kohlenstoff würde es uns nicht geben. Hoyle argumentierte deshalb mit dem Anthropischen Prinzip: «Ich existiere, deshalb muss der Kern des Kohlenstoff-12-Atoms eine Resonanz bei einer Energie von 7,7 MeV haben!» Für Hoyle war es wesentlich wahrscheinlicher, dass ein Beryllium-8-Kern mit einem Heliumkern zusammenstößt. Man müsste nur noch sicherstellen, dass sich die beiden zu einem Kohlenstoffkern verbinden, bevor der Berylliumkern wieder zerfällt. Die von Hoyle berechnete Energie entspricht genau der Masse eines Helium- und eines Beryllium-8-Kerns zusammen mit ihrer kinetischen Energie bei der Temperatur von 100 Millionen Grad, wie sie im Innern eines Roten Riesen herrscht. Eine derartige Resonanz würde dazu führen, dass sich der Beryllium-8-Kern sehr leicht mit einem Heliumkern zu Kohlenstoff verbindet, was die Häufigkeit des Kohlenstoffs dramatisch in die Höhe treibt. Die Kernphysiker am Caltech waren zunächst sehr skeptisch, dass ein Astrophysiker ihnen etwas über die Energieniveaus des Kohlenstoffs erzählen will. Umso begeisterter waren Fowler und seine Kollegen dann, als sie am Beschleuniger tatsächlich die von Hoyle vorhergesagte Resonanzlinie des Kohlenstoffs bei einer Energie von 7,65 MeV fanden, also weniger als ein Prozent von dem vorhergesagten Niveau entfernt.

Dies war die erste theoretische Vorhersage aufgrund des Anthropischen Prinzips, die später durch eine experimentelle Überprüfung bestätigt wurde. Der seltsame Zufall, dass der Kohlenstoff eine Resonanz in exakt der richtigen Höhe hat, wird noch verstärkt durch die Tatsache, dass der Sauerstoff, das nächste Element nach dem Kohlenstoff, zufällig gerade keine Resonanz in der gleichen Höhe aufweist. Sonst wären aus den meisten Kohlenstoffatomen gleich Sauerstoffatome geworden. Die beiden wichtigsten der für unser Leben notwendigen Elemente, Kohlenstoff und Sauerstoff, haben also gerade zufällig Eigenschaften, die komplexere Strukturen überhaupt erst ermöglichen. Dies ist eine der Koinzidenzen, die einige Astrophysiker davon überzeugt haben, dass hinter den physikalischen Gesetzen möglicherweise doch ein intelligenter Plan steckt. Zusammen mit Fowler und dem Ehepaar Margaret und Geoffrey Burbidge arbeitete Hoyle noch lange am Caltech über kosmische Nukleosynthese in Supernova-Explosionen. Die Arbeit, welche die vier 1957 gemeinsam veröffentlichten, ist bei den Astronomen unter dem Kürzel B²FH bekannt – den Anfangsbuchstaben der Autoren – und stellt noch heute eine Bibel für die Astrophysik dar. Willy Fowler bekam 1983 den Nobelpreis für seine Arbeiten. Fred Hoyle ist dabei leider leer ausgegangen.

Als Gamow und seine Mitarbeiter realisierten, dass im Urknall keine Elemente schwerer als das Helium hergestellt werden können, gaben sie ihre Forschungen frustriert auf. In seiner unnachahmlich poetischen Art gestand Gamow seine diesbezügliche Niederlage ein und veröffentlichte in seiner Autobiographie die eigene Version der Schöpfungsgeschichte:[40] «Am Anfang schuf Gott die

Strahlung und ylem», womit er die primordiale Materie aus dem Urknall meinte. Weiter beschreibt er, wie Gott nach den Elementen rief, aber

> in der ganzen Aufregung des Zählens hatte Er es verpasst, die Massenzahl 5 zu rufen, und deshalb war es nur natürlich, dass sich keine schweren Elemente bilden konnten. Gott zeigte sich sehr enttäuscht und wollte das Universum zunächst wieder zusammenfallen lassen, um noch einmal ganz von vorne zu beginnen. Aber dieser Ausweg wäre zu einfach gewesen. Deshalb hat sich Gott, der Allmächtige, dafür entschieden, Seinen Fehler auf dem unwahrscheinlichsten aller Wege zu beheben. Und Gott befahl: ‹Und es sei Hoyle.› Hier war Hoyle. Und Gott schaute zu Hoyle … Und Er teilte ihm mit, er solle schwere Elemente erzeugen, wie immer es ihm beliebt. Und Hoyle beschloss, die schweren Elemente im Innern von Sternen zu erzeugen und sie in Supernova-Explosionen im Raum zu versprühen.

Allerdings hatte auch Hoyle die Rechnung bezüglich des Heliums zunächst ohne den Wirt gemacht. Im Jahr 1964 verfasste er zusammen mit seinem Kollegen Roger Taylor aus Cambridge eine Arbeit, in der er darlegte, dass das im Kosmos gefundene Helium zum größten Teil nicht aus Sternen stammen könne. Bei der Umwandlung von Wasserstoff zu Helium entsteht sehr viel Energie, die in Form von Licht abgestrahlt werden muss. Sollte das gesamte Helium in der Milchstraße in Sternen entstanden sein, dann müsste die Milchstraße etwa zehnmal heller sein. Taylor und Hoyle schrieben sehr deutlich, dass die Häufigkeit der leichten Elemente nicht mit einer Entstehung in Sternen vereinbar ist, und schlugen deshalb vor, dass das Helium seinen Ursprung in einem «Strahlungsuniversum» hat, das dem heutigen Urknall-Modell nicht unähnlich ist.

Letztlich hatten also sowohl Gamow als auch Hoyle Recht. Die leichten Elemente Wasserstoff, das Deuterium, eine Abwandlung des Wasserstoffs aus einem Neutron, einem Proton und einem Elektron, das radioaktive Tritium, ein Kern aus einem Proton und zwei Neutronen, sowie das Helium und die sehr seltenen Elemente Beryllium-7 und Lithium-7 entstanden unmittelbar im Urknall, während sämtliche schwereren Elemente im Bauch von Sternen und in Supernova-Explosionen hergestellt wurden. In seinem faszinierenden Buch *Die ersten drei Minuten*[41] beschreibt der amerikanische Nobelpreisträger Steven Weinberg im Detail die Reaktionen, die zur primordialen Nukleosynthese führten. Aus der relativen Häufigkeit der leichten Elemente kann man heute mit hoher Präzision auf die Bedingungen in den ersten drei Minuten nach dem Urknall schließen. Die primordiale Nukleosynthese stellt damit einen zentralen Pfeiler des Urknall-Modells dar.

Doch zurück zu unserem heißen Feuerball. Die wichtigste Größe, die das weitere Schicksal des Universums bestimmt, ist das Verhältnis zwischen Neutronen und Protonen, und das wiederum ist abhängig von dem Verhältnis zwischen Baryonen und Photonen. Wir erinnern uns: Das Proton besteht aus zwei u- und einem d-Quark, das Neutron aus einem u- und zwei d-Quarks. Aufgrund des thermischen Gleichgewichts müssen nach dem Übergang aus dem Quark-Gluonen-Plasma annähernd genau gleich viele Neutronen und Protonen übrig geblieben sein. Das Neutron hat eine etwas höhere Ruhemasse, nämlich 939,6 MeV/c^2, als das Proton, das 938,3 MeV/c^2 besitzt. Dieser kleine Unterschied hat eine große Wirkung: Während ein Proton fast unendlich lange lebt, hat ein freies Neutron nur eine Lebensdauer von etwa 11 Minuten und zerfällt danach über den Betazerfall in ein Proton, ein Elektron und ein Antineutrino. Das Universum ist zu diesem Zeitpunkt allerdings erst 0,1 Sekunden alt, und damit noch viel zu jung für den Neutronenzerfall. Im thermischen Gleichgewicht des heißen Feuerballs können sich jedoch ohne weiteres Protonen und Neutronen mit Hilfe von Elektronen und Neutrinos ineinander umwandeln. Das thermische Gleichgewicht besagt, dass diese Umwandlungsprozesse von der Energie der beteiligten Teilchen abhängen. Es ist deshalb leichter, ein Neutron in ein Proton zu verwandeln als umgekehrt. In diese Betrachtung geht allerdings die Gesamtenergie der jeweiligen Teilchen ein, also ihre Ruhemasse zusammen mit der durch die Temperatur verursachten kinetischen Energie. Solange die thermische Energie noch dominiert, spielt der kleine Unterschied in den Ruhemassen keine Rolle. Wenn die Temperatur jedoch auf Werte in der Nähe der Massendifferenz zwischen Neutron und Proton von 1,3 MeV/c^2 abfällt, wird es wesentlich schwerer, Protonen in Neutronen umzuwandeln als umgekehrt. Das Verhältnis zwischen Neutronen und Protonen hängt dabei exponentiell von der Temperatur ab. Je kühler es wird, desto weniger Neutronen und desto mehr Protonen gibt es im Kosmos. Etwa eine Sekunde nach dem Urknall gibt es bei einer Temperatur von ungefähr 10 Milliarden Grad noch etwa 20 Prozent Neutronen und 80 Prozent Protonen. Der Betazerfall der Neutronen hat zu diesem Zeitpunkt immer noch keine Rolle gespielt. Das Universum muss sich allerdings nun sputen, durch das Zusammenbacken von Protonen und Neutronen schwerere Elemente zu bilden, bevor die Neutronen zerfallen. Wie sich zeigt, wird dies ein Wettlauf gegen die Zeit.

Kernfusion gibt es dann, wenn die Dichte und die Temperatur eines Plasmas so hoch ist, dass sich zwei Kernteilchen durch Zusammenstöße so nahe kommen, dass sie durch die starke Wechselwirkung, die nur eine Reichweite von etwa einem Femtometer (10^{-15} Meter) hat, aneinandergebunden werden. Gleichzeitig darf die Temperatur nicht so hoch sein, dass die Photonen der Hintergrundstrahlung die Bindung der beiden Kernteilchen wieder auseinanderbrechen. In unserem heißen Feuerball ist die Temperatur jetzt so weit abgefallen, dass sich immer wieder aus einem Proton und einem Neutron ein Kern namens Deuterium bildet. Deuterium ist viel später auf der Erde die Grundlage für schweres Wasser, mit dem zum Beispiel Kernreaktoren gekühlt werden. Infolge des Zusammenstoßes zweier Deuteriumkerne könnte sich durch das Anlagern eines weiteren Protons das flüchtige Helium-3 bilden oder durch das Anlagern eines weiteren Neutrons das Tritium, ein Wasserstoffkern mit einem Proton und zwei Neutronen. Ein weiterer Stoß mit einem Deuteriumkern ließe dann endlich den sehr stabilen Kern des Helium-4 entstehen. Im Prinzip ist die Temperatur inzwischen so niedrig, dass sowohl Helium-4 als auch die schwächer gebundenen Kerne Tritium und Helium-3 überleben könnten. Das Problem stellt aber das Deuterium dar, das so schwach gebunden ist, dass es anfangs noch pausenlos von den Photonen wieder auseinandergerissen wird. Es ist etwa neunmal leichter, einen Deuteriumkern zu spalten, als einen einzigen Kernbaustein aus dem Helium-4 zu entfernen. Deshalb können sich immer noch keine schwereren Kerne bilden. Weiterhin läuft den Neutronen die Zeit davon!

Ab dem Moment allerdings, an dem die Temperatur auf weniger als 0,9 Milliarden Kelvin fällt, was der Bindungsenergie des Deuteriums entspricht, geht plötzlich alles Schlag auf Schlag. Das Universum ist zu diesem Zeitpunkt etwa 3 Minuten und 40 Sekunden alt, was Steven Weinberg zum Titel seines Buches verleitet hat. Das Verhältnis zwischen Neutronen und Protonen beträgt zu diesem Zeitpunkt etwa 12 zu 88 Prozent. Das Deuterium ist jetzt stabil und kann über Zusammenstöße die Kerne von Tritium, Helium-3 und Helium-4 aufbauen. Die Elemente Lithium und Beryllium-7 werden ebenfalls, allerdings über kompliziertere Prozesse, erzeugt. Sehr schnell werden jetzt praktisch alle noch verbliebenen Neutronen in die Heliumkerne eingebaut, wo sie bis auf wenige Ausnahmen heute immer noch gut aufgehoben sind. Im Gegensatz zu freien Neutronen sind die in Atomkernen gebundenen Neutronen nämlich stabil, weil sie als Fermionen aufgrund des von Wolfgang Pauli aufgestellten quantenmechanischen Ausschließungsprinzips keinen «Platz» (besser: Phasenraum) zum Zerfallen haben. Die Tatsache, dass die Bindungsenergie von Deuterium gerade ausreicht, um noch genügend Neutronen für schwerere Elemente zu retten, ist eine weitere Koinzidenz, die unsere Existenz erst möglich macht. Wäre diese Bindungsenergie nur ein wenig niedriger, so dass es anstatt der etwa 4 mehr als 11 Minuten gedauert hätte, bis sich der Kosmos weit genug abkühlte, waren fast alle Neutronen vor der Kernfusion zerfallen, so dass keine schwereren Kerne und damit natürlich auch keine Menschen existieren würden.

Aus optischen und Radiospektren von Sternen und interstellaren Gaswolken konnte im heutigen Universum ein primordialer Anteil der Masse in Heliumatomen von $23,5 \pm 0,5$ Prozent, bezogen auf die Gesamtmasse von Wasserstoff- und Heliumatomen, gemessen werden. Da jedes Heliumatom zwei Neutronen enthält, kann man daraus mit sehr hoher Genauigkeit auf das Verhältnis zwischen Neutronen und Protonen zum Zeitpunkt der primordialen Nukleosynthese bei einer Temperatur von 0,9 Milliarden Grad schließen. Der Anteil der Neutronen muss genau 12,75 ± 0,25 Prozent gewesen sein. Wegen des thermischen Gleichgewichts hängt der Neutronenanteil exponentiell von der Temperatur und damit unmittelbar vom Verhältnis der Anzahldichten von Baryonen (Neutronen plus Protonen) und Photonen ab. Ähnliche Abhängigkeiten gibt es für das noch aus dem Urknall verbliebene Deuterium sowie die Isotope Helium-3, Lithium und Beryllium. Da wir, wie im nächsten Kapitel gezeigt wird, die Anzahl der Photonen sehr genau kennen, können wir aus den Häufigkeiten der leichten Elemente unmittelbar auf die Dichte der Baryonen im Universum schließen. Wir erinnern uns: Von etwa einer Milliarde ursprünglich in der Ursuppe vorhandener Quarks blieb nach der großen Quark-Vernichtung nur etwa eines übrig. Nachdem es im thermischen Gleichgewicht etwa ebenso viele Quarks wie Photonen gegeben hat, muss das Verhältnis zwischen Baryonen und Photonen ebenfalls in der Nähe von 1 zu 1 Milliarde liegen. In den oben definierten Einheiten der kritischen Dichte ausgedrückt, ergibt sich aus der Häufigkeit der leichten Elemente ein Wert von $\Omega_{baryon} = 0,04$ für die Dichte der Baryonen.

Dies ist die Grundlage für die dritte Kopernikanische Revolution! Aus der Nukleosynthese der leichten Elemente ergibt sich nicht nur eine exzellente Bestätigung von Gamows heißem Urknall-Modell, sondern auch die Tatsache, dass etwa 96 Prozent der Massen- und Energiedichte des Universums aus etwas anderem bestehen muss als wir. Die gesamte Materie im Kosmos, die, wie wir oben gesehen haben, eine Energiedichte von $\Omega_m = 0,30$ hat, kann demnach nur zu einem kleinen Teil aus den Baryonen unseres täglichen Lebens bestehen. Etwa 25 Prozent der Energiedichte des Universums muss aus der bisher noch unbekannten Dunklen Materie bestehen. Die heute bekannte Aufteilung der Masse- und Energiedichte ist in Tabelle 1 und Abbildung 9 zusammengefasst.

3 Das Aufklaren

Einfang der Elektronen

Nach der primordialen Nukleosynthese besteht das Universum im Wesentlichen aus Protonen und Heliumkernen im Massenverhältnis 77,7 zu 22,3 Prozent, sowie genau der Anzahl von freien Elektronen, die dazu nötig ist, das Plasma des heißen Feuerballs elektrisch neutral zu halten. Weiterhin gibt es die Teilchen der Dunklen Materie, die zusammen mit den Neutrinos bereits vom Rest des Universums entkoppelt sind und nun ein Eigenleben führen. Zahlenmäßig dominieren allerdings die Neutrinos und die Photonen. Wie wir im letzten Kapitel gesehen haben, gibt es etwa eine Milliarde Mal mehr Neutrinos und Photonen als Baryonen und Elektronen. Die Photonen spielen weiterhin die Hauptrolle, deshalb bezeichnet man diesen Zustand des Universums auch als «strahlungsdominiert». Trotz ihrer relativ geringen Anzahl machen die Elektronen den Photonen das Leben schwer. Ihr Streuquerschnitt – also die Fläche, mit der sie sich den Photonen als Hindernis entgegenstellen – ist dermaßen groß, dass für die Lichtstrahlen kein Durchkommen ist. Immer wieder werden sie an Elektronen abgelenkt. Das Universum ist deshalb so undurchsichtig wie ein dichter Nebel. Wegen der kurzen, freien Weglänge, die ihnen zur Verfügung steht, sind die Photonen in diesem Zustand fest an die Elektronen gekoppelt, die ihrerseits die Protonen und Heliumkerne wiederum durch die elektromagnetischen Anziehungskräfte fest an sich binden. Die Photonen und die Baryonen bilden deshalb eine Art gemeinsame Flüssigkeit, das Baryonen-Photonen-Fluid.

In diesem Zustand bleibt der Kosmos eine sehr lange Zeit, ziemlich genau 370 000 Jahre, während deren er sich weiter ausdehnt und gleichzeitig abkühlt. Zu dieser Zeit, als das junge Universum etwa 1100-mal kleiner war als heute, hatte es sich auf 3000 Kelvin abgekühlt. Diese Temperatur ist vergleichbar der auf der Sonnenoberfläche (5500 Kelvin) oder im Innern von Flammen. Die heißeste bekannte Flamme mit einer Temperatur von ca. 4800 K erhält man, wenn man die hoch giftige Kohlenstoff-Stickstoff-Verbindung Dicyan $(CN)_2$ mit reinem Sauerstoff verbrennt. Die Flamme eines Gasherdes hat eine Temperatur um 2300 K, während die Temperatur einer Kerzenflamme nur etwa 1200 K beträgt.[42] Bei einer Temperatur von 3000 Kelvin durchläuft das Universum erneut einen Phasenübergang, wieder eine Art «Einfrierungsprozess», der sein Aussehen dramatisch verändert. Bereits weit oberhalb dieser Temperatur, die einer Energie von etwa 0,25 eV entspricht, können sich Wasserstoffatome bilden, da das Wasserstoffatom eine Bindungsenergie von 13,6 eV besitzt. Da aber das Verhältnis zwischen Photonen und Elektronen etwa 1 zu 1 Milliarde entspricht, bleiben Atomkerne und Elektronen noch bis zu wesentlich niedrigeren Temperaturen voneinander getrennt. Dieser Zustand wird, wie wir schon wissen, als Plasma bezeichnet. Sobald die Temperatur unter 3000 Kelvin abfällt, können sich Protonen und Elektronen zu Wasserstoffatomen und wenig später Heliumkerne mit Elektronen zu Heliumatomen zusammenschließen. Der Streuquerschnitt der Atome ist wesentlich kleiner als der eines Elektrons. Schlagartig wird damit die Bahn frei für die Photonen. Diese können sich seither ungehindert durch den Weltraum bewegen – der Nebel klart auf, und das Universum wird durchsichtig. Die Materie und das Photonenbad haben sich seither ohne wesentliche Wechselwirkung entwickelt.

Dies alles klingt hoch kompliziert und physikalisch. Wir können aber diesen Phasenübergang relativ einfach im täglichen Leben an einer Kerzenflamme beobachten. Eine Kerze ist zwar kein besonders gutes Modell des heißen Feuerballs im frühen Universum, vor allem deshalb, weil es sich dabei um ein staubiges, mit Rußpartikeln verschmutztes Plasma bei niedrigeren Temperaturen handelt. Trotzdem ist der entscheidende Phasenübergang zwischen dem Plasma und dem neutralen Gas sehr ähnlich. Abbildung 14 zeigt

14   Schattenwurf einer Kerzenflamme

den Schattenwurf einer Kerzenflamme. Man erkennt deutlich, dass das Phänomen der Kerze nicht nur aus der leuchtenden Flamme besteht, sondern dass darüber hinaus das heiße, verbrannte Gas nach oben hin abströmt. Das ist der Grund, warum man sich auch noch weit oberhalb einer Kerzenflamme die Finger verbrennt oder ein Streichholz entzünden kann. Erstaunlicherweise wirft die Flamme selbst einen Schatten, sie ist also undurchsichtig. Die scharfe Grenze der Kerzenflamme ist durch den Übergang zwischen dem undurchsichtigen Plasma- und dem durchsichtigen Gaszustand gegeben.

Die Jagd nach dem Hintergrund

Das Aufklaren im frühen Universum ist damit ein fast alltäglicher Vorgang. Da dabei Protonen und Kerne zusammen mit Elektronen zu Atomen vereinigt werden, bezeichnet man diesen Vorgang auch als «Rekombination», in Anlehnung an ähnliche Vorgänge bei Laborplasmen. Die Vorsilbe «re-» ist aber irreführend, da dies ja die allererste Vereinigung von Elementarteilchen zu Atomen darstellt. Seit dem Zeitpunkt der Entkopplung bewegen sich alle Photonen in die Richtung, in die sie zum letzten Mal gestreut wurden. Man bezeichnet deshalb die Ära der Entkopplung auch als das «Zeitalter der letzten Streuung». Die Photonen müssen sich also auch heute noch frei durch den Raum bewegen. Doch wo sind sie? Der Himmel ist doch nachts dunkel! Der Trick liegt in der Ausdehnung des Universums. Seit dem Zeitpunkt der Entkopplung hat sich die Energie der Photonen durch die von der Expansion des Universums verursachte Verdünnung etwa um den Faktor 1000 reduziert, so dass die ursprüngliche Temperatur von 3000 Kelvin auf wenige Grad über dem absoluten Nullpunkt abgefallen sein muss (siehe Abbildung 12). Eine andere Betrachtungsweise des gleichen Tatbestands sagt aus, dass wir, wenn wir in die Tiefen des Kosmos und damit zurück in die Anfänge der Zeit blicken, den Zustand des Universums zum Zeitpunkt der Entkopplung, also den heißen Plasmaball, direkt von innen beobachten können. Wir sehen eine heiße Plasmawand, wie die scharfe Grenze der Kerzenflamme (siehe Abbildung 14). Dies ist die Oberfläche, an der das Licht zum letzten Mal gestreut wurde. Diese Fläche bewegt sich allerdings mit vielfacher Lichtgeschwindigkeit von uns weg, das von ihr ausgesandte Licht ist dementsprechend sehr stark rotverschoben. Die ursprüngliche Temperatur von etwa 3000 Kelvin sehen wir deshalb auf etwa 3 Kelvin abgekühlt.

Lassen Sie mich zuerst rekapitulieren, warum derartige Überlichtgeschwindigkeiten überhaupt möglich sind, die doch von Einsteins Spezieller Relativitätstheorie ausdrücklich verboten sind. Die Lösung liegt in der Allgemeinen Relativitätstheorie. Verboten sind nämlich nur Geschwindigkeiten, die relativ zu dem darunterliegenden Raum größer als die des Lichts sind. Bei der Expansion des Kosmos dehnt sich jedoch der gesamte Raum aus, und die leuchtende Materie, die wir beobachten, bewegt sich praktisch nicht gegenüber dem Raum. Damit sind also Überlichtgeschwindigkeiten kein Problem. Auf eine ähnliche Schlussfolgerung waren wir ja bereits beim Kapitel über die Inflation gestoßen.

George Gamow sowie seine Kollegen Ralph Alpher und Robert Hermann kamen 1948 als Erste auf die Idee, dass der heiße Urknall, der die chemischen Elemente erzeugt hat, Lichtquanten mit dem Spektrum eines Schwarzen Strahlers emittiert haben muss und dass diese noch heute im Universum existieren. Die Temperatur des von ihnen vorhergesagten «Echos des Urknalls» schätzten sie auf einen Wert zwischen 3 und 10 Kelvin, was schon erstaunlich nahe an dem heute bekannten Wert liegt. Alan Guth erwähnt in seinem Buch,[43] dass bei dieser Schätzung sehr viel Glück mit im Spiel war, da zu diesem Zeitpunkt die in die Rechnung eingehenden Größen – wie die mittlere Dichte im Universum und der genaue Hergang der Nukleosynthese – noch mit sehr großen Fragezeichen behaftet waren, was aber die Leistung Gamows keinesfalls schmälern sollte. Nachdem Gamows Team aufgrund der beschriebenen Schwierigkeiten bei der Nukleosynthese die ursprünglichen Forschungen nicht weitergeführt hat, gerieten diese Vorhersagen langsam in Vergessenheit. Wie in Kapitel 2 beschrieben, waren wesentlich später, im Jahr 1964, Fred Hoyle, der eigentlich ein Gegner der Urknall-Theorie war, und sein Kollege Roger Taylor ebenfalls davon ausgegangen, dass das Helium in einem heißen Strahlungskosmos entstanden sein musste, hatten aber nicht den letzten Schritt getan, die heutige Temperatur dieser Strahlung auszurechnen. Jedenfalls kam keiner der damaligen Nukleosynthese-Pioniere auf die Idee, aktiv nach einer Reststrahlung des Urknalls im Weltraum zu suchen. Allerdings gab es Ende der fünfziger, Anfang der sechziger Jahre auch noch keine genügend empfindlichen Detektoren für die Mikrowellenstrahlung.

Der entscheidende Beweis für die Richtigkeit der Urknall-Theorie fiel deshalb den beiden Radioastronomen Arno Penzias und Robert Wilson mehr oder weniger zufällig in den Schoß. Die beiden jungen Wissenschaftler arbeiteten in einem Laboratorium, das die Bell-Telefongesellschaft in Crawford Hill ursprünglich für die Satellitenkommunikation aufgebaut hatte, an einer sehr empfindlichen Radio-Horn-Antenne mit sechs Metern Durchmesser. Sie hatten den Auftrag, diese Antenne für die Radioastronomie zu optimieren. Sie arbeitete im Zentimeterbereich bei einer Wellenlänge von 7,35 Zentimetern. Um die sehr schwachen Radiosignale von Himmelsquellen zu erkennen, mussten sämtliche anderen Rauschquellen des Apparats und der Umgebung bestens verstanden und abgezogen werden. Das Rauschen der eigenen Schaltkreise der Radioantenne lässt sich zum Beispiel so messen und subtrahieren, dass man die Antenne abwechselnd auf das Objekt und auf einen sehr kalten Gegenstand, nämlich die Öffnung eines mit flüssigem Helium gefüllten Thermostaten, sozusagen einen kalten Referenzstrahler, mit einer Temperatur von genau 4,2 Grad über dem absoluten Nullpunkt, schaltet. Das thermische Rauschen der Atmosphäre, die bei einer Temperatur von etwa 20 Grad Celsius ebenfalls Radiostrahlung erzeugt, bestimmten die beiden Forscher, indem sie die Antenne abwechselnd auf verschiedene Richtungen zwischen Zenit und Horizont richteten und damit verschieden große Anteile des Rauschsignals ableiteten. Im Frühjahr 1964 waren Penzias und Wilson so weit, dass sie alle möglichen Rauschquellen ihrer Antenne im Griff hatten. Sie hatten sogar noch gewisse weiße Hinterlassenschaften von Vögeln aus der Antenne entfernt, weil sie vermuteten, dass diese das Signal stören. Doch egal, auf welche Himmelsgegend sie ihre Antenne ausrichteten, zu welcher Tages- oder Jahreszeit sie beobachteten, es gelang ihnen nicht, das Signal bei Subtraktion sämtlicher Rauschquellen auf null zu bringen. Was auch immer sie machten, sie bekamen ein rätselhaftes, konstantes Störsignal auf ihre Antenne, das etwa 3,5 Grad höher lag als erwartet. Weil sie keinerlei Zugang zu den kosmologischen Interpretationen hatten, zögerten sie, irgendwelche Ergebnisse ihrer Antenne zu veröffentlichen, bevor sie dieses Störsignal erklären konnten.

Parallel und völlig unabhängig davon hatte sich an der Princeton University eine Gruppe um den Radarspezialisten Robert Dicke aufgemacht, systematisch nach der Hintergrundstrahlung zu suchen. Dicke hatte unter anderem während des Zweiten Weltkriegs ein extrem empfindliches Mikrowellen-Radiometer entwickelt. Unabhängig von Gamow und Hoyle kam er zu der Überzeugung, dass es eine Reliktstrahlung aus der Frühphase des Universums geben musste. Seine Argumentation basierte ebenfalls auf der Häufigkeit der chemischen Elemente, allerdings umgekehrt zu der von Gamow. Er war überzeugt, dass die Dichte im Universum so hoch ist, dass es periodisch oszilliert. In diesem Bild wird die Expansion des Universums regelmäßig gestoppt und verwandelt sich in einen kataklysmischen Kollaps, den sogenannten *Big Crunch*, und einen nachfolgenden neuen Urknall, den *Big Bounce*.

Von dem Princetoner Astrophysiker Martin Schwarzschild, dem Sohn von Karl Schwarzschild, den wir im Zusammenhang mit den Schwarzen Löchern noch kennenlernen werden, wusste Dicke, dass es Sterne gibt, die außer Wasserstoff und Helium fast keine schweren Elemente enthalten, die also aus beinahe jungfräulichem Material entstanden sein müssen. Da bei einem oszillierenden Universum nach jeder Kontraktion und Expansion im Prinzip die bereits in früheren Zyklen geschaffenen schweren Elemente noch vorhanden sein müssten, erklärte Dicke deren Abwesenheit damit, dass zum Zeitpunkt des *Big Crunch* eine derart hohe Temperatur geherrscht habe, dass alle chemischen Elemente in ihre Einzelteile zerlegt wurden und die chemische Entwicklung in jedem Zyklus praktisch wieder von Neuem begann. Bei Licht betrachtet, war diese Vorstellung für die Zeit unmittelbar nach dem Urknall der von Gamow sehr ähnlich, aber Dicke war derjenige, der seine Arbeitsgruppe dazu motivierte, systematisch nach der Strahlung aus der heißen Frühphase des Kosmos zu suchen. Er begeisterte zwei junge Experimentalphysiker, Peter Roll und David Wilkinson, dafür, auf dem Dach eines Gebäudes der Princeton University ein kleines Dicke-Radiometer zu installieren, das zwar mit 30 Zentimeter Öffnung viel kleiner war als die Horn-Antenne von Penzias und Wilson, aber ebenfalls bereits einen kalten Referenzstrahler hatte. Den theoretischen Physiker Jim Peebles bat er, aus dem Modell des heißen *Big Bounce* Vorhersagen für die Beobachtbarkeit der Hintergrundstrahlung im heutigen Universum zu berechnen. Anscheinend völlig unabhängig von Gamow kam Peebles ebenfalls zu dem Ergebnis, dass es sich dabei um die Hohlraumstrahlung eines Schwarzen Körpers handeln musste. Dessen Temperatur schätzte er auf etwa 10 Kelvin. Anfang 1965 reichte Peebles eine Arbeit über «Cosmology, Cosmic Black Body Radiation, and the Cosmic Helium Abundance» bei der Zeitschrift *Physical Reviews* ein. Trotz mehrerer Iterationen und Korrespondenzen wurde sie jedoch nicht zur Veröffentlichung angenommen, hauptsächlich deshalb, weil sich der anonyme Gutachter der Arbeit darüber beklagte, dass frühere Arbeiten zu diesem Thema, insbesondere die von Gamows Arbeitsgruppe, nicht ausreichend gewürdigt waren. Peebles hatte aber zu diesem Zeitpunkt bereits wissenschaftliche Vorträge über seine Arbeit gehalten, und auf dem Wege der Mund-zu-Mund-Propaganda in der wissenschaftlichen Community war in kurzer Zeit die Verbindung zwischen den Arbeitsgruppen in Princeton und Crawford Hill hergestellt. Bei einem Besuch der Princetoner im Bell-Laboratorium und der Besichtigung der 6-Meter-Antenne waren Bob Dicke und seine Kollegen sofort überzeugt, dass Penzias und Wilson in ihren Messungen das «Echo des Urknalls» gefunden hatten. Man einigte sich umgehend darauf, Rücken an Rücken zwei getrennte Publikationen, die aufeinander Bezug nahmen, in der Zeitschrift *Astrophysical Journal* zu veröffentlichen. Während Penzias und Wilson nach wie vor bezüglich der kosmologischen Interpretation ihres Ergebnisses skeptisch waren und sich bei ihrer Arbeit ausschließlich auf die technischen Details ihrer Messung konzentrierten,[44] enthält die Arbeit von Dicke und seinen Mitarbeitern[45] die Diskussion der kosmologischen Relevanz dieser Entdeckung. Penzias und Wilson erhielten später für diese Entdeckung den Nobelpreis. Sowohl Gamow (der zu diesem Zeitpunkt ja nicht mehr lebte) als auch Dicke, Peebles und ihre Kollegen gingen leer aus. In seinem Buch *Licht vom Rande der Welt* schrieb Rudolf Kippenhahn über diese Geschichte in unnachahmlich trockenem Humor: «Die einen sagten sie voraus, die anderen suchten sie, und die dritten wussten nichts von den beiden und fanden sie.»[46] Arno Penzias ist gebürtiger Münchner und hat dem Deutschen Museum vor einigen Jahren die originale Empfänger-Apparatur der ursprünglichen Horn-Antenne überlassen. Diese Apparatur soll hoffentlich bald im Zentrum einer neuen Kosmologie-Austellung des Deutschen Museums stehen.

Im Nachhinein und bei genauerem Hinsehen lassen sich Hinweise auf die von Penzias und Wilson entdeckte Strahlung bereits in früheren Arbeiten anderer Kollegen finden. Andre McKellar hat 1941 Rotationsanregungen in interstellaren Molekülen des Cyanid-Radikals CN gefunden, die auf eine sehr niedrige Anregungstemperatur von 2,3 Kelvin schließen ließen.[47] Der französische Radioastronom Emile Le Roux hatte die Hintergrundstrahlung vermutlich bereits 1955 als Erster während seiner Doktorarbeit direkt entdeckt. Er hatte eine vollständige Himmelsdurchmusterung bei einer Wellenlänge von 33 Zentimetern durchgeführt und dabei eine Temperatur von 3 ± 2 Kelvin abgeleitet.[48] Der ukrainische Astronom Tigran Shmaonov fand 1957 eine Temperatur von 4 ± 3 Kelvin bei einer Wellenlänge von 3,2 Zentimetern. Interessanterweise können Sie selbst relativ einfach die Reststrahlung des Urknalls im Radio hören oder im Fernseher sehen. Wenn Sie Ihr Radio auf eine Frequenz zwischen den Sendern einstellen, hören Sie ein Rauschen, und wenn Sie den Fernseher anhaben, ohne einen Sender einzustellen, sehen Sie ein Flimmern, den bekannten nächtlichen «Fernsehschnee». Bei weitem nicht alles, aber doch ein kleiner Bruchteil dieses Rauschens (beim Fernseher etwa 1 Prozent) stammt direkt aus dem Urknall. Jedenfalls wurde die Entdeckung von den Radioastronomen begeistert aufgenommen, und innerhalb kurzer Zeit wurden Messungen bei mehreren anderen Wellenlängen durchgeführt, die alle mit einer Temperatur von etwa 3 Kelvin verträglich waren. In Abbildung 15 ist ein Schwarzkörperspektrum der Temperatur 2,7 Kelvin abgebildet. Messungen in der Nähe des Maximums der Strahlung und insbesondere im Bereich des Abfalls bei höheren Frequenzen und Wellenlängen im Millimeterbereich waren aber wegen der fehlenden Detektortechnologie und des störenden Einflusses der Atmosphäre immer noch sehr schwierig. Weil Wassermoleküle die Mikrowellenstrahlung stark absorbieren

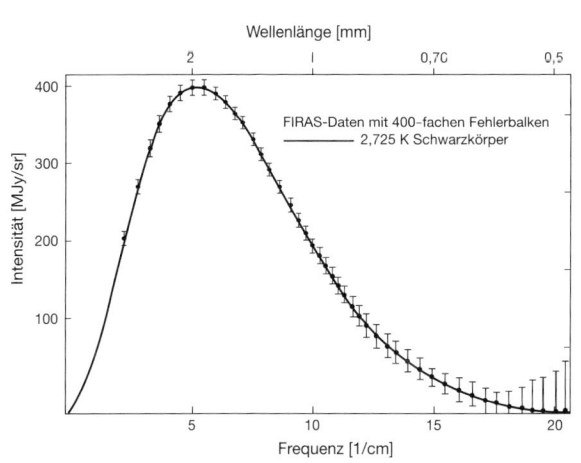

15 Das von COBE gemessene Spektrum der Mikrowellenhintergrundstrahlung. Die dargestellten Fehlerbalken wurden um den Faktor 400 vergrößert, um die extrem hohe Genauigkeit der Messung plausibel zu machen. Das gemessene Spektrum stimmt mit höchster Präzision mit der von Max Planck formulierten theoretischen Kurve für einen Schwarzen Strahler (Hohlraumstrahler) mit der Temperatur 2,725 ± 0,01 K überein.

– eine Tatsache, die sich der Mikrowellenofen in der Küche zunutze macht –, ist es sehr schwer, den Mikrowellenhintergrund vom Erdboden aus zu messen. Die ersten Messungen in der Nähe des Maximums wurden indirekt anhand von Absorptionslinien des bereits oben erwähnten Moleküls Dicyan im optischen Spektrum von Sternen durchgeführt.[49] Ähnlich wie bei den Messungen von McKellar kann dieses Molekül, das in interstellaren Wolken vorkommt und dabei der Hintergrundstrahlung ausgesetzt ist, als eine Art Thermometer verwendet werden. Messungen oberhalb des Maximums waren bis dahin nur mit Höhenforschungsballonen und Raketen möglich und wiesen große Messfehler auf.

Im Jahr 1974 hatten mehrere unabhängige Gruppen der NASA vorgeschlagen, im Explorer-Programm eine Satellitenmission zur exakten Vermessung der Mikrowellenhintergrundstrahlung durchzuführen. Im Jahre 1976 wurde der Bau des *Cosmic Background Explorer* (COBE) beschlossen. Projektleiter wurde der damals dreißigjährige Wissenschaftler John Mather am Goddard Space Flight Center. Hunderte von Wissenschaftlern und Technikern arbeiteten etwa zehn Jahre an der Verwirklichung dieses Traums. Die wissenschaftliche Nutzlast bestand aus drei Instrumenten, die von verschiedenen Instituten und Universitäten entwickelt worden waren. Das Fern-Infrarot-Absolut-Spektrometer (FIRAS) sollte das Spektrum der Hintergrundstrahlung mit nie da gewesener Präzision vermessen. Das Differentielle Mikrowellen-Radiometer (DMR) sollte mit zwei Antennen, die um 15 Grad gegeneinander verkippt waren, minimale räumliche Fluktuationen der Hintergrundstrahlung aufnehmen. Das dritte Instrument, das *Diffuse Infrared Background Experiment* (DIRBE) war ein Gregory-Teleskop mit 19 Zentimeter Öffnung zur Vermessung des diffusen Infrarothintergrundes. Ursprünglich sollte COBE auf einer amerikanischen Delta-Rakete gestartet werden, aber im Laufe der Entwicklung des Space-Shuttle-Programms der NASA wurde beschlossen, ihn für einen Start mit dem Space Shuttle vorzubereiten. Nach langen Verzögerungen und finanziellen Engpässen, wie sie bei den extrem komplexen wissenschaftlichen Weltraummissionen häufiger vorkommen, stand COBE Anfang 1986 zum Start bereit.

Der Bau des COBE-Satelliten verlief zeitlich fast parallel mit der Entwicklung der ROSAT-Mission, an der ich ab etwa 1984 selbst beteiligt war und über die wir später noch hören werden. ROSAT sollte ursprünglich 1987 ebenfalls mit einem Space Shuttle gestartet werden. Im Januar 1986 hatte mein Doktorvater und damaliger Chef der Röntgengruppe am Max-Planck-Institut für extraterrestrische Physik in Garching, Joachim Trümper, einige ausländische Gäste und Kollegen abends zu sich nach Hause eingeladen, just an dem Tag als das Space Shuttle *Challenger* explodierte. Wir waren alle schockiert und sehr traurig, als wir auf dem Fernsehschirm die Explosion des Shuttle verfolgten. Die charakteristische gegabelte weiße Explosionswolke hat sich für immer in mein Gedächtnis eingebrannt. Wir waren aber auch alle sehr verunsichert, was mit dem Weltraumprogramm der NASA und den geplanten Satellitenstarts passieren würde, die zunächst alle auf Eis gelegt wurden. Nachdem für die NASA der Start des *Hubble Space Telescope* mit dem Shuttle allerhöchste Priorität hatte, mussten kleinere Satelliten wie ROSAT und COBE hintanstehen. Zu dieser Zeit wurde uns für ROSAT ein Shuttle-Start frühestens im Jahre 1994 avisiert. Glücklicherweise gelang es mit vereinten Kräften, ROSAT für einen Start mit einer amerikanischen Delta-Rakete umzubauen. Dazu mussten nur die Stützkonstruktion für die Shuttle-Bucht entfernt und die Solarzellen auf einen Klappmechanismus umgebaut werden. ROSAT wurde dann am 1. Juni 1990 auf einer von der NASA bereitgestellten Rakete gestartet.

Bei COBE ging es ähnlich zu, allerdings musste der Satellit erheblich umgebaut und vor allem das Gewicht reduziert werden, damit er auf eine Delta-Rakete passte. Zum Glück konnten jedoch die Instrumente praktisch so wie geplant geflogen werden. Am 18. November 1989 wurde COBE dann endlich gestartet. Bereits wenige Monate später konnte John Mather auf der Jahrestagung der Amerikanischen Astronomischen Gesellschaft in Washington die ersten Messergebnisse des FIRAS-Instruments vorlegen, die auf einer Messzeit von nur neun Minuten basierten. Die Begeisterung der versammelten Astronomen war groß, als er eine Kurve auflegte, auf der insgesamt 76 Messpunkte mit winzig kleinen Fehlern dargestellt

waren, die das gesamte Spektrum der Mikrowellenhintergrundstrahlung links und rechts des Maximums beschrieb. Die Mess-
kurve passte genau zum Modell eines Schwarzkörperspektrums,
wie es sowohl Gamow als auch Peebles vorausgesagt hatten. Die
Temperatur konnte exakt auf 2,735 Kelvin festgelegt werden. Drei
Jahre später konnte Mather die Daten der gesamten COBE-Mission
präsentieren. Die Fehlerbalken waren dabei auf Werte von nur noch
0,03 Prozent geschrumpft, so klein, dass sie in der endgültigen Abbildung nicht mehr gezeigt werden konnten, weil die Linie, mit der
das Modell gezeichnet wurde, dicker als der Fehlerbereich war. In
Abbildung 15 sind diese Fehlerbalken deshalb um einen Faktor 400
vergrößert dargestellt. Der Mikrowellenhintergrund entspricht mit
höchster Präzision einem Schwarzkörperspektrum; seine endgültige Temperatur wurde von COBE zu 2,726 ± 0,01 Kelvin bestimmt.
Er stellt deshalb eine wesentliche Stütze des Modells vom heißen
Urknall dar!

Auf der Mitgliederversammlung der Internationalen Astronomischen Union 2006 in Prag, auf der auch der Planet Pluto zum
Zwergplaneten degradiert wurde (siehe Kapitel 6), wurde dem gesamten COBE-Team der Gruber-Kosmologiepreis überreicht. Wenige Monate später erhielten John Mather und George Smoot den
Nobelpreis 2006 für Physik.

Das «Antlitz Gottes»

Neben der spektralen steckt die wichtigste Information über die
Inflationsphase kurz nach dem Urknall in der räumlichen Verteilung der Strahlung über den Himmel. Frühere Messungen hatten
bereits ergeben, dass die Hintergrundstrahlung in verschiedenen
Richtungen um weniger als ein Prozent schwankt. Mit seinem Dif-
ferentiellen Mikrowellen-Radiometer (DMR) gelang es COBE, die
Verteilung der Strahlung über den Himmel bei drei verschiedenen
Wellenlängen mit höchster Präzision zu vermessen. Abbildung 16
zeigt die von COBE bei einer Frequenz von 53 GHz über den Himmel gemessene Intensitätsverteilung in einer Falschfarbendarstel-

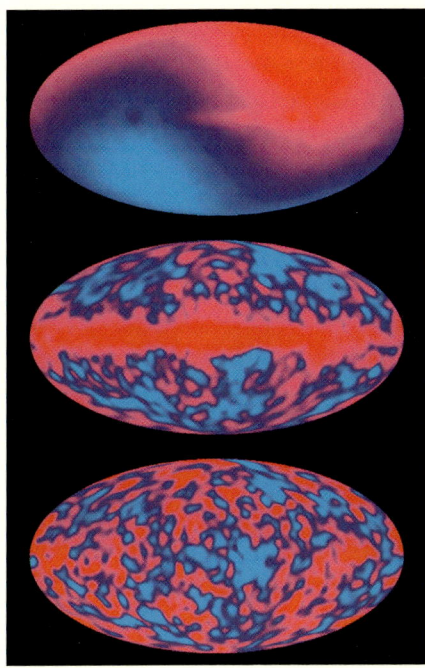

16   Von COBE bei einer Frequenz von 53 GHz gemessene Himmelskarte in einer Falschfarbendarstellung. Rote Farben bedeuten eine etwas höhere, blaue eine entsprechend niedrigere Temperatur. In der obersten Ansicht beträgt die Dynamik zwischen Maximum und Minimum etwa 1/1000. Die Dipolverteilung der Temperatur am Himmel stammt von der Bewegung der Sonne relativ zum Hintergrund. In der mittleren Ansicht ist dieser Dipoleffekt abgezogen. Damit wird die Emission der Milchstraße deutlich sichtbar. In der unteren Ansicht ist ein Modell der Milchstraßenemission abgezogen, so dass die kosmischen Fluktuationen sichtbar werden. Die Dynamik der Temperaturskala beträgt hier etwa 1/100 000.

lung. Die roten Gebiete weisen dabei eine etwas höhere Temperatur auf als die blauen. Im oberen Teil der Abbildung fällt eine globale Anisotropie auf, die eine Dipolverteilung über den Himmel darstellt. Die roten Gebiete auf der einen Seite haben eine um etwa ein Promille höhere und die blauen eine entsprechend niedrigere Temperatur gegenüber dem Mittelwert. Diese Anisotropie lässt sich durch die Bewegung des Sonnensystems mit einer Geschwindigkeit von etwa 370 km/s gegenüber dem Mikrowellenhintergrund erklären. Interessanterweise stimmt die aus diesen Messungen abgeleitete Bewegungsrichtung nicht mit der Rotation des Sonnensystems um das Galaktische Zentrum überein, sondern weist fast in die entgegengesetzte Richtung. Das bedeutet, dass sich unsere Galaxie und sogar die ganze Lokale Galaxiengruppe mit einer Geschwindigkeit von mehr als 600 Kilometern pro Sekunde gegenüber dem Ruhesystem des Mikrowellenhintergrundes bewegt. Die Bewegung rührt von der Überlagerung verschiedener Geschwindigkeiten her: Die Rotationsgeschwindigkeit der Sonne um das Galaktische Zentrum beträgt 220 km/s; unsere Milchstraße bewegt sich mit etwa 50 km/s in der Lokalen Gruppe, die sich wiederum mit etwa 200 km/s auf das Zentrum des Virgo-Haufens, des größten Galaxienhaufens in der Sonnenumgebung, zubewegt. Dieser wiederum bewegt sich in Richtung des sogenannten Großen Attraktors (siehe Kapitel 4). Der Mikrowellenhintergrund stellt also eine Art absolutes, unbewegtes Referenzsystem dar.

Zieht man die von der Bewegung der Sonne stammende Dipolverteilung vom Hintergrund ab, erhält man die Darstellung in der Mitte von Abbildung 16. Wie auch das Bild der Milchstraße in Abbildung 1 ist diese Abbildung in galaktischen Koordinaten, mit dem Galaktischen Zentrum in der Mitte. Man sieht nun deutlich die Emission der Milchstraße, die von der Synchrotronstrahlung hochenergetischer Elektronen im Galaktischen Magnetfeld stammt. Wenn man ein Modell der Strahlung der Milchstraße ebenfalls von den Daten abzieht, erhält man schließlich die untere Darstellung von Abbildung 16. Die Unterschiede zwischen den Bergen und Tälern entsprechen jetzt nur noch etwa 30 Mikrokelvin oder einem Hunderttausendstel der mittleren Temperatur.

Der Mikrowellenhintergrund, das «Echo des Urknalls», ist mit höchster Präzision isotrop über den Himmel verteilt, wie er es sein sollte, wenn die heiße Strahlung aus dem Urknall stammt. Aber kann das denn so stimmen? Wenn wir die Hintergrundstrahlung in einer Himmelsrichtung beobachten, blicken wir auf eine Feuerwand, die sich mit zigfacher Lichtgeschwindigkeit von uns weg bewegt. Ihr Licht entspricht deshalb exakt einem Schwarzkörperspektrum, das ursprünglich bei einer Temperatur von 3000 Kelvin emittiert wurde und uns jetzt mit der Temperatur von 2,735 Kelvin erreicht. Blicken wir auf die am Himmel genau gegenüberliegende Stelle, so bewegt sich die Feuerwand ebenfalls mit zigfacher Lichtgeschwindigkeit, allerdings in die entgegengesetzte Richtung. Die Bereiche des Universums, die sich mit mehr als Lichtgeschwindigkeit voneinander entfernen, haben allerdings keinerlei Möglichkeit, jemals miteinander in Kommunikation zu treten. Sendet eine Seite einen Lichtstrahl aus, so wird dieser die andere Stelle nie erreichen, weil sich ja beide schneller als das Licht auseinanderbewegen. Unter diesen Umständen hat das Universum keine Möglichkeit, in ein allumfassendes thermisches Gleichgewicht zu gelangen. Umso verwunderlicher ist es, dass das Universum, insbesondere die Mikrowellenhintergrundstrahlung, in alle Richtungen bis auf hunderttausendstel Bruchteile exakt gleich ist. Dieses sogenannte Horizont-Problem wird von der Inflationstheorie bravourös gelöst, weil das Universum vor der inflationären Phase sehr viel kleiner war als sein Horizont und dadurch alle Bereiche des Universums in ständigem Austausch miteinander standen, so dass sich ohne weiteres ein thermisches Gleichgewicht einstellen konnte. Dieses thermische Gleichgewicht wurde durch die Inflation nicht zerstört, sondern gewissermaßen ein für alle Mal «eingefroren», so dass auch heute noch der von uns überschaubare Bereich des Universums fast exakt isotrop ist.

Die Theorie der Inflation machte allerdings noch eine wichtige andere Vorhersage: Die Quantenfluktuationen des Vakuums, die kurz vor der Inflation geherrscht haben müssen, sollten eine ganz charakteristische, sogenannte skaleninvariante Verteilung gehabt haben. In dieser Verteilung tragen alle verschiedenen Wellenlängen in gleichem Maße zu den Fluktuationen bei, so dass man, wenn man das Quadrat der Amplituden der Fluktuationen (die Leistung) pro Wellenlängenintervall gegen die Wellenlänge aufträgt, eine horizontale Linie erhält. Dieses Leistungsspektrum hatten in den siebziger Jahren unabhängig voneinander der amerikanische Physiker Edward Harrison und der russische Kosmologe Yakow B. Zeldovich zur Erklärung der Galaxienentstehung postuliert, es wird deshalb Harrison-Zeldovich-Spektrum genannt. Die Inflationstheorie konnte nun die Form dieses Spektrums aus den Quantenfluktuationen ableiten, die während der Inflationsphase um einen riesigen Faktor aufgebläht und deshalb aus ursprünglich virtuellen Fluktuationen in wirkliche Dichteänderungen im frühen Universum verwandelt wurden. Diese Dichtefluktuationen müssen sich auf alle Bestandteile der Ursuppe in gleicher Weise ausgewirkt und dazu geführt haben, dass an gewissen Stellen im Universum ein kleines bisschen mehr Materie vorhanden und damit die Temperatur entsprechend höher war als an anderen Stellen, wo etwas

Materie fehlte. Aus diesen Dichtefluktuationen sind dann später alle anderen Strukturen im Universum entstanden.

Es bedeutete deshalb einen Triumph nicht nur des Urknall-Modells, sondern auch der Inflationstheorie, als am 23. April 1992 George Smoot, der an der Universität von Kalifornien in Berkeley arbeitende wissenschaftliche Leiter des COBE-DMR-Experiments, das erste Bild der von COBE gemessenen Fluktuationen und das daraus abgeleitete Verteilungsspektrum vorstellte, das vollkommen mit einem Harrison-Zeldovich-Spektrum übereinstimmte.[50] COBE hatte ein relativ grobes Winkelauflösungsvermögen von etwa 7 Grad. Der Vollmond hat zum Vergleich einen Durchmesser von einem halben Grad. Die COBE-Karte (Abbildung 16 unten) konnte den Himmel deshalb nur in etwa 800 einzelne Zellen aufteilen und war außerdem noch so stark verrauscht, dass man die Signifikanz der Messung nur aus einer statistischen Analyse ableiten konnte. In der darauffolgenden Pressekonferenz ließ sich der von seiner Begeisterung getragene George Smoot dennoch zu der Aussage hinreißen, er könne in der COBE-Karte «das Antliz Gottes» entdecken. Dieser Ausspruch schaffte es zwar auf die Titelseiten wichtiger Zeitungen, er wurde aber damals von den meisten Kollegen doch als etwas zu forsch und unpassend angesehen.

Der Klang des Feuerballs

Damit ist die Geschichte allerdings noch lange nicht zu Ende. In der Form des Leistungsspektrums, insbesondere bei kleineren Winkelabständen, steckt eine Vielfalt an Informationen über den frühen Verlauf der kosmologischen Evolution. Während Gebiete im Universum, die eine größere Ausdehnung haben als ihr lokaler Horizont, wie oben beschrieben kausal nicht miteinander verknüpft waren und deshalb bis zur Entkopplung die noch aus der Inflation stammenden, primordialen Fluktuationen beibehalten haben, gilt dies für kleinere Regionen nicht. In Gebieten, die am Himmel kleiner als ein bis zwei Grad sind, konnten die Photonen-Baryonen-Flüssigkeit und die Dunkle Materie im weiteren Verlauf der Geschichte lokal miteinander in Wechselwirkung treten und damit die ursprünglich einfache, skaleninvariante Form der Fluktuationen verändern. Die einfachste Form dieser Wechselwirkung waren Schallwellen. Der berühmte russische Physiker, Dissident und Friedensnobelpreisträger Andrei Dmitrijewitsch Sacharow hatte sich bereits im Jahr 1955 mit den Dichtefluktuationen in einem expandierenden, heißen Universum beschäftigt. Mein aus Russland stammender Garchinger Kollege Rashid Sunyaev hatte zusammen mit seinem Lehrer und Mentor Zeldovich schon Ende 1969 berechnet, dass es dabei zu Schwingungen, sogenannten akustischen Oszillationen, kommt.[51] Unabhängig davon kam Jim Peebles in Princeton etwas später zu einem sehr ähnlichen Ergebnis.[52] Ein überdichtes Gebiet im frühen Universum kollabierte nicht sofort unter seiner eigenen Schwerkraft, sondern erst, wenn es in seinen sogenannten Teilchen-Horizont eintrat, innerhalb dessen jeder Punkt in einer kausalen Wechselwirkung mit jedem anderen Punkt steht. Dann fing die Störung an zu kollabieren, bis die verstärkte Gravitationswirkung zu einem größeren Druck und damit zu einer höheren Temperatur führte. Der dadurch verstärkte Strahlungsdruck wirkte wiederum auf die Materie zurück und drückte damit den Materieüberschuss weg, bis das Spiel wie bei einer Schaukelbewegung von neuem begann. Wie Trommelschläge breiteten sich die Druck- und Temperaturänderungen als Schallwellen in dem heißen Feuerball aus. Man kann also mit Fug und Recht behaupten, dass das strahlungsdominierte Universum einen eigenen «Klang» hatte. Die Schallgeschwindigkeit betrug dabei allerdings etwa 57 Prozent der Lichtgeschwindigkeit!

Aus diesem Klang lässt sich sehr viel über die Eigenschaften der schwingenden Materie lernen. Wir wissen zum Beispiel, dass unsere Sonne und andere Sterne, die ja ebenfalls heiße Feuerbälle sind, eine große Menge akustischer Schwingungen ausführen, aus deren Analyse man, ähnlich wie auch bei Erdbebenwellen, etwas über die innere Beschaffenheit und Zusammensetzung erfahren kann. So kann man dem Klang eines Systems etwas über seine Größe entnehmen: Je nachdem, ob Sie über eine kleine oder eine große Flasche blasen, ist der Ton höher oder niedriger. Vielleicht noch profaner ist das Beispiel des sehr wohlschmeckenden grünen Wackelpuddings, aus dessen Schwingungen Sie intuitiv selbst bei geschlossenen Augen etwas über seine Konsistenz in Erfahrung bringen können – zum Beispiel, dass Sie sich daran nicht die Zähne ausbeißen werden.

Als sich Strahlung und Materie zum Zeitpunkt der Rekombination voneinander trennten, wurden die im heißen Urknall-Plasma vorhandenen Fluktuationen ausgekoppelt und praktisch in der Strahlung eingefroren. Wir erwarten deshalb, im Bild des Mikrowellenhintergrunds auch heute noch die entsprechenden Fluktuationen zu beobachten. Bei großen Skalen haben wir ja bereits die ursprünglichen Fluktuationen in den COBE-Daten mit einem flachen Leistungsspektrum gesehen. Bei Skalen, die kleiner als etwa ein bis zwei Grad sind, schaukeln sich die akustischen Schwingungen auf, und die Amplitude der Fluktuationen wird relativ zu dem primordialen, skaleninvarianten Leistungsspektrum an gewissen Stellen erhöht. Dieser Effekt erzeugt eine Reihe charakteristischer Maxima, die sogenannten Doppler-Peaks im Leistungsspektrum. Wie Sunyaev und Zeldovich berechnet hatten, entspricht der erste Peak bei den größten Winkelabständen dem sogenannten Schallhorizont auf der Fläche, an der das Licht zum letzten Mal gestreut wurde. Dies ist genau die Strecke, die der Schall zurückgelegt hat, seit sich die Fluktuationen nach der Inflation ausgekoppelt hatten. Eine Bestimmung der Winkelskala des ersten akustischen Peaks am Himmel (siehe Abbildung 17 unten) setzt diese physikalische Strecke in Beziehung zu einer Entfernung. Auf diese Weise erhält man eine geometrische Messung der Krümmung des Raums. Für ein flaches Universum, so wie wir es aus der Schulgeometrie kennen, wird das erste akustische Maximum bei einer Winkelskala von etwa einem Grad erwartet. Aus der Position des ersten Doppler-Peaks im Fluktuationsspektrum lässt sich damit unmittelbar die gesamte Masse- und Energiedichte des Universums, also die Summe aus Materiedichte und Dunkler Energiedichte $(\Omega_{tot} = \Omega_m + \Omega_\Lambda)$, berechnen. Die Höhe des ersten Peaks hängt direkt von der Hubble-Konstante und von der Dichte der Baryonen ab und erlaubt deshalb der primordialen Nukleo-

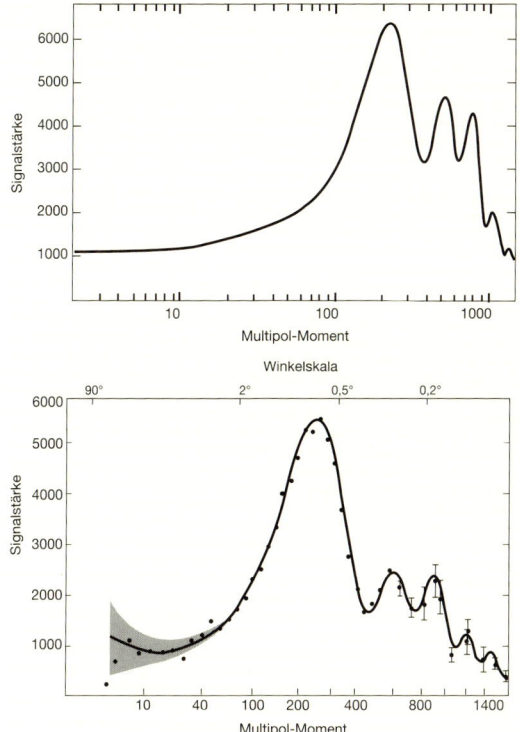

17   Oben: das im Jahr 1998 vorherberechnete Leistungsspektrum der Mikrowellenhintergrundstrahlung[53]
Unten: das vom WMAP-Satelliten und aus höher aufgelösten Interferometerbeobachtungen bestimmte Leistungsspektrum[54]

synthese ähnliche, aber vollkommen unabhängige Aussagen. Neben der akustischen Grundschwingung gibt es die entsprechenden Obertöne mit jeweils der doppelten, dreifachen etc. Frequenz. Da die Rekombination aber nicht schlagartig stattgefunden, sondern sich wie beim Lichten des Nebels langsam ausgebreitet hat, wurden die höherfrequenten Schwingungen stark gedämpft. Dieser Effekt wird als Silk-Dämpfung bezeichnet, benannt nach dem englischen Astrophysiker Joseph Silk, der vor kurzem das Buch *Das fast unendliche Universum*[55] veröffentlicht hat. Die Dämpfung wirkt so, als würde man bei einer HiFi-Anlage sämtliche Höhen wegdrehen und nur die Bässe verstärken. Ohnehin kann man die theoretische Darstellung des Leistungsspektrums (Abbildung 17 oben) gut mit den graphischen Equalizern in modernen HiFi-Anlagen vergleichen, bei denen die Amplitude von Bässen, Mitten und Höhen separat durch verschiedene Leuchtdioden angezeigt wird.

Unmittelbar nachdem im Jahr 1992 das COBE-Team die Fluktuationen in der kosmischen Hintergrundstrahlung entdeckt hatte,
begannen weltweit die Vorbereitungen für die Jagd nach den akustischen Peaks bei sehr kleinen Winkelabständen am Himmel. Allen beteiligten Wissenschaftlern war klar, dass langfristig eine
neue Weltraummission für eine vollständige Himmelsdurchmusterung mit besserem Winkelauflösungsvermögen und größerer Empfindlichkeit benötigt wurde. Im Rahmen ihres Programms *Horizon
2000* gab die Europäische Raumfahrtagentur ESA im November
1992 eine Aufforderung zur Abgabe von Missionsvorschlägen für
ihre dritte mittelgroße Weltraummission M3 heraus. Zum Abgabe-
termin Ende Mai 1993 waren insgesamt 53 Vorschläge eingegangen, die in mehreren Auswahlrunden auf insgesamt fünf Kandidaten reduziert wurden. Darunter waren zwei Vorschläge für eine
Satellitenmission der zweiten Generation zur genaueren Vermessung des Mikrowellenhintergrunds: COBRAS und SAMBA.[56] Die
beiden Vorschläge wurden miteinander kombiniert und nach einer
18-monatigen Phase-A-Studie im Mai 1996 von der ESA ursprünglich für einen Start im Jahr 2003 ausgewählt. Der Satellit sollte ein
Teleskop mit 1,5 Metern Durchmesser tragen und den Himmel in
neun Kanälen mit Wellenlängen zwischen 0,3 und 12 Millimetern
und einem Winkelauflösungsvermögen vermessen, das etwa 50-mal
besser als COBE sein sollte. Als Mitte 1996 die ESA-Cornerstone-
Mission Cluster, die aus vier Satelliten zur dreidimensionalen Untersuchung der Erd-Magnetosphäre bestand, beim allerersten Start
der großen Ariane-V-Rakete explodierte, musste das gesamte Programm der ESA neu überdacht werden. Insbesondere versuchte
man, durch die parallele Entwicklung und den gemeinsamen Start
verschiedener Missionen Geld zu sparen. Dieser Idee, die sich im
Nachhinein leider als großer Trugschluss herausgestellt hat, fielen
insbesondere auch die Missionen COBRAS/SAMBA und die Cor-
nerstone-Mission FIRST, die ein großes Infrarot-Teleskop tragen
soll, zum Opfer. Im Jahr 1997 wurde COBRAS/SAMBA zu Ehren
des großen Physikers Max Planck in *Planck-Surveyor* und die
FIRST-Mission zu Ehren des Entdeckers der Infrarotstrahlung in
Herschel umbenannt. *Herschel* und *Planck* wurden nun gemeinsam

entwickelt, wobei man sich eine Kostenersparnis von etwa 150 Millionen Euro erhoffte. Im Jahr 2008 sollen sie gemeinsam zum Lagrange-Punkt L2 des Sonne-Erde-Systems gestartet werden. An diesem etwa 1,5 Millionen Kilometer (also ungefähr in vierfacher Monddistanz) von der Erde entfernt auf der sonnenabgewandten Seite liegenden Ort, an dem sich die Anziehungskraft von Sonne und Erde gerade mit der Zentrifugalkraft die Waage halten, stehen Sonne, Erde und Mond immer in der gleichen Richtung, so dass mit einer geeigneten Abschirmung die Satelliteninstrumente sehr kalt gehalten werden können. Dies ermöglicht ideale Bedingungen für die Vermessung des «kalten Universums».

Die NASA hat in ihrem Explorer-Programm wesentlich kürzere Entscheidungszeiträume, was sich in diesem Fall sehr zu ihren Gunsten auswirkte. Im Jahr 1994 unterbreitete eine Gruppe unter der Leitung von Charles L. Bennet aus dem Goddard Space Flight Center den Vorschlag, einen Satelliten mit dem Namen *Microwave Anisotropy Probe* (MAP) zu bauen.[57] Dieser Arbeitsgruppe gehörte auch David Wilkinson an, einer der ursprünglichen Princetoner Pioniere bei der Suche nach dem «Echo des Urknalls». Wenige Monate bevor die ESA ihre Entscheidung zu COBRAS/SAMBA bekanntgab, beschloss die NASA, diesem Konkurrenzvorschlag zu folgen und MAP für einen Start im Jahr 2001 vorzubereiten. Der Satellit trägt ein passiv gekühltes Mikrowellen-Radiometer mit Reflektoren der Größe von etwa 1,5 Metern und misst bei fünf verschiedenen Wellenlängen im Bereich zwischen 3,3 und 13,6 Millimeter mit einem Winkelauflösungsvermögen etwa 20-mal besser als COBE. Der Satellit wurde im Juni 2001 auf einer Delta-Rakete gestartet und erreichte im Oktober 2001 den Lagrange-Punkt L2, nachdem er vorher noch einmal am Mond Schwung geholt hatte. Nach dem plötzlichen Tod von David Wilkinson im September 2002 hat die NASA den Satelliten zu seinen Ehren in *Wilkinson Microwave Anisotropy Probe* (WMAP) umbenannt, als sie die ersten Messergebnisse am 11. Februar 2003 bekanntgab.

Wegen der vergleichsweise langen Laufzeiten für Weltraumexperimente gelang der Durchbruch aber zuerst mit bodengebundenen und ballongetragenen Mikrowellenteleskopen. Wie bereits oben beschrieben, sind Messungen im Millimeterbereich in der Nähe des Maximums der Hintergrundstrahlung vom Erdboden aus sehr schwierig. Es gibt aber sehr trockene Gegenden auf der Erde, wo der Wasserdampf in der Atmosphäre minimal ist, zum Beispiel die Atacama-Wüste, ein Hochplateau in den chilenischen Anden, oder auch die eisige, aber sehr trockene Antarktis. Außerdem ist die Technologie der Mikrowellenempfänger inzwischen wesentlich empfindlicher geworden, vor allem durch den Einsatz von neuen Verstärkern, die mit sogenannten *High-Electron-Mobility*-Transistoren (HEMT) arbeiten und bis auf wenige Tausendstel Grad über dem absoluten Nullpunkt gekühlt werden. Die erste Messung von Fluktuationen auf Winkelskalen von etwa einem Winkelgrad gelang bereits 1993 einer Gruppe von Wissenschaftlern, der auch David Wilkinson angehörte. Sie arbeiteten mit einem Mobilen Anisotropie-Teleskop (MAT) im kanadischen Ort Saskatoon.[58] Das gleiche Teleskop wurde in zwei Kampagnen im Jahr 1997 und 1998 auf dem 5200 Meter hohen Cerro Toco in der chilenischen Atacama-Wüste benutzt. Im Sommer 1999 veröffentlichte diese Gruppe die ersten Hinweise auf den Doppler-Peak bei etwa einem Grad im Fluktuationsspektrum der Hintergrundstrahlung.[59] Inzwischen gibt es mehrere hochauflösende Interferometeranlagen, zum Beispiel das *Degree Angular Scale Interferometer* (DASI), ein in der Antarktis stationiertes Observatorium, oder den *Cosmic Background Imager* (CBI) in der chilenischen Wüste und den *Arcminute Cosmology Bolometer Array Receiver* (ACBAR) am Südpol. Mehrere andere Anlagen sind im Bau oder werden gerade aktiviert. Wegen ihrer großen Durchmesser lösen diese Teleskope wesentlich kleinere Winkelskalen als Instrumente auf Satelliten oder Höhenforschungsballonen auf. Dafür können sie allerdings nur kleine Ausschnitte des Himmels abdecken.

Flüge mit Höhenforschungsballonen sind eine vergleichsweise kostengünstige und schneller durchführbare Alternative zu Satellitenmissionen, haben aber den Nachteil, dass sie nur sehr kurze Messzeiten erlauben. Nachdem die Ballone in 40 Kilometer Höhe vom Wind weggetrieben werden, dauern Flüge über dem amerikanischen Kontinent oder über Australien in der Regel nur wenige

Stunden bis maximal zwei Tage. In der Antarktis sind allerdings Langzeitflüge möglich, bei denen der Ballon, vom Wind getrieben, den Südpol entlang eines Breitengrads umrundet und damit viele Tage messen kann. Im Jahre 1993 begann eine internationale Arbeitsgruppe unter der Leitung von Paolo de Bernardis von der Universität «La Sapienza» in Rom mit der Vorbereitung eines Ballon-Experimentes mit der Bezeichnung *Balloon Observations of Millimetric Extragalactic Radiation and Geophysics* (BOOMERanG). Die Nutzlast bestand aus einem Reflektorteleskop mit 1,3 Metern Durchmesser und vier Mikrowellenempfängern für Wellenlängen im Bereich 0,75 Millimeter bis 3,3 Millimeter. Bereits ein kurzer Testflug über Nordamerika im Jahre 1997 ergab Resultate, die auf einen Peak im Leistungsspektrum bei etwa einem Grad und damit auf eine unabhängige Bestätigung des Toco-Experiments hinwiesen. Zum ersten Langzeitflug wurde BOOMERanG am 29. Dezember 1998 von der Station McMurdo in der Antarktis gestartet und driftete etwa entlang des 79. Breitengrades. Nach insgesamt 259 Stunden ununterbrochener Messzeit hatte der Ballon einmal den Südpol umrundet und kam nur 50 Kilometer vom Startplatz entfernt wieder auf dem Boden auf. In diesem Flug kartierte das Instrument ein 30 mal 60 Grad großes Gebiet am Südhimmel. Im April 2000 veröffentlichte das BOOMERanG-Team die Daten aus dem Langzeit-Ballonflug. Die Messergebnisse zeigten mit bisher unerreichter Genauigkeit den ersten Doppler-Peak, also den Grundton im Klang des Mikrowellenhintergrunds.[60] Aus der Lage des Peaks ergab sich ein Wert von $\Omega_{tot} = 1,01 \pm 0,06$. Das Universum hat also innerhalb einer Genauigkeit von 6 Prozent eine flache Geometrie. Im selben Jahr wurden auch die Daten des Ballon-Experiments MAXIMA-1 veröffentlicht, die mit BOOMERanG und Toco verträglich waren, aber wegen des relativ kurzen Ballonflugs über Nordamerika mit größeren statistischen und systematischen Fehlern behaftet waren.[61]

Als vorläufiger Höhepunkt und endgültiger Triumph der inflationären Urknall-Theorie kann die Veröffentlichung der WMAP-Daten am 11. Februar 2003 angesehen werden. Abbildung 18 (Mitte) zeigt die gesamte von WMAP gemessene Karte, nachdem die

18   Die von WMAP gemessene Himmelskarte (Mitte) im Vergleich zur COBE-
Karte. Die wesentlichen Strukturen der
COBE-Karte wurden von WMAP mit deutlich besserer Auflösung und Empfindlichkeit bestätigt. Unten sind zwei simulierte Himmelsausschnitte mit einer
um den Faktor drei besseren Auflösung
gezeigt, wie sie die ESA-Mission
Planck-Surveyor ab 2008 messen soll.[62]

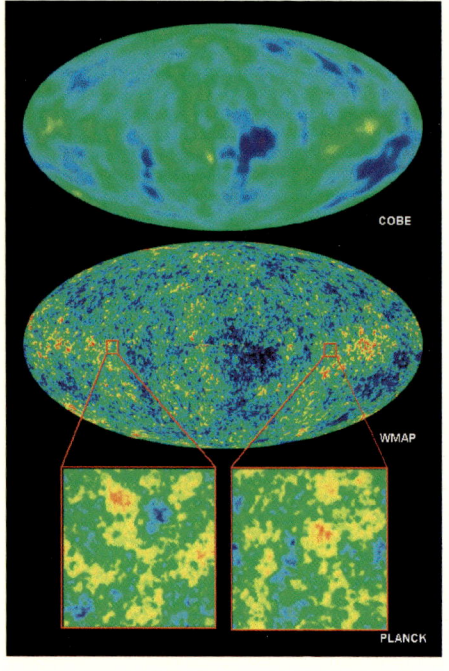

Einflüsse unserer Bewegung relativ zum Hintergrund sowie der
Emission unserer Milchstraße so gut wie möglich abgezogen wurden, in unmittelbarem Vergleich zur COBE-Karte. Was mich bei
der ersten Betrachtung dieses Bildes so begeistert hat, war neben
der phantastischen Winkelauflösung dieser Karte die Tatsache,
dass WMAP praktisch alle von COBE entdeckten Strukturen auf
faszinierende Weise bestätigt hat. Dies ist das Abbild unseres Universums 370 000 Jahre nach dem Urknall! Die Analyse des Leistungsspektrums der WMAP-Karte zeigt, dass die kleinen roten,
gelben und blauen Flecken kein Messrauschen darstellen, sondern
das wirkliche Signal des Himmels.

In Abbildung 17 (unten) ist das von WMAP abgeleitete Leistungsspektrum dargestellt, sowie bei höheren Wellenzahlen
(kleineren Winkeln) die Daten von CBI und ACBAR. Zum ersten
Mal sieht man in diesem Spektrum nun auch die höheren Harmo-
nischen der Doppler-Peaks, womit die vor Jahrzehnten vorhergesagten akustischen Schwingungen, das «Echo des Urknalls», auf

wunderschöne Weise bestätigt wurden. Die Position des ersten Peaks lässt mit erstaunlicher Genauigkeit auf ein flaches Universum schließen: $\Omega_{tot} = 1{,}02 \pm 0{,}02$. Auch die Steigung des primordialen Fluktuationsspektrums liegt sehr genau bei dem von Harrison und Zeldovich vorhergesagten skaleninvarianten Wert. Mit diesen Messungen wurden auch die Vorhersagen der Inflationstheorie auf exzellente Weise bestätigt. Seit dieser Zeit glaube auch ich selbst an die Inflation. Inzwischen sind die Messergebnisse von drei Jahren WMAP-Mission veröffentlicht; sie werden in Tabelle 1 zusammengefasst. Die Kosmologie ist in den letzten Jahrzehnten zu einer Präzisionswissenschaft geworden.

Die untersten beiden Bilder der Abbildung 18 zeigen zwei simulierte Ausschnitte der Karte, wie wir sie von der *Planck*-Mission erwarten. Der ganze Himmel soll mit noch einmal etwa dreimal besserer Auflösung und bei insgesamt neun verschiedenen Wellenlängen kartiert werden. Außerdem sollte *Planck* die Messung der Polarisation der Mikrowellenhintergrundstrahlung mit bisher nie da gewesener Präzision erlauben.

Tabelle 1: Zusammensetzung des Universums[63]

Größe	Formel	Wert
Hubble-Konstante	H_0	$73 \pm 3 \ \text{km s}^{-1} \ \text{Mpc}^{-1}$
Kritische Dichte	$\rho_c = 3 \, H_0^2 / 8\pi\, G$	$39{,}4 \cdot 10^{-30} \, \text{g cm}^{-3}$
Gesamte Energiedichte	$\Omega_{tot} = \rho/\rho_c$	$1{,}02 + 0{,}02$
Dunkle Energiedichte	Ω_Λ	$0{,}73 \pm 0{,}03$
Gesamte Materiedichte	Ω_m	$0{,}24 \pm 0{,}03$
Dunkle Materiedichte	Ω_{DM}	$0{,}20 \pm 0{,}02$
Baryonendichte	Ω_b	$0{,}041 \pm 0{,}002$
Leuchtende Materie	Ω_{Sterne}	$0{,}0038 \pm 0{,}0020$
Neutrinos	Ω_ν	$0{,}0003 - 0{,}015$
Schwere Elemente ($>$ He)	Ω_Z	$\sim 0{,}0003$

Sieben Samurai und die Große Mauer

In den siebziger Jahren versuchte Jim Peebles, einer der großen theoretischen Astrophysiker unserer Zeit, den wir ja bereits im Zusammenhang mit der kosmischen Mikrowellenhintergrundstrahlung kennengelernt haben, die Entstehung der großräumigen Strukturen im Kosmos zu verstehen. Ihn beschäftigte die Frage, wie aus dem zum Zeitpunkt der Trennung von Strahlung und Materie noch absolut gleichmäßigen heißen Feuerball, mit Dichteschwankungen von etwa 1 : 100 000, die extrem stark strukturierte Verteilung der Galaxien und Galaxienhaufen mit Dichtekonzentrationen von beispielsweise 1000 : 1 entstehen konnten. Zu diesem Zeitpunkt kannte man die Verteilung der Galaxien aus den photographischen Himmelsdurchmusterungen der fünfziger und sechziger Jahre, zum Beispiel aus dem Shane-Wirtanen-Katalog, in dem aus astrographischen Photoplatten des Lick-Observatoriums über eine Million Galaxien am Himmel gezählt wurden (Abbildung 19), oder auch aus dem Katalog von 31 000 Galaxien, den Fritz Zwicky aus den Photoplatten der Palomar-Himmelsdurchmusterung herausgelesen hatte.

Betrachtet man die Verteilung der Galaxien am Himmel, bekommt man das Gefühl, eine Art Schaumstruktur zu sehen. Jim Peebles und seine Kollegen haben diese Daten mathematisch analysiert und bereits Hinweise auf eine filamentartige Struktur gefunden. Da es jedoch keinerlei dreidimensionale Informationen gab, konnte man nicht sicher sein, wie viel davon Projektionseffekte oder andere optische Täuschungen waren.

Dreidimensionale Informationen der Galaxienverteilung lassen sich nur durch Spektroskopie erhalten. Wie Hubble bereits gezeigt

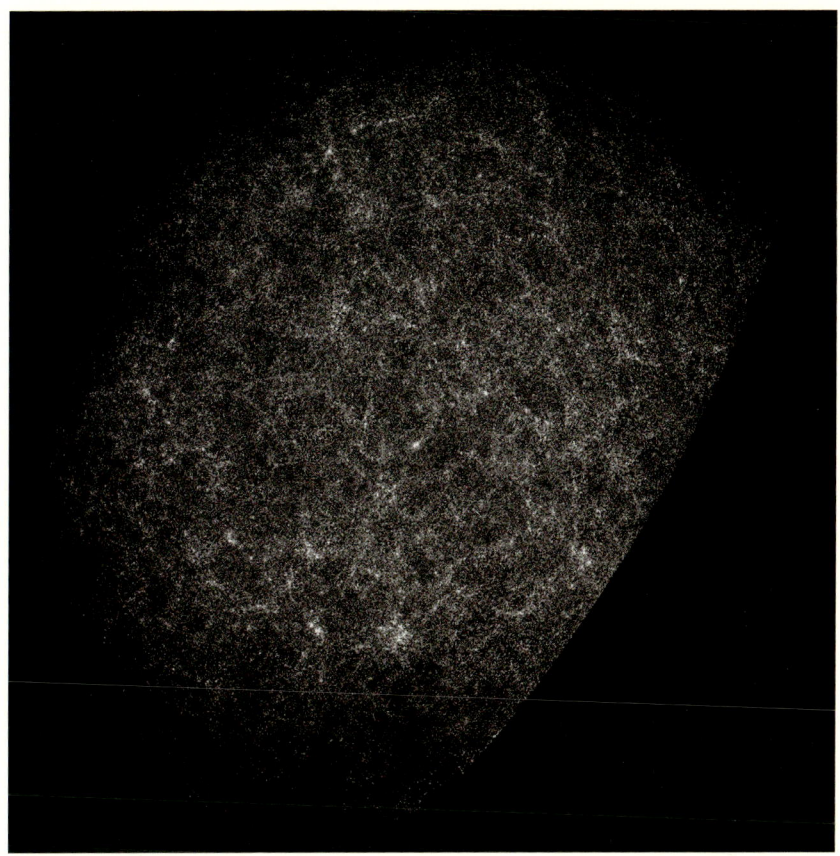

hat, nimmt die Fluchtgeschwindigkeit der Galaxien mit ihrer Entfernung zu. Umgekehrt kann man deshalb aus der Rotverschiebung im Spektrum einer Galaxie ihre Entfernung abschätzen. Nach

19 Die etwa 1 Million Galaxien des Shane-Wirtanen-Katalogs, die auf astrographischen Photoplatten des Lick-Observatoriums gezählt wurden.

mehreren Jahrzehnten Galaxienbeobachtungen der Pioniere Slipher, Humason und de Vaucouleurs an den größten Teleskopen waren am ganzen Himmel etwa 1000 Rotverschiebungen bekannt, viel zu wenig, um daraus etwas über die dreidimensionale Struktur abzuleiten. Mitte der siebziger Jahre gab es eine technologische Revolution in der Astronomie, als die ersten elektronischen Detektoren in Form großer Bildverstärkerröhren kommerziell verfügbar wurden. Diese Bildverstärker hatten ungefähr 20-mal mehr Lichtstärke als die besten photographischen Platten, so dass über Nacht ein kleines 1-Meter-Teleskop so stark wurde wie das größte Teleskop der damaligen Zeit, der 5-Meter-Spiegel auf dem Mount Palomar. An dieser Stelle kommt John Huchra ins Spiel, der als Postdoc am neu gegründeten Harvard-Smithonian Center for Astrophysics (CfA) in Cambridge, Massachusetts, auf Margaret Geller und Marc Davis traf, die beide in Princeton mit John Peebles gearbeitet hatten. Die Gruppe baute zusammen mit Studenten und Ingenieuren einen eigenen Spektrographen und benutzte das 1,5-Meter-Teleskop auf dem Mount Hopkins, um die erste substantielle Rotverschiebungsdurchmusterung, den *CfA Redshift Survey*, durchzuführen. Der erste *CfA Survey* wurde von 1979 bis 1982 von Marc Davis, John Huchra, Dave Latham und John Tonry durchgeführt und umfasste 2400 Objekte. Allerdings war er noch nicht empfindlich genug, um die kosmische Struktur eindeutig abzubilden. Ein zweiter *Survey (CfA2)* wurde von John Huchra, Margaret Geller und deren Doktorandin Valerie de Lapparent in den Jahren 1985 bis 1995 durchgeführt und umfasste bereits über 18 000 Galaxien.

Margaret Geller überzeugte die Gruppe, die Durchmusterung in einem langen Streifen am Himmel vorzunehmen, weil in der sehr begrenzt zur Verfügung stehenden Teleskopzeit sich auf diese Weise die besten Aussagen über die Struktur am Himmel gewinnen ließen. Dieser Trick wurde von praktisch allen anderen moderneren Rotverschiebungsdurchmusterungen angewandt. In seiner kurzen Autobiographie schreibt John Huchra dazu:[64]

Das Problem war, dass es eine große Debatte über die Methode für die nächste Durchmusterung gab. Es gab im Wesentlichen drei verschiedene Pläne. Marc Davis schlug einen «Stricknadel-Ansatz» vor, nämlich eine Stichprobe von jeweils einer aus fünf oder zehn der schwachen Galaxien zu nehmen, um damit das durchmusterte Volumen möglichst schnell zu vergrößern, allerdings weniger dicht gepackt. Simon White, ein anderer Mitspieler [der heutige Direktor des Max-Planck-Instituts für Astrophysik, Anm. d. Verfassers], wollte eine dichte Stichprobe, aber in einem kompletten quadratischen oder rechteckigen Himmelsgebiet. Margaret war der Meinung, dass lange und relativ schmale Streifen über den Himmel am vielversprechendsten wären.

Man kann das Kartierungsproblem folgendermaßen verstehen. Nehmen Sie an, Sie wollen die Topographie der Erdoberfläche studieren und haben dazu einen steuerbaren Satelliten, aber nur eine begrenzte Menge an Film, zum Beispiel für 1000 Quadratmeilen Bilder. Sie könnten zufällig verteilte Bilder der Oberfläche von jeweils einer Quadratmeile aufnehmen (der Ansatz von Marc Davis), Sie könnten sehr genau eine Fläche von 33 × 33 Quadratmeilen durchmustern (der Ansatz von Simon White), oder Sie könnten einen Streifen aufnehmen, zum Beispiel 5000 Meilen mal 1/5 Meile (die Idee von Margaret Geller). Der erste Ansatz würde Ihnen eine ziemlich gute Information darüber geben, welcher Bruchteil der Erde von Ozeanen, Wüste, Gebirgen usw. bedeckt ist, aber Sie würden nichts über die Größe dieser Strukturen lernen. Der zweite Ansatz würde Ihnen sehr detaillierte Informationen über eine ganz besondere Region auf der Erde geben, da Sie aber höchstwahrscheinlich nur Ozean, Wüste oder Gebirge sehen werden, bekommen Sie eine sehr verzerrte Sicht der Erde. Der dritte Ansatz jedoch ist der eindeutige Gewinner, weil Sie wahrscheinlich nicht nur ein bisschen von jedem überstreichen, sondern auch die typischen Größen von Ozeanen, Kontinenten und Gebirgen abschätzen können. Dies gibt nicht unbedingt eine richtige Karte, aber doch die erste grobe topologische Durchmusterung des Kartographen.

Als sie 1985 die Daten des ersten Survey-Streifens der CfA2-Durchmusterung zum ersten Mal grafisch darstellten, waren John Huchra und seine Kollegen über die deutlichen und vielfältigen Strukturen in der Rotverschiebungskarte (Abbildung 20) überrascht. Die Verteilung der Galaxien sah aus wie eine aufgehängte Menschenfigur («Hanged Man»). John war zunächst erschrocken und suchte nach einem Fehler, aber die Daten hielten allen Überprüfungen stand. In der Mitte der Karte ist der Coma-Galaxienhaufen zu sehen, der aufgrund der großen Eigengeschwindigkeit der Galaxien als lang gestreckte, radiale Struktur erscheint, was auch als «*Finger-of-God*-Effekt» bezeichnet wird. Die lang gezogene Kette von Galaxien, die sich von Ost nach West über das ganze Bild zieht, wird «Große Mauer» genannt und ist mit etwa 600 × 250 × 30 Millionen Lichtjahren nach wie vor eine der größten bekannten Strukturen im Universum.[66] Die Galaxien liegen auf lang gezogenen Filamenten, die riesige kosmische Leerräume umgeben, sogenannte *Voids*. Das erste derartige *Void* war bereits vier Jahre zuvor durch Bob Kirschner und seine Kollegen entdeckt, aber lange Zeit für nicht relevant gehalten worden. Dies änderte sich auf einen Schlag mit der CfA-Karte. Margaret Geller hatte als Erste das Wort vom «Seifenblasen-Universum» geprägt, das bis heute ein schönes Bild für das kosmische Netz abgibt. Wie bereits die Diskussion des *Finger-of-God*-Effekts in Abbildung 20 zeigt, ist es mit Hilfe von Rotverschiebungen nicht möglich, zwischen den Geschwindigkeiten der Galaxien aufgrund der kosmischen Expansion und ihrer Eigenbewegungen relativ zu den umgebenden Galaxien zu unterscheiden. Falls es allerdings gelingt, für eine geeignete Anzahl von Galaxien die Entfernungen unabhängig zu bestimmen, kann man den Anteil der kosmischen Expansion herausrechnen und so die Eigenbewegungen der Galaxien bestimmen. Parallel zu Huchra und seinen Kollegen untersuchte eine Gruppe von Astronomen, die sich selbst die «Sieben Samurai» nannten, diese sogenannten Pekuliar-Geschwindigkeiten der Galaxien der näheren Umgebung. Ebenso wie Huchras Gruppe fanden David Burstein, Roger Davies, Alan Dressler, Sandra Faber, Donald Lynden-Bell, Roberto J. Terlevich und Gary Wegner, dass sich die Galaxien sehr ungleichmäßig im Raum verteilen, mit Superhaufen von Galaxienhaufen, die durch unglaublich große Leerräume sichtbarer Materie voneinander getrennt sind.

Durch die Analyse der Pekuliargeschwindigkeiten der nahen Galaxien und Galaxienhaufen fanden sie heraus, dass eine etwa 400 Millionen Lichtjahre große, dunkle Materieansammlung von etwa 5×10^{16} Sonnenmassen in einem Abstand von etwa 250 Millionen Lichtjahren

20 Keildiagramm der zweidimensionalen Projektion der dreidimensionalen Galaxienverteilung aus der CfA-Rotverschiebungsdurchmusterung. Dargestellt ist die Verteilung der Galaxien in einem Keil, der am Himmel 6 Grad breit und etwa 100 Grad lang ist. Entlang der radialen Dimension ist die Fluchtgeschwindigkeit der Galaxien aufgetragen.[65]

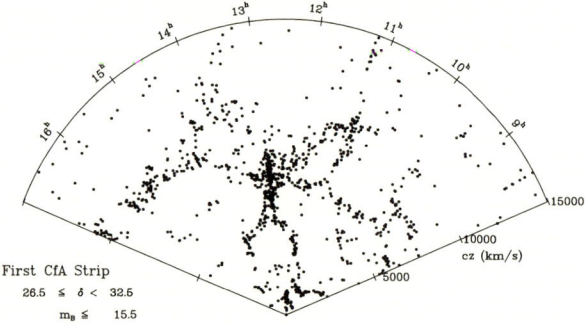

in Richtung des südlichen Sternbildes Centaurus die Galaxien im nahen Universum anzieht. Leider versteckt sich der «Große Attraktor», wie ihn die Sieben Samurai genannt haben, in der *Zone of Avoidance* am Himmel, in der durch die dichten Staubwolken und Sternfelder unserer Milchstraße ein direkter Blick auf etwa ein Viertel des extragalaktischen Kosmos verdeckt ist. Der Große Attraktor scheint Millionen von Galaxien mit Geschwindigkeiten von etwa 600 (für die Lokale Gruppe) bis zu mehreren tausend Kilometern pro Sekunde anzuziehen. Diese liegen in einer Region des Universums, welche die Milchstraße, die Lokale Gruppe aus etwa 30 bis 40 nahen Galaxien, den wesentlich größeren Virgo-Superhaufen und den nahe gelegenen Hydra-Centaurus-Superhaufen umfasst. Galaxien auf der rückwärtigen Seite des Großen Attraktors werden ebenfalls in seine Richtung gezogen, so dass sie sich im Vergleich zur kosmischen Expansion des restlichen Universums etwas langsamer bewegen.

In jüngster Zeit wurde mit Hilfe der ROSAT-Himmelsdurchmusterung ein neuer Katalog von Galaxienhaufen auch in der *Zone of Avoidance* identifiziert.[67] Im Gegensatz zum sichtbaren Licht kann die Röntgenstrahlung die Gas- und Staubwolken unserer Milchstraße durchdringen. Damit ist es erstmals möglich, die Materieverteilung in Richtung des Großen Attraktors direkt zu messen. Danach stellt sich der Große Attraktor als ein Filament von Galaxien-Superhaufen dar, wie es im Universum häufig vorkommt. Dieses Filament ist für etwa die Hälfte der Pekuliargeschwindigkeit der Lokalen Gruppe verantwortlich; die andere Hälfte stammt von größeren Materieansammlungen, die in der gleichen Richtung hinter dem Großen Attraktor liegen. Die Pekuliarbewegung unserer Galaxie ergibt sich demnach aus der Anziehungskraft sämtlicher Materieansammlungen in ihrer Nachbarschaft.

Nachdem John Huchra den *CfA Redshift Survey* fertiggestellt hatte, gab er neben anderen den Anstoß zu einem weiteren großen Himmelsdurchmusterungsprojekt, dem *Two Micron All Sky Survey* (2MASS). Dieser nutzt die Durchdringungskraft der Infrarotstrahlung sowie die Tatsache, dass die meisten normalen Sternpopulationen ihr Emissionsmaximum im nahen Infrarot besitzen, um eine vollständige Himmelsdurchmusterung naher Galaxien durchzuführen. Das Projekt, das von der University of Massachusetts, vom CfA und vom Infrared Processing and Analysis Center (IPAC) des California Institute of Technology durchgeführt wurde, bediente sich in den Jahren 1997 bis 2001 der zwei 1,3-Meter-Teleskope auf dem Mount Hopkins in Arizona und dem Cerro Tololo in Chile, um den gesamten Himmel im Infrarotbereich abzubilden. Der endgültige 2MASS-Katalog enthält über 470 Millionen Objekte, davon über 1,6 Millionen nahe Galaxien. Diese Galaxien sind in Abbildung 21 nach ihrer Entfernung farbcodiert dargestellt. Dadurch entsteht ein dreidimensionaler Eindruck, der die filamentartige Struktur des kosmischen Netzwerks sehr gut veranschaulicht. Wegen der höheren Durchdringungskraft der Infrarotstrahlung ist die Galaktische Ebene in der Mitte des Bildes nur noch andeutungsweise zu erkennen.

Inzwischen ist die Technik der großen Himmelsdurchmusterungen weiter dramatisch fortgeschritten. Mit Hilfe eines großen Weitwinkelspektrographen am Anglo-Australian 4-Meter-Teleskop (AAT) wurde am Südhimmel der sogenannte *Two-Degree-Field Galaxy Redshift Survey* (2dFGRS) durchgeführt, bei dem Spektren von fast 250 000 Objekten aufgenommen wurden. Eines der bislang ehrgeizigsten astronomischen Projekte ist der *Sloan Digital Sky Survey* (SDSS), der nach seiner Fertigstellung detaillierte optische Bilder von mehr als einem Viertel des ganzen Himmels sowie eine dreidimensionale Karte von etwa einer Million Galaxien und Quasaren aufgenommen haben wird. Seit der Survey läuft, werden die Daten der weltweiten Astronomengemeinde in jährlichen Schritten zur Verfügung gestellt. Der SDSS benutzt ein eigenes 2,5-Meter-Teleskop auf dem Apache Point in New Mexico, das mit zwei speziellen Instrumenten ausgestattet ist: einer 120-Megapixel-Kamera, die am Himmel ein Feld mit dem dreifachen Durchmesser des Vollmondes abdeckt, sowie einen Doppelspektrograph, der mit Hilfe von Glasfasern in einer einzigen Beobachtung jeweils mehr als 600 Galaxien beobachten kann. Der SDSS hat seinen ersten Survey, den SDSS-I, im Juni 2005 beendet, wobei auf mehr als 8000 Quadratgrad etwa 200 Millionen Objekte in fünf Farben und

ebenfalls die Spektren von etwa 950 000 Objekten aufgenommen wurden. In Abbildung 24 (oben) ist ein Keilausschnitt der im SDSS entdeckten großräumigen Struktur dargestellt, die nun im Vergleich zum CfA-Survey viel reicher und deutlicher erscheint. Wiederum ist eine «Große Mauer» als das uns am nächsten gelegene, reich mit Galaxien besetzte Filament zu sehen. Die Datenmengen des SDSS sind so gigantisch (viele Terabyte), dass selbst die Kataloge nicht mehr an alle Astronomen verteilt werden, sondern viele Wissenschaftler ihre Anfragen direkt auf dem Computer-Server des Surveys bearbeiten. Die Tatsache, dass die Datenmengen der Durchmusterungen immer größer und vielfältiger werden, hat zur Idee des «Virtuellen Observatoriums» geführt, das derzeit in einem weltweiten Zusammenschluss entwickelt wird. Dabei braucht sich der Benutzer im Idealfall gar nicht mehr darum zu kümmern, wo die für ihn interessanten Daten stehen, sondern er lässt das Virtuelle Observatorium alle Archive nach Informationen über sein Objekt durchsuchen.

21   Galaxien am Infrarothimmel. Nähere und weiter entfernte Strukturen sind farbkodiert, so dass ein dreidimensionaler Eindruck entsteht.[68]

Exkurs: Kosmologie und Killer-Asteroiden

Das Rennen der Superlative astronomischer Durchmusterungen ist aber noch nicht zu Ende. Auf dem Mauna Kea in Hawaii wird gerade das erste Teleskop des Pan-STARRS-Projekts aufgebaut, ein 1,8-Meter-Teleskop mit einem völlig neuen Weitwinkeldesign und einer 1500-Megapixel-Kamera, die alle bisher entwickelten Kameras um Längen schlägt. «Noch nie kam ein so großer Fotoapparat zum Einsatz», schwärmt der *Spiegel,*[69] der sich erfreulich häufig für astrophysikalische Themen starkmacht. In der Endausbaustufe soll Pan-STARRS alle paar Tage die gesamte Datenmenge des SDSS einfahren und damit insbesondere die zeitlich variablen Phänomene am Himmel studieren. Jede Nacht produziert diese Kamera eine Datenmenge von etwa 10 Terabyte, das entspricht dem Informationsgehalt von etwa 14 Millionen Büchern.

Interessant an diesem Projekt, das in der Endausbaustufe aus vier 1,8-Meter-Teleskopen bestehen soll, ist seine Finanzierung. Die Investitionen für den ersten Himmelsspäher wurden nämlich von der U. S. Air Force getragen. Warum sind die amerikanischen Militärs so stark an einer derartigen «Volkszählung am Himmel»[69] interessiert? Sie machen sich Sorgen um sogenannte Killer-Asteroiden, jene berggroßen Himmelsobjekte, die ähnlich wie in den Hollywoodfilmen der jüngeren Zeit, zum Beispiel in *Armageddon* mit Bruce Willis oder *Impact* mit Robert Duvall, das Potential haben, ein Massensterben auf der Erde herbeizuführen. Ein derartiger Einschlag am Ende der Kreidezeit wird häufig für das Ende der Dinosaurier verantwortlich gemacht. Da der Auftrag der Air Force die Landesverteidigung ist, kümmert sie sich auch um etwaige «Feinde» aus dem Weltall.

An dieser Stelle möchte ich mir und Ihnen einen kurzen Exkurs über die Erfassung und Abwehr von Killer-Asteroiden gönnen. Immer wieder werden wir aufgeschreckt mit Nachrichten über neu entdeckte Killer-Asteroiden, die möglicherweise in zig Jahren die Erde treffen könnten. Meistens folgt dann nach ein paar Tagen die Entwarnung, dass der jeweilige Bösewicht wohl doch relativ weit an der Erde vorbeischrammen wird. Das löst bei vielen Ärger aus: Warum machen diese Astronomen erst so ein Geschrei, anstatt gleich richtig zu rechnen? Das Problem liegt jedoch darin, dass die Ungenauigkeit der Messungen und damit auch der Vorhersage des Impakt-Parameters (also des kleinsten Abstands beim Vorbeiflug an der Erde) kurz nach der Entdeckung eines Asteroiden noch sehr groß ist, so dass des Öfteren die Erde im Streukreis der Vorhersagen liegt. Je länger die Messungen andauern, desto kleiner wird das Fehlerintervall, und meistens verschwindet dann die Erde wieder aus dem möglichen Treffergebiet. So verhielt es sich zum Beispiel auch bei dem 320 Meter großen Asteroiden «99942 Apophis», der am Freitag, dem 13. April 2029, in einem Abstand von nur 30 000 Kilometern an der Erde vorbeifliegen wird. Wenn wir Pech haben, nimmt er dabei einen der geostationären Satelliten mit, die in etwa diesem Abstand die Erde umkreisen.

Aus der Statistik der bekannten Asteroiden können wir abschätzen, wie häufig der Einschlag eines Meteoriten einer gewissen Größe auf der Erde vorkommt und welche Zerstörungskraft er besitzt. Objekte mit einem Durchmesser von ungefähr drei Metern erreichen die Erde etwa einmal pro Jahr, haben aber nur geringe Auswirkungen, weil sie meist in der Atmosphäre zerplatzen und verglühen. Die meisten davon fallen unbemerkt ins Meer oder treffen unbewohnte Flecken der Erde, aber ab und zu gerät einer in dichter bewohnte Gebiete und lässt die Bewohner erschrecken und die Presse frohlocken. In der Nacht vom 6. zum 7. April 2002 raste der «Meteor von Bayern» über die Alpen, eine Feuerkugel, die dramatisch in der irdischen Lufthülle verglühte. Die Wissenschaftler des Instituts für Weltraumsensorik und Planetenerkundung des Deutschen Zentrums für Luft- und Raumfahrt (DLR) in Berlin-Adlershof betreuen auch das «Europäische Feuerkugel-Netz»[70]. Dieses Netzwerk besteht aus 25 Videokameras in Deutschland, Tschechien, der Slowakei, Belgien, der Schweiz und Österreich, die über einen kleinen, halbrunden Spiegel immer den ganzen Himmel im Blick haben. Anhand der detaillierten Aufzeichnungen von sieben Kameras konnten die Astronomen am Ondrejov-Observatorium in Prag sehr genau die Flugbahn des Boliden berechnen, und sie stellten fest, dass es sich um einen 500 bis 600 kg schweren Brocken handelte, der mit etwa 30 Kilometern pro Sekunde in die Erdatmosphäre eintrat und in einer Höhe zwischen 86 und 16 Kilometern verglühte. Seine Überreste, insgesamt etwa 20 kg Gestein, müssen irgendwo zwischen Garmisch-Partenkirchen und Schwangau gelandet sein. Am 14. Juli 2002 hat das DLR nach mehreren systematischen Suchaktionen in gebirgigem und schwer zugänglichem Gelände das erste Teilstück des Meteoriten in der Nähe des berühmten Märchenschlosses von König Ludwig II. gefunden und deshalb auf den Namen «Neuschwanstein» getauft. Der 1,75 kg schwere Brocken ist magnetisch, und die Oberfläche besteht aus einer mattschwarzen Schmelzkruste mit rostigen Flecken, die sich aber wohl erst in der hohen Schneedecke gebildet haben, in die das Bruchstück eingeschlagen ist. Nach der DLR-Pressemeldung[71]

wird das wertvolle extraterrestrische Fundstück nun genauestens chemisch und petrologisch untersucht, um es der korrekten Meteoritenklasse zuordnen zu können. Dabei interessiert insbesondere ein Vergleich mit dem Meteoriten «Pribram», der vor 43 Jahren am 7. April 1959 ebenfalls von Feuerkugel-Kameras fotografiert wurde und dann später in der Tschechoslowakei gefunden wurde. Die Modellrechnungen zeigten, dass die Umlaufbahn von «Neuschwanstein» fast identisch ist mit der von «Pribram», ein für Meteoriten außergewöhnlicher Fall. Diese Entdeckung könnte bedeuten, dass ein ganzer «Strom» meteoritischer Körper existiert, der möglicherweise beim Auseinanderbrechen eines kleinen Asteroiden entstanden ist. Die Arbeiten im Labor sollen zeigen, ob die beiden Meteoriten tatsächlich vom gleichen Mutterkörper abstammen und wie lange das Auseinanderbrechen des Mutterkörpers zurückliegt. Nach statistischen Überlegungen müssen sich in dem Strom etwa eine Milliarde ähnlicher Meteoriten befinden, die insgesamt einem Asteroiden mit einem Durchmesser von etwa 600 Meter entsprechen.

Nach dieser Analyse könnte es also durchaus möglich sein, dass in Zukunft aus dem gleichen Strom ein weiterer Einschlag erfolgt, unter Umständen auch ein etwas größerer!

Am 30. Juni 1908 gab es in Sibirien in der Nähe von Tunguska eine Explosion, bei der auf einer Fläche von etwa 2000 Quadratkilometern etwa 60 Millionen Bäume umgeknickt sind. Noch in über 500 Kilometer Entfernung wurden unter anderem von Reisenden der Transsibirischen Eisenbahn ein heller Feuerschein, eine starke Erschütterung und Druckwelle sowie Donnergeräusch wahrgenommen. Die darauffolgenden Nächte waren in Teilen von Europa so hell, dass man nachts ohne Licht lesen konnte.[72] Die Explosion muss etwa so stark gewesen sein wie die stärkste jemals gezündete Wasserstoffbombe «Tsar-Bomba». Dieses Ereignis wird einem Asteroiden mit einem Durchmesser von etwa 50 bis 75 Metern zugeschrieben. Einschläge dieser Größe werden nach neuesten Erkenntnissen des *Lincoln Near-Earth Asteroid Research Project* (LINEAR) etwa alle 2000 bis 3000 Jahre erwartet.[73] Asteroiden mit Durchmessern von mehr als einem Kilometer treffen die Erde nach den LINEAR-Erkenntnissen etwa alle 600 000 Jahre und können bereits große überregionale Schäden anrichten. Riesenbrocken mit Durchmessern von bis zu zehn Kilometern – wie zum Beispiel der Chicxulub-Asteroid, der für das Aussterben der Saurier vor 65 Millionen Jahren verantwortlich gemacht wurde – erwartet man etwa alle 100 Millionen Jahre. Tatsächlich werden einige der dramatischen Massensterben in der Erdgeschichte mit derartigen Einschlägen in Verbindung gebracht.

Was können wir aber nun tun, wenn sich wirklich einmal ein Killer-Asteroid genau auf Erdkurs befindet? Wie die oben erwähnten berühmt-berüchtigten Hollywoodfilme episch ausbreiten, gäbe es dabei große Herausforderungen für die Helden: Hinfliegen und eine Atombombe zünden? Das wäre die schlechteste Idee. Je nach Zusammensetzung des Asteroiden würde eine Bombe entweder im porösen Gestein des Asteroiden verpuffen, oder sie würde den Asteroiden in große Bruchstücke zerteilen, die jedoch weiterhin seelenruhig auf Erdkurs blieben. Tatsächlich existiert heute noch keine verlässliche Methode, einen Killer-Asteroiden aus der Bahn abzulenken. Hinfliegen und ein Ionentriebwerk installieren, das mit stetigem Schub den Asteroiden aus seiner Bahn lenkt, wäre unter Umständen möglich, beinhaltet aber das Risiko, dass man bei der immer noch gegebenen Unsicherheit über den Auftreffort des Asteroiden diesen vielleicht gerade in die falsche Richtung schiebt. Außerdem rotieren die meisten Asteroiden, und wenn man die Rakete nicht exakt im Schwerpunkt ansetzt, würde man eher die Drehrichtung ändern, als ihn abzulenken. Eine andere Methode zur Meteoritenablenkung wurde vor einigen Jahren vorgeschlagen. Malte man einen Meteoriten rechtzeitig beispielsweise weiß an, so bekäme er durch seine unterschiedliche Aufheizung und Abstrahlung ebenfalls einen leichten Schub, der ihn sehr langsam aus seiner Bahn lenkte. Vor kurzem wurde sogar vorgeschlagen, ihn mit Hilfe der Gravitationskraft eines sehr schweren «Traktor-Raumschiffes» langsam aus seiner Bahn zu ziehen. Allerdings müsste man mit all diesen Techniken sehr zügig beginnen, um möglichst viel Zeit zur Ablenkung zur Verfügung zu haben. Zu dem betreffenden Zeitpunkt wäre die Bahn des Asteroiden noch so unsicher, dass sich die notwendige Ablenkung noch nicht genau vorhersagen lässt. Sie können sich vorstellen, dass sich diese Methoden nicht besonders gut für die Dramatik eines Hollywoodfilms eignen, in dem sich Erfolg oder Misserfolg erst in den letzten Sekunden entscheiden.

Allerdings gibt es eine Sorte von wirklich gemeinen Killer-Asteroiden, die auch durch die beste und genaueste Durchmusterung der Astronomen und der Air Force nicht entdeckt und abgewehrt werden können. Das sind die «Tages-Asteroiden», die direkt aus der Richtung der Sonne auf die Erde zufliegen, so dass sie selbst mit den besten optischen Teleskopen nicht erkannt werden können. Diese Bahn ist allerdings gar nicht so unwahrscheinlich, weil die Sonne durch ihre Schwerkraft Himmelskörper anzieht. Der Sonnenbeobachtungssatellit SOHO der Europäischen Raumfahrtagentur ESA hat im Lauf der letzten Jahre sehr viele Kometen beobachtet, die direkt in die Sonne hineinstürzten. Manchmal führt die Bahn des Himmelskörpers aber nur knapp an der Sonne vorbei. Wehe, wenn die Erde dann zufällig auf seinem Weg liegt!

Wer hat, dem wird gegeben

Zurück zum Kosmos: Wie entstehen denn nun die dramatischen kosmischen Strukturen, die Filamente und die großen Leerräume, die Galaxienhaufen und Galaxien-Superhaufen? Nach unserem heutigen Verständnis bilden die minimalen Fluktuationen der Mikrowellenhintergrundstrahlung die winzigen Dichteunterschiede im Universum zum Zeitpunkt der Entkopplung zwischen Strahlung und Materie ab. Diese Unterschiede sind ihrerseits aus den Quantenfluktuationen der Inflation entstanden und stellen somit die ersten sichtbaren großräumigen Strukturen im Kosmos dar. Letztendlich sind es winzig kleine Dichteunterschiede der Materie, die sich unter der Wirkung der Schwerkraft zunächst linear verstärken und später die nichtlinearen großräumigen Strukturen bilden. Da die Gravitationskraft durchweg anziehend ist, reicht ein kleiner Materieüberschuss an einer Stelle aus, um mehr Materie aus der Umgebung anzuziehen, wodurch sich der Dichtekontrast und die Anziehungskraft noch verstärken.

Bereits in der Bibel steht:[74] «Denn wer hat, dem wird gegeben, und er wird im Überfluss haben; wer aber nicht hat, dem wird auch noch weggenommen, was er hat.» Das trifft auch auf die Gravitationskraft zu, die ähnlich kapitalistisch agiert. Winzig kleine Materieüberschüsse ziehen auf diese Weise langsam die gesamte Materie in ihrer Umgebung an. Für die normale, baryonische Materie allein würde dies allerdings wesentlich mehr Zeit beanspruchen, als ihr nach der Entkopplung aus der Baryon-Photon-Flüssigkeit 370 000 Jahre nach dem Urknall im jungen Universum zur Verfügung steht. Die Dunkle Materie hingegen hat sich zusammen mit den Neutrinos bereits wesentlich früher entkoppelt als die Baryonen und kann deshalb genügend schnell kollabieren. Auf diese Weise hat sie bereits zum Zeitpunkt der Entkopplung die ersten Filamente geformt. Da die Massendichte der Dunklen Materie diejenige der Baryonen bei Weitem überwiegt, wird Letztere bei dem Kollaps einfach mitgerissen. Die Summe aus Dunkler Materie und normaler, baryonischer Materie ist für den Gravitationskollaps und die Abbremsung der kosmischen Ausdehnung verantwortlich, während die Dunkle Energie im weiteren Verlauf die kosmische Ausdehnung wieder beschleunigt.

Das weitere Schicksal des frühen Universums lässt sich zwar nicht unmittelbar beobachten, kann aber auf modernen Supercomputern nachgebildet werden. Die Simulation der kosmischen Struk-

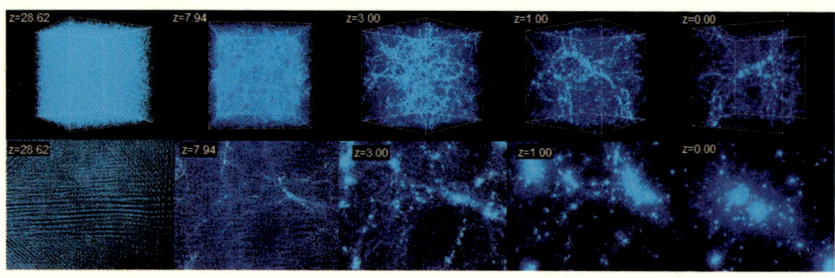

22   Simulation der großräumigen Strukturbildung durch die Eigengravitation der Dunklen Materie aus ihrer homogenen Frühphase. Eine Galaxie entspricht einem der kompakten Klumpen im Bild rechts unten. Die Zahl links oben in jedem Bild gibt die Rotverschiebung und damit das gegenwärtige Alter des Universums an. In der oberen Reihe ist ein Würfel mit der Kantenlänge 140 Millionen Lichtjahre (heute) dargestellt, in der unteren Reihe ein wesentlich kleinerer Ausschnitt der gleichen Simulation.[75]

turentstehung ist ein wichtiges Werkzeug, um die Beobachtung der Strahlung aus dem fast homogenen, heißen Feuerball mit den komplexen Gebilden im heutigen Universum in Einklang zu bringen. Abbildung 22 zeigt eine Simulation, die sich auf die Entwicklung der Dunklen Materie beschränkt. Dazu wird ein würfelförmiger Ausschnitt des Universums betrachtet, der mit der richtigen Masse- und Energiedichte belegt ist und in dem der Materiedichte das entsprechende Spektrum der primordialen Fluktuationen aufgeprägt ist. In den fünf oberen Bildern der Abbildung 22 ist jeweils dieser Würfel mit einer Kantenlänge von 140 Millionen Lichtjahren (heute) dargestellt, in dem zwei Millionen Materieteilchen dem freien Lauf ihrer Gravitationskräfte überlassen werden. Eine typische Galaxie besteht aus etwa 700 Teilchen, von denen der Übersichtlichkeit halber hier nur 10 Prozent dargestellt sind. Die Zahlen in der linken oberen Ecke jedes Bildes stellen die zugehörige Rotverschiebung und damit in etwa das Alter des Universums zum jeweiligen Zeitpunkt dar: $z = 28{,}62$ entspricht ca. 100 Millionen Jahren, $z = 8$ ca. 900 Millionen Jahren bis $z = 0$, was dem heutigen Universum, etwa 13,7 Milliarden Jahre nach dem Urknall entspricht. Auf der unteren Zeile von Abbildung 22 ist zu den gleichen Zeiten ein wesentlich kleinerer Ausschnitt der Simulation, dafür aber mit allen Teilchen gezeigt. Im ersten Bild dieser Reihe unten links sieht man

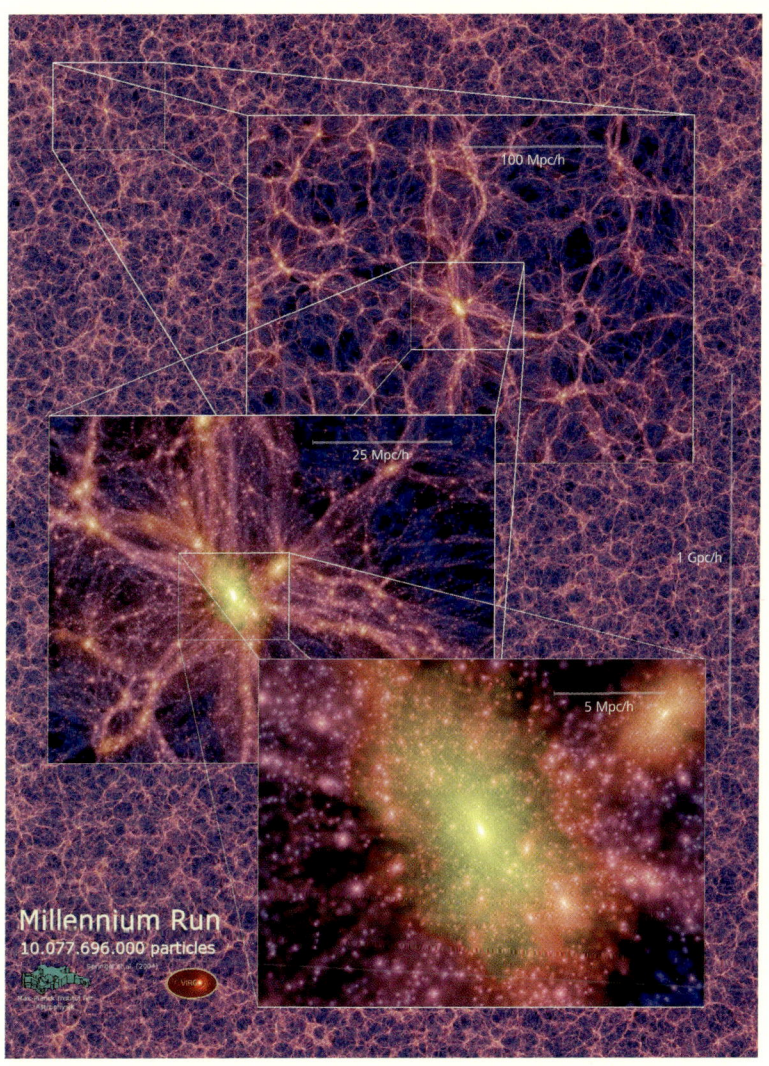

23   Der Millennium-Run des VIRGO-Konsortiums mit
über 10 Milliarden Materieteilchen. Das Bild zeigt
einen 15 Mpc/h dicken Ausschnitt der Simulation bei
der Rotverschiebung z = 0. Die überlagerten Abbildungen geben einen Zoom von jeweils einem Faktor 4
wieder, wobei die mit weißen Rechtecken gezeigten
Regionen vergrößert und auch die Maßstäbe angezeigt werden. Die Anzahl von Teilchen pro Galaxie ist
vergleichbar mit der in Abbildung 22.[76]

ganz gut, wie die Teilchen anfänglich fast gleichmäßig, aber mit leichten Schwankungen in der Box verteilt wurden. Wie von Geisterhand entstehen aus der zunächst fast gleichmäßig verteilten Materie innerhalb relativ kurzer Zeit die ersten Kondensationskeime größerer Strukturen, fast wie die Schaumkronen sich brechender Wellen. Danach bilden sich Filamente aus, an denen die Galaxien wie an Perlenschnüren aufgereiht sind, sowie große Leerräume fast ohne Galaxien. Am Kreuzungspunkt von Filamenten entstehen dichte Gebiete mit Tausenden von Galaxien – die Galaxienhaufen und Galaxien-Superhaufen. Besonders in diesen dichten Gebieten kommt es sehr häufig zur Wechselwirkung und Verschmelzung mehrerer Galaxien zu immer größer werdenden Gebilden. Übrigens erhält man diese ausgeprägten Strukturen nur mit der richtigen Menge an Kalter Dunkler Materie. Benutzt man hingegen Heiße Dunkle Materie, so werden sämtliche kosmischen Strukturen ausgeschmiert.

In den letzten Jahren ist die Rechenleistung der Supercomputer weltweit dramatisch angestiegen. Trotzdem stellen die riesigen Simulationen des Universums nach wie vor eine sehr große Herausforderung dar, die nur durch den Zusammenschluss mehrerer, international führender Gruppen gemeistert werden kann. Das VIRGO-Konsortium ist eine internationale Gruppierung von Wissenschaftlern, die Supercomputer-Simulationen der Entstehung von Galaxien, Galaxienhaufen, der großräumigen Struktur und der Entwicklung des intergalaktischen Mediums durchführt. Die meisten Konsortiumsmitglieder sind Briten, aber es gibt auch wichtige Knoten in den USA und Kanada sowie am Max-Planck-Institut für Astrophysik in Garching, wo insbesondere meine Kollegen Simon White und Volker Springel federführend sind. Die primären Computerressourcen stellt das Edinburgh Parallel Computing Centre und das Rechenzentrum der Max-Planck-Gesellschaft in Garching.

Vor einigen Jahren hat das VIRGO-Konsortium die größte jemals durchgeführte kosmologische Simulation veröffentlicht. Der sogenannte *Millennium Run* benützte mehr als 10 Milliarden Teilchen, um die Entwicklung der Materieverteilung in einem Würfel mit

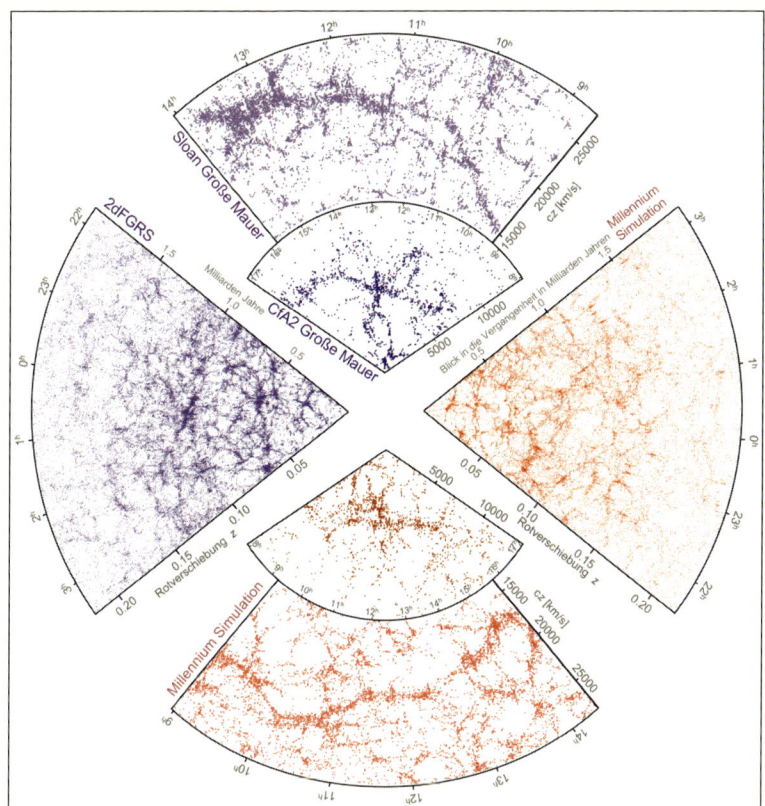

einer Kantenlänge von mehr als 2 Milliarden Lichtjahren zu verfolgen. Die Simulation beschäftigte den Supercomputer des Rechenzentrums der Max-Planck-Gesellschaft in Garching für mehr als einen Monat.

Durch die Anwendung ausgeklügelter Analysemethoden auf die etwa 25 Terabyte simulierter Daten konnten die Wissenschaftler des VIRGO-Konsortiums die Entwicklungsgeschichte von über 20 Millionen Galaxien nachzeichnen, die dieses enorme Volumen des simulierten Universums bevölkern. Darüber hinaus konnten sie die massereichen Schwarzen Löcher lokalisieren, die manchmal Quasare in den

24   Vergleich von Ausschnitten der Millennium-Simulation mit den wirklich beobachteten großräumigen Strukturen aus der CfA-, der SDSS- und der 2dFGRS-Durchmusterung. Die Supercomputer-Simulationen sind inzwischen so gut, dass man den virtuellen und den richtigen Himmel kaum mehr auseinanderhalten kann.[77]

Zentren der Galaxien aufleuchten lassen (siehe Kapitel 8). Im direkten Vergleich mit den großen Himmelsdurchmusterungen lassen sich auf diese Weise die physikalischen Prozesse studieren, die den Aufbau von Galaxien und Schwarzen Löchern im realen Universum dominieren. Wie gut der simulierte Himmel bereits mit den Beobachtungen übereinstimmt, ist an Abbildung 24 zu sehen, wo Ausschnitte des *Millennium Run* mit vergleichbar großen Durchmusterungen des *CfA Redshift Slice*, des SDSS und des 2dFGRS verglichen werden. Wäre es nicht an den einzelnen Keildiagrammen angeschrieben, hätte jeder Astronom Schwierigkeiten, die virtuelle von der reellen Welt zu unterscheiden. Die simulierten Galaxien wurden in einem «Theoretischen Virtuellen Observatorium» gespeichert, das den Zugang zu den Daten in ähnlicher Weise erlaubt wie das oben beschriebene «Virtuelle Observatorium» der großen Beobachtungsdatenbasen.

Dreidimensionaler Verkehrsstau

Inzwischen sind die Supercomputer-Simulationen so weit fortgeschritten, dass sie neben der Dunklen Materie auch die Gasphysik der normalen Materie mit berücksichtigen. Die hoch aufgelöste Simulation in Abbildung 25 zeigt die Entstehung und Entwicklung eines großen Galaxienhaufens mit Tausenden von Galaxien aus den ursprünglichen kosmologischen Anfangsbedingungen. Der Galaxienhaufen enthält mehr als 20 Millionen Masseteilchen, wobei die Entwicklung der Dunklen Materie und des heißen intergalaktischen Gases verfolgt wird. Ich mag diese Simulation deshalb so gerne, weil sie zum ersten Mal auch die Geschichte der normalen Materie zeigt, aus

25   Sehr hoch aufgelöste Simulation der Entstehung und Entwicklung eines massereichen Galaxienhaufens. Innerhalb des Haufens sind mehr als 20 Millionen Masseteilchen simuliert. In jedem Zeitschritt, der durch die Rotverschiebung z oben links angegeben wird, ist die Verteilung der Dunklen Materie (links), der normalen, baryonischen Materie (Mitte) und die Temperatur der baryonischen Materie (rechts) angegeben. Die Temperaturskala ist farbcodiert und umfasst Werte bis zu 10 Millionen Grad. Man sieht, wie aus der ursprünglichen filamentären Struktur des kosmischen Netzwerks sukzessive ein kompaktes sphärisches Gebilde wird, das mit heißem Gas gefüllt ist.

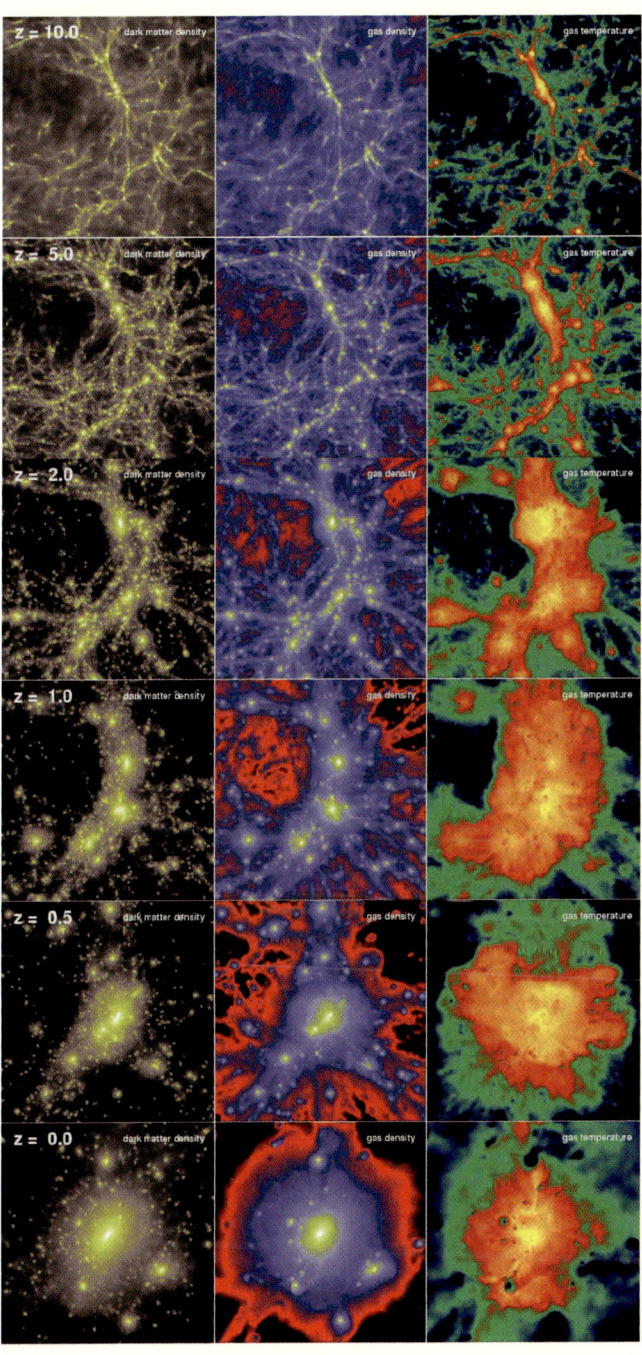

der wir alle bestehen, die wir essen und lieben. Am Anfang (bei z = 10) sind die Dunkle Materie und das Gas in den gleichen dreidimensionalen, filamentartigen Strukturen verteilt, die wir bereits aus den früheren kosmologischen Simulationen kennen. Die Dunkle Materie dominiert das Geschehen, sie sitzt praktisch auf dem Fahrersitz, während die normale Materie als Beifahrer mitgenommen wird.

Wenn man sich die Bilder in Abbildung 25 oder noch besser den von Volker Springel auf dem Internet zur Verfügung gestellten Film[78] genauer anschaut, hat man das Gefühl, auf eine Art dreidimensionale Straßenkarte zu schauen. Die Klumpen (Halos) der Dunklen Materie fahren wie Autos auf Straßen entlang der Filamente in die Großstadt, allerdings mit dem Unterschied, dass die Verkehrswege gleichfalls in die Stadt hineingezogen werden. Je stärker der ganze Haufen zusammenklumpt, desto schneller bewegen sich die Teilchen der Dunklen Materie. Die normale, baryonische Materie wird, wie gesagt, zunächst mitgerissen und hat deshalb fast die gleiche Verteilung wie die Dunkle Materie. Sieht man allerdings genauer hin, stellt man fest, dass im Gas die Strukturen etwas geglättet sind. Im Gegensatz zur Dunklen Materie, die nur der Schwerkraft folgt, gehorchen die Gaspartikel auch der elektromagnetischen Wechselwirkung, können also insbesondere strahlen und kühlen.

Betrachten wir die dritte Spalte der Abbildung, dann stellen wir fest, dass sich die Materie in den dichten Gebieten immer stärker aufheizt. Sie beginnt im Röntgenlicht zu strahlen. Während die Materie zunehmend nach innen sinkt, führt der dreidimensionale Verkehrsstau dazu, dass sich die Temperatur über Schockwellen nach außen ausbreitet und das Gas des Galaxienhaufens auf so hohe Temperaturen aufheizt, dass der Haufen zu einer mehrere Millionen Grad heißen Röntgenquelle wird. Ähnliche Schockwellen, die durch die Bremslichter der Autos und andere visuelle Effekte verursacht werden, führen im Autoverkehr dazu, dass sich die Information über einen Stau auf einer Autobahn sehr schnell entgegen der Fahrtrichtung ausbreitet. Im heutigen Universum sollen bereits mehr als die Hälfte der Baryonen heißer als

100 000 Grad sein; sie lassen sich deshalb nur noch mit Ultraviolett- und Röntgenteleskopen beobachten. In besonders dichten Gebieten können sich die Baryonen-Wolken effizient abkühlen, zum Beispiel dadurch, dass sie Strahlung aussenden. Sie können dann unter ihrer eigenen Schwerkraft zusammenstürzen und entkoppeln sich von der Dunklen Materie. Die kühlen, dichten Phasen der baryonischen Materie beginnen, erste Sterne, Schwarze Löcher und Protogalaxien zu bilden. Das «Erste Licht» im Universum entsteht möglicherweise schon bei einer Rotverschiebung von etwa 10 bis 20, also ganz am Anfang der obigen Simulationen. Davon erfahren wir in den späteren Kapiteln mehr.

Die Schaumkronen

Galaxien – so weit das Auge reicht! Das Auge gehört dem berühmten Hubble-Weltraumteleskop, dem am 1. März 2002 bei einem Besuch von der Crew des Space Shuttles *Columbia* ein neuer Bilddetektor verpasst wurde – die *Advanced Camera for Surveys* (ACS). Mit ihrem großen Gesichtsfeld, ihren scharfen Bildern und ihrer verbesserten Empfindlichkeit konnte diese Kamera tiefe Durchmusterungen etwa zehnmal schneller durchführen als ihre Vorgängerin, die *Wide-Field Planetary Camera* (WFPC2).[79] Im Sommer 2003 rief mich der damalige Direktor des Space Telescope Science Institute, Steve Beckwith, an und fragte, ob ich bereit sei, in einem wissenschaftlichen Komitee mitzumachen, welches das Institut bei der Auswahl eines Feldes für die empfindlichste jemals im sichtbaren Licht durchgeführte Beobachtung mit dem Hubble-Teleskop beraten sollte. Ich willigte mit Freuden ein, vor allem auch deshalb, weil ich mit meiner Gruppe bereits an etlichen tiefen Durchmusterungen in anderen Wellenlängenbereichen, hauptsächlich im Röntgenlicht, gearbeitet (siehe Kapitel 8) und dabei festgestellt hatte, wie wichtig eine optimale Koordination der Anstrengungen der verschiedenen Teams ist. Besonders bei dem bereits Mitte der neunziger Jahre aufgenommenen *Hubble Deep Field* hatte diese Koordination leider nicht so gut funktioniert, so dass heute

26   Das mit dem Hubble-Weltraumteleskop aufgenommene
Ultradeep Field. Dies ist das empfindlichste jemals mit einem optischen
Teleskop aufgenommene Bild des
Himmels. Es ist etwa 3 Bogenminuten
groß (1/10 des Vollmonddurchmes-
sers) und enthält fast 10 000 Galaxien. Das Bild wurde aus 800 Einzel-
aufnahmen, die sich über 400 Erd-
umkreisungen des Hubble-Teleskops
(insgesamt 11,3 Tage) erstreckten,
zusammengefügt.[80]

in der Region des Großen Bären am
Nordhimmel mehrere tiefe Felder aus
verschiedenen Wellenlängenbereichen in
unmittelbarer Nachbarschaft existieren
und sich zum Teil gegenseitig Beobachtungszeit wegnehmen. Das *Hubble Ultradeep Field* (HUDF) sollte in einem Feld
liegen, das nicht nur aus Sicht des *Hubble
Space Telescope* ideal ist, sondern auch
die Randbedingungen in anderen Wellenlängenbereichen, beispielsweise der
Infrarotastronomie, der Radioastronomie und der Röntgenastronomie, optimal erfüllt. Deshalb waren in das ACS UDF Scientific Ad-
visory Committee Spezialisten für tiefe Beobachtungen aus allen

Wellenlängenbereichen sowie Vertreter der wichtigsten bodengebundenen Teleskope geladen.[81] Es hat mich sehr gefreut, dass mein Vorschlag, das Feld in ein Gebiet im Sternbild Fornax am Südhimmel zu legen, das bereits mit den Röntgenteleskopen *Chandra* und *XMM-Newton* tief beobachtet war und beste Voraussetzungen für zukünftige tiefe Beobachtungen im Infrarot- und Submillimeterbereich aufweist, nach mehreren Wochen Überzeugungsarbeit von allen Mitgliedern des Komitees akzeptiert wurde. Bereits im Herbst begannen die Beobachtungen mit dem Hubble-Teleskop, und schon kurz nach Weihnachten 2003 konnten wir die ersten tiefen Aufnahmen bewundern (Abbildung 26).

Der Zoom in das HUDF in Abbildung 27 verblüfft durch seinen

Farben- und Formenreichtum. Dazu muss man wissen, dass in diesem Bild die Farben Blau und Grün mit den Farben des sichtbaren Lichtes belegt sind, während die Farbe Rot die unsichtbaren infraroten Informationen knapp jenseits des sichtbaren Spektralbereichs zeigt. In dem gesamten Bild gibt es keinen einzigen Stern aus unserer Milchstraße. Alle Objekte sind weit entfernte Galaxien mit völlig unterschiedlichen Formen, Größen und Farben, vor allem aber in verschiedenen Entfernungen und deshalb auch unterschiedlichen Alters. Die näheren Galaxien, mit schön aufgelösten Spiral- oder Ellipsenformen, haben ihr Licht vor etwa 5 Milliarden Jahren ausgesandt, als das Universum ca. 9 Milliarden Jahre alt war ($z \sim 0{,}5$). Die kleinen blauen Flecken im Hintergrund stammen aus einer Zeit vor etwa 8 Milliarden Jahren, als das Universum ca. 6 Milliarden Jahre alt war ($z \sim 1$), und die ganz schwachen roten Flecken könnten aus den Frühzeiten des Kosmos herrühren, gerade einmal 800 Millionen Jahre nach dem Urknall ($z \sim 6{,}5$). Durch die Expansion des Kosmos ist ihr Licht so weit in den roten Bereich des elektromagnetischen Spektrums verschoben, dass sie nicht mehr im sichtbaren Licht, sondern nur noch im infraroten beobachtet werden können. Dies stellt etwa die Grenze der Beobachtungsmöglichkeiten der derzeitigen Generation von Teleskopen dar. In Zukunft wollen die Astronomen noch viel weiter in die Vergangenheit des Kosmos blicken, zum Beispiel mit dem *James Webb Space Telescope*, dem nächsten Superteleskop der NASA im nahen Infrarotbereich, oder auch mit der gigantischen Interferometeranlage ALMA aus 50 Antennen für den Millimeter- und Submillimeterbereich.

Im Gegensatz zu den schön ausgeprägten Spiralgalaxien und elliptischen Galaxien im nahen Universum (etwa in Abbildung 2), zeigen die Galaxien aus der Frühzeit des Kosmos viel unregelmäßigere Formen. Manche sehen wie Zahnstocher aus, andere wie Stücke von Armbändern. In einigen Fällen sind auch mehrere Galaxien in enger Wechselwirkung ineinander verknäult. Jedenfalls sieht man deutlich, dass diese Galaxien aus einer Periode stammen, in der es heftige Umwandlungsprozesse gab. Eine Tatsache lässt sich aber aus der Analyse der Bilder besonders deutlich erkennen:

Die Galaxien waren in der Frühzeit des Kosmos sehr viel kleiner, als sie es heute sind. Wir beobachten also nicht nur Transformationen, sondern vor allem Wachstumsprozesse. Dies deutet darauf hin, dass sich die Galaxien im Laufe der kosmischen Zeit durch Wachstum entwickeln – insbesondere auch dadurch, dass sie sich gegenseitig «auffressen».

Sind wir in der Lage, beispielsweise durch Messung der Rotverschiebung im Spektrum der Galaxien das Alter der Galaxien grob zu bestimmen, so können wir die Galaxienbilder nach ihrem Alter sortieren. Das verhält sich in etwa so, als würden Sie das Jahrbuch einer Schule mit den Klassenfotos der einzelnen Altersstufen betrachten. Auf jedem Foto ist eine andere Schulklasse mit Schülerinnen und Schülern ungefähr des gleichen Alters zu sehen. Trotzdem gibt es unter ihnen Ähnlichkeiten, und man sieht eine deutliche Entwicklung, zum Beispiel in der Kleidung, der Haarlänge oder dem Bartansatz bei den Jungen. Vor allem aber stellt man eine deutliche Veränderung der Größe fest. Die Schüler wachsen – ebenso wie die Galaxien.

Galaxien gehören in der Astronomie meiner Meinung nach zur «Krone der Schöpfung». Sie bevölkern die dichtesten Regionen des Universums und stellen die Perlen dar, die an den Fäden des kosmischen Netzwerks aufgehängt sind. Im lokalen Universum zeigen sich die Galaxien in vielfachen Formen und Farben. In den Spiralgalaxien, zum Beispiel auch in unserer eigenen Milchstraße, sind die Sterne im Außenbereich in einer flachen Scheibe angeordnet, in der sie zusammen mit Gas- und Staubwolken in lang gestreckten Spiralarmen das Zentrum umkreisen. Die Spiralarme fallen besonders wegen ihrer jungen, blauen Sterne und der ionisierten Wasserstoffwolken auf, die wiederum wie Perlen entlang der Arme aufgereiht sind (siehe Abbildung 2). Im Zentrum der Spiralgalaxien ist dagegen oft eine Verdickung aus rötlichen, alten Sternen anzutreffen, der sogenannte *Bulge* (Bauch). In elliptischen Galaxien wiederum sieht man praktisch keinerlei Gas oder Staub, sondern nur alte, rötlich leuchtende Sterne, die in einer sphärischen oder ellipsoiden Struktur angeordnet sind. Bei genauer Betrachtung hat man das Gefühl, dass die elliptischen Galaxien den *Bulges* im Zentrum der Spi-

28 Sombrero-Galaxie, die ihren Namen einer markanten Staubscheibe im Außenbereich verdankt. Dieser «Zwischentyp» aus elliptischer und Spiralgalaxie ist etwa 50 Millionen Lichtjahre entfernt und etwa so groß wie unsere Milchstraße. Links eine Aufnahme des *Very Large Telescope* der ESO mit der FORS1-Kamera, in der die Farben in etwa dem visuellen Empfinden entsprechen. Die Galaxie besteht hauptsächlich aus alten, roten Sternen; die Staubscheibe erscheint dunkel vor dem hellen Sternenhintergrund. Rechts eine Kombination des optischen Bildes (blau) mit einer Infrarotaufnahme des *Spitzer*-Weltraumteleskops. Nun erscheint die Staubscheibe rot glühend, weil der kalte Staub hauptsächlich bei langen Wellenlängen emittiert.[82]

ralgalaxien ähneln. Sind etwa Ellipsen und Spiralen nur zwei extreme Vertreter einer wesentlich variantenreicheren Familie?

Die berühmte Sombrero-Galaxie (Abbildung 28) scheint diese Vorstellung genau zu bestätigen: Um eine sehr gut ausgeprägte, fast kugelförmige elliptische Galaxie hat sich hier ein Staubring gelegt, der durchaus den Ansatz einer Galaxienscheibe zeigt. Die Sombrero-Galaxie ist also ein Mischtyp aus Scheibe und Ellipse. Tatsächlich gehen wir heute davon aus, dass sich im Laufe ihres Lebens Ellipsen-Galaxien in Scheiben verwandeln können und Scheiben in Ellipsen. Eine große Rolle spielen dabei die Vereinigungs- und Fressprozesse, die den Galaxien im Laufe ihres Lebens widerfahren.

Einer der ersten, dem es gelang, im Modell ab initio, also aus den kosmologischen Anfangsbedingungen im frühen Universum heraus, Spiralgalaxien und elliptische Galaxien entstehen zu lassen und deren Entwicklung und Verwandlung im Verlauf der kosmischen Evolution zu verfolgen, war Matthias Steinmetz, mein Nachfolger als Direktor am Astrophysikalischen Institut Potsdam. «Wir wollen verstehen, warum einige Galaxien Spiralen sind und andere elliptische. Woher kommen diese Unterschiede?», fragt er und führt in Bezug auf die großen, oben beschriebenen kosmologischen Simulationen aus: «Klassische Simulationen zeigen, wo die Galaxien sind. Aber diese Simulationen zeigen nicht, wie die Galaxien im Detail aussehen – also ob das Spiral- oder elliptische Galaxien sind.»[83]

Galaxien machen allerdings nur einen kleinen Bruchteil der Gesamtmasse des Universums aus. Deshalb können wir sie als eine Art von Schaumkronen betrachten, die auf dem Ozean des heißen Gases und der Dunklen Materie schwimmen. Schaumkronen entstehen im Wasser immer dort, wo die Wellenberge und Täler so steil werden, dass die Welle in sich zusammenbricht. Dies stellt einen chaotischen, nichtlinearen Prozess dar, der physikalisch nur sehr schwer zu beschreiben ist. Die Entwicklung der Galaxien können wir uns ähnlich vorstellen. Es handelt sich um ein dermaßen komplexes Phänomen, dass wir es bisher nur in Ansätzen verstehen. Neben der reinen Gravitationsphysik, die die Entwicklung der kosmischen Strukturen auf den größten Skalen sehr gut beschreibt, müssen wir bei den Galaxien die Physik des Gases, die Entstehung von Sternen und Schwarzen Löchern, die Rückwirkung der Sterne auf das Gas, etwa durch die Ultraviolettstrahlung, die Sternwinde, Supernova-Explosionen und die Effekte Schwarzer Löcher, unter Umständen auch Magnetfelder berücksichtigen. Da die Galaxien in den riesigen Leerräumen des Kosmos beheimatet sind, ihre kosmische Entwicklung aber von einem großen Teil des sie umgebenden Raumes beeinflusst wird, würde ihre Simulation eine derart hohe numerische Auflösung und Genauigkeit voraussetzen, dass selbst die neuesten und größten Supercomputer damit auf dramatische Weise überfordert wären.

Um diesen Anforderungen auch nur in Ansätzen gerecht zu werden, haben sich Steinmetz und sein Team einen Trick ausgedacht. Sie führen zunächst eine großräumige Simulation der Dunklen Materie durch – ähnlich wie die oben diskutierten VIRGO-Berechnungen, jedoch längst nicht so aufwändig. Aus dem im Groben simulierten Volumen schneiden sie das Gebiet, in dem sie eine Galaxie entdeckt haben, aus und verfolgen es in der

Geschichte des Kosmos zurück, schauen also nach, woher die einzelnen Masseteilchen der Galaxie ursprünglich stammen. Dann simulieren sie diesen Teil des virtuellen Universums mit der entstehenden Galaxie noch einmal, jedoch unter Verwendung von wesentlich mehr Teilchen sowie der gesamten notwendigen Physik des baryonischen Gases, also der Sternentstehung, Gasdynamik und so weiter. Darüber hinaus berücksichtigen sie aus der vorherigen großräumigen Simulation alle wichtigen Einflüsse von außerhalb des kleinräumigen Galaxienvolumens, also die Gravitations- und die Gezeitenfelder der großräumigen kosmischen Struktur. Dadurch gelingt es ihnen, die Details der Galaxien und ihre gesamte kosmische Geschichte zu reproduzieren. Indem sie auf diese Weise mehrere verschiedene Galaxien simulieren, bekommen sie einen guten Überblick über die verschiedenen Entwicklungsgeschichten des Galaxien-Zoos. Allerdings sollte man wissen, dass selbst in diesen aufwändigen Simulationen die detaillierte Physik des Gases, der Sternentstehung, des Staubes, der Rückwirkung der Sterne etc. nur sehr rudimentär behandelt werden können. Die in Potsdam simulierten Galaxien reichen deshalb bei weitem noch nicht an die Schönheit der wirklichen Galaxien am Himmel heran.

Abbildung 29 zeigt Ausschnitte einer Simulation von Matthias Steinmetz und seiner Gruppe, in der eine schöne *Grand-Design*-Spiralgalaxie entsteht, die sich durchaus mit der bekannten Galaxie NGC 1232 in Abbildung 2 vergleichen lässt. Die dargestellten Zeitschritte zeigen jeweils von oben und von der Seite Momentaufnahmen der Simulation bei der jeweiligen Rotverschiebung des ausgesandten Lichtes. Das frische, primordiale Gas aus dem Urknall ist grün, die ersten, jungen Sterne sind hellblau, die Sterne in einem Alter von einer bis fünf Milliarden Jahre sind gelb und die ältesten Sterne rot dargestellt. Diese Farbgebung liegt darin begründet, dass die massereichsten Sterne hauptsächlich im blauen und ultravioletten Bereich sehr hell strahlen und nur sehr kurz leben. Die blauen Gebiete in den Galaxien zeigen deshalb die jungen Sternpopulationen. Wenn die Sternpopulation insgesamt älter wird, sterben sehr schnell die hellen, blauen Sterne, und es

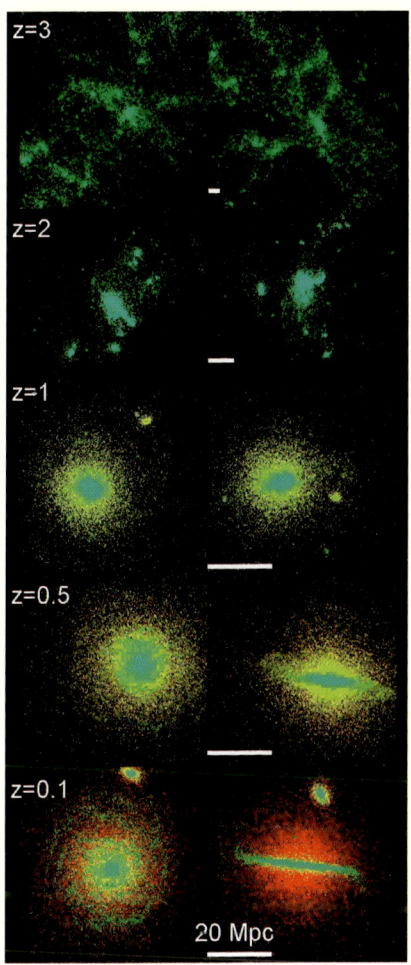

29 Simulation der Entstehung einer Spiralgalaxie; in der linken Ansicht jeweils von oben und rechts von der Seite betrachtet. Primordiales Gas aus dem Urknall ist grün dargestellt, Sterne jünger als eine Milliarde Jahre in hellblau, Sterne im Alter von 1 bis 5 Milliarden Jahren in gelb und Sterne älter als 5 Milliarden Jahre in rot. Der weiße Balken zeigt in jedem Zeitschritt die lineare Dimension von 20 Megaparsec (etwa 64 Millionen Lichtjahre) an.[84]

bleiben in der Mehrzahl die grünen, gelben und orangen Sterne übrig. Unsere Sonne zum Beispiel wäre in dieser Darstellung gelb. Bei sehr alten Sternpopulationen sind dann selbst die sonnenähnlichen, gelben Sterne verglüht, und es bleiben nur noch die schwachen, aber sehr lange lebenden roten Sterne übrig.

Bei einer Rotverschiebung von $z = 3$ – das entspricht einem Alter des Kosmos von etwa 2,2 Milliarden Jahren – sind zwar bereits einige junge, hellblaue Sterne entstanden, die meisten Gasteilchen befinden sich aber noch in jungfräulichem Zustand in den

Filamenten des kosmischen Netzwerkes. Bei einer Rotverschiebung von $z = 2{,}0$ und damit einem kosmischen Alter von 3,3 Milliarden Jahren, haben sich bereits viele Sternklumpen zu einer sehr irregulär aussehenden, blauen Protogalaxie vereinigt, die Ähnlichkeiten mit vielen der schwachen Fleckchen des tiefen Hubble-Feldes in Abbildung 26 zeigt. Bei $z = 1$, nach etwa 5,3 Milliarden Jahren, sind die meisten blauen Sterne verschwunden. Inzwischen hat sich nach mehreren Kollisionen kleinerer Protogalaxien eine schöne elliptische Galaxie gebildet, die von oben und von der Seite aus betrachtet etwa gleich aussieht. Kontinuierlich werden nun kleinere Galaxien und Gasfetzen aus der Umgebung des kosmischen Netzwerkes aufgesammelt. Bei der Rotverschiebung $z = 0{,}5$, etwa 8,6 Milliarden Jahre nach dem Urknall, hat sich um die ursprüngliche elliptische Galaxie bereits eine kleine Scheibe aus jungen, blauen Sternen und frischem Gas, vermutlich auch Staub gelegt. Dies könnte in etwa den Entwicklungszustand der Sombrero-Galaxie in Abbildung 28 darstellen. Würde dieses Bild die Geschichte unserer eigenen Galaxie darstellen, wäre unsere Sonne gerade erst entstanden und als einer der blauen Sterne in den äußeren Bereichen der Scheibe zu erkennen. Dass die Galaxie nicht immer genau in der Mitte des simulierten Himmelsausschnitts ist, liegt darin begründet, dass sie durch die Gravitations- und Gezeitenwirkungen des umgebenden Universums und seiner großräumigen Struktur beeinflusst wird. Wenn man zu guter Letzt bis zu einer Rotverschiebung von $z = 0{,}1$ und damit einem Alter des Universums von 12,4 Milliarden Jahren wartet, hat sich aus der Simulation eine wunderschöne Spiralgalaxie mit einer dünnen Scheibe und gut ausgeprägten Spiralarmen entwickelt. Im Innern der Galaxie gibt es eine kugelförmige Verdickung aus alten Sternen, die immer noch die Erinnerung an die frühere elliptische Phase der Galaxie wachruft und sich mit dem *Bulge* der Spiralgalaxien identifizieren lässt. Soeben wird innerhalb der Simulation wieder eine kleinere Galaxie verschluckt, genauso wie auch in Wirklichkeit im Bild der Galaxie NGC 1232 (Abbildung 2). Man kann sich gut vorstellen, dass das immer so weitergeht.

Damit ist die Geschichte aber noch nicht zu Ende. Matthias Steinmetz hat darüber hinaus mehrere Fälle simuliert, in denen sich große Spiralgalaxien miteinander vereinigen. Dabei werden die Sterne so durcheinandergewirbelt, dass wieder eine elliptische Galaxie entsteht. Derartige Galaxienvereinigungen werden im weiteren Verlauf des Buches noch eine große Rolle spielen. Auch unsere eigene Milchstraße wird in absehbarer Zukunft ein ähnliches Schicksal erleiden. Wir können aber festhalten: Die Bilder, die wir am Himmel von den Galaxien erhalten, sind nur Momentaufnahmen in einem immerwährenden kosmischen Reigen der Transformation, des Werdens und Vergehens. Die Evolution am Himmel setzt sich auf der Erde im Pflanzen- und Tierreich fort!

5   Die Entstehung der Sterne

Der Mega-Star

Unmittelbar nach der Entkopplung von Strahlung und Materie hatte das Gas der Wasserstoff- und Heliumatome eine Temperatur von 3000 Kelvin. Überall im jetzt durchsichtigen Universum «sah man» am Horizont eine heiße, rötlich glühende Feuerwand. Natürlich gab es zu dieser Zeit nichts und niemanden, der etwas hätte sehen können. Die gesamte Komplexität des Kosmos musste ja erst noch gebildet werden. Insbesondere gab es noch kein einziges Kohlenstoff- oder Sauerstoffatom im Universum. Im Laufe der Zeit wurde durch die Expansion des Kosmos die Hintergrundstrahlung immer kühler, wie ein glühender Schürhaken, der sich langsam von rot über braun abkühlt und am Ende nur noch Wärmestrahlung aussendet. Im Unterschied zum Schürhaken hat diese Abkühlung im Kosmos allerdings sehr lange gedauert. Nach etwa 40 Millionen Jahren muss die Hintergrundstrahlung in etwa Zimmertemperatur gehabt haben, was vielleicht ganz gemütlich gewesen wäre. Aber in steter Unerbittlichkeit dehnte sich der Kosmos weiter aus und wurde immer kälter und dunkler. Diese etwa 200 bis 300 Millionen Jahre andauernde Phase wird in Anlehnung an die barbarischen Zeiten im Mittelalter auch als die *Dark Ages* bezeichnet (siehe Abbildung 13).

Im Hintergrund setzte jedoch die Dunkle Materie ihr bereits in den ersten Sekundenbruchteilen nach dem Urknall begonnenes Werk der Zusammenballung und Verklumpung in das im letzten Kapitel beschriebene kosmische Netzwerk fort. Prägalaktische Objekte – lokale Ansammlungen Dunkler Materie – wuchsen aufgrund der Gravitationsinstabilität aus den primordialen Dichtefluktuationen. Je mehr Materie in diese «Badewannen» der Dunklen Materie hineinströmte, je tiefer also die Potentialtöpfe der Gravitation wurden, desto schneller bewegten sich die Teilchen der Dunklen Materie darin umher. Während sich das Universum als Ganzes ausdehnte und abkühlte, ereignete sich in den durch ihre höhere Dichte privilegierten Gebieten des Kosmos gerade das Gegenteil: Die Dunkle Materie strömte zusammen und heizte sich dadurch auf. Wie wir im letzten Kapitel gesehen haben, hält dieser Prozess bis heute an und wird auch in Zukunft noch weitergehen, allerdings mit dem Unterschied, dass mittlerweile Strukturen der Größe von Galaxienhaufen und Galaxien-Superhaufen mit etwa 10^{14} bis 10^{15} Sonnenmassen zusammenstürzen und sich auf Temperaturen von Millionen Grad aufheizen, während damals im frühen Universum Gebiete zusammenstürzten, die gerade einmal so groß wie ein Kugelsternhaufen waren (etwa 10^5 bis 10^6 Sonnenmassen).

Das normale, baryonische Gas aus Wasserstoff- und Heliumatomen wurde zunächst von der Dunklen Materie in die dichteren Gebiete mit hineingerissen und heizte sich dadurch auf. Falls in einer derartigen Gaswolke der durch die Gravitationskraft verursachte Druck größer als der durch die Temperatur verursachte Gasdruck wird, kann die Wolke unter ihrer eigenen Schwerkraft zusammenstürzen und damit die Saat für den ersten Stern liefern. Umgekehrt wissen wir, dass sich eine Gaswolke, die komprimiert wird, stark aufheizt, wie wir ja am Beispiel der Luftpumpe und des Fahrradreifens gesehen haben. Um ein kompaktes Gebilde, zum Beispiel einen Stern, zu formen, ist es deshalb notwendig, dass sich die durch die Schwerkraft komprimierte Gaswolke effizient abkühlen kann. Bei der baryonischen Materie wird das dadurch möglich, dass sie Strahlung aussendet. Im Gegensatz dazu kann die Dunkle Materie nie zu einem kompakten Objekt zusammenstürzen.

Ein Atom kann Strahlung etwa dadurch produzieren, dass eines seiner Elektronen in einen höheren Energiezustand gehoben wird. Beim Zurückfallen in den Grundzustand gibt das Elektron dann eine charakteristische Strahlung ab, die gerade dem Unterschied zwischen dem höheren und dem niedrigeren Energieniveau entspricht. Dadurch entstehen die bereits erwähnten charakteristischen Fraunhofer'schen Spektrallinien. Bei Temperaturen von etlichen hundert bis vielleicht tausend Kelvin, die in der gerade betrachteten Phase des Universums herrschten, könnten nur schwerere Elemente, wie Kohlenstoff, Stickstoff, Sauerstoff etc., aber auch Natrium und Chlor gut strahlen. Das lässt sich in der Küche oder im Labor veranschaulichen, indem man in die Flamme eines Bunsenbrenners oder auch eines Gasherdes ein paar Körnchen Kochsalz streut. Die eigentlich fast unsichtbare Gasflamme leuchtet dann plötzlich hellgelb auf, weil die Natriumatome des Salzes in ihren charakteristischen gelben Linien erstrahlen. Im frühen Universum kamen hingegen ausschließlich Wasserstoff und Helium vor, weil alle schwereren Elemente erst in den Bäuchen von Sternen erbrütet werden mussten. Bei Wasserstoff und Helium sind die Elektronen so stark an die Atomkerne gebunden, dass sie erst bei Temperaturen oberhalb etwa 8000 Kelvin ordentlich strahlen können. So hohe Temperaturen gab es aber in der dunklen Phase des Universums nicht. Ergo gibt es keine Strahlung, deshalb keine Kühlung und damit auch keine Sterne.

Die Natur hat sich aber wiederum einen Trick ausgedacht, um diese Hürde zu überwinden. Bei niedrigeren Temperaturen schließen sich die Atome nämlich zu Molekülen zusammen. So liegt zum Beispiel der Sauerstoff in der Erdatmosphäre nicht in seiner atomaren Form vor, die chemisch radikal und deshalb sehr schädlich wäre, sondern in molekularer Form, als O_2 – immer schön zwei und zwei zusammen. Dasselbe gilt für den Stickstoff. Wasserstoff schließt sich bei sehr frostigen Temperaturen unterhalb von etwa 100 Kelvin zu H_2-Molekülen zusammen. Genau dies geschah auch im Universum ungefähr 200 bis 300 Millionen Jahre nach dem Urknall, als es insgesamt genügend weit abgekühlt war. Die Wasserstoffmoleküle konnten plötzlich einen Tanz aus Rotationen und Vibrationen vollführen, die einen ganzen Zoo aus Moleküllinien im Infrarotbereich erzeugten. Mit Hilfe der Wasserstoffmolekül-linien konnte die oben betrachtete Gaswolke nun sehr effizient ihre thermische Energie abstrahlen und dadurch unter dem Druck ihrer eigenen Schwerkraft in das Zentrum ihres Mutter-Halos aus Dunkler Materie stürzen.

Die beiden in den USA arbeitenden deutschen Astrophysiker Tom Abel und Volker Bromm sind, im kollegialen Wettstreit untereinander, Pioniere in der Berechnung der allerersten Sterne. Auch hier werden modernste Supercomputer eingesetzt, um die riesigen Größenordnungsunterschiede zwischen der Dimension eines prägalaktischen Materiehalos und der Größe eines einzelnen Sterns zu überbrücken.[85] Ihre vor einigen Jahren durchgeführten dreidimensionalen Simulationen stimmen darin überein, dass sich zunächst eine Molekülwolke von vielleicht hunderttausend Sonnenmassen formte, die unter ihrer eigenen Schwerkraft zusammenstürzte und dabei in ihrem Zentrum Materie in einer Art Babystern aufsammelte. Dieser erste Stern erreichte in seinem Innersten eine so hohe Temperatur und Dichte, dass der Kernfusionsofen zu brennen begann. Wasserstoff wird zu Helium verbrannt, und kurz darauf entsteht durch Fred Hoyles magische Kohlenstoffanomalie der erste Kohlenstoff, weiterhin Stickstoff und Sauerstoff, also alle die Elemente, die für den in Kapitel 3 erwähnten Bethe-Weizäcker-Zyklus der Kernfusion benötigt werden. Bei massereichen Sternen geht das bis hinauf zum Eisen. Der Babystern zündet, wenn der zentrale Gasball etwa die Masse der Sonne erreicht hat, aber während der Kern schon brennt, stürzt weiterhin Materie aus der Umgebung auf ihn ein, so dass er schnell auf eine Größe von vielleicht hundert oder sogar tausend Sonnenmassen anwächst (siehe Abbildung 13). Alle Spezialisten sind sich einig, dass die erste Generation von Sternen, die aus der primordialen Ursuppe von jungfräulichem Wasserstoff und Helium entstand, sehr große Massen gehabt haben muss. In der Fachsprache heißen diese hypothetischen Objekte Population-III-Sterne, aber bisher wurde noch kein Stern dieser Art entdeckt.

Woran liegt das? Zunächst einmal kann man sich vorstellen, dass ein solcher Stern einen äußerst dramatischen Einfluss auf seine Umgebung haben muss. Dieser Stern erzeugte das allererste Licht in dem sonst absolut dunklen, kalten Universum. Wie wir noch genauer sehen werden, strahlen massereiche Sterne hauptsächlich im blauen und ultravioletten Bereich des Spektrums. Sie gehen dabei so verschwenderisch mit ihrer Energie um, dass bereits etwa drei Millionen Jahre nach ihrer Entstehung ihr gesamter Wasserstoffvorrat verbraucht ist. Dadurch, dass diese Sterne nur so kurz leben, ist es heute kaum möglich, noch einen von ihnen strahlen zu sehen. Die ultravioletten Lichtstrahlen sind so energiereich, dass sie Wasserstoff- und Heliumatome wieder ionisieren können. Um diese Sterne legt sich eine sogenannte Strömgren-Sphäre aus ionisiertem Gas. Noch wichtiger aber ist, dass das Licht dieser Sterne ausreicht, die Bindungen der Wasserstoffmoleküle in ihrer Umgebung zu sprengen. Auf diese Weise hindert ein neu entstandener Stern in seiner gesamten kosmischen Nachbarschaft, also nicht nur in seiner eigenen Protogalaxie, sondern weit darüber hinaus, jede andere Gaswolke daran, Sterne zu bilden, weil er ihr einfach die Kühlung abschaltet. In seiner kosmischen Umgebung stellt er tatsächlich den «Mega-Star» und die einzige Lichtquelle dar.

Der Mega-Star hat darüber hinaus noch eine andere, fast schon selbstmörderisch zu nennende Rückwirkung auf seine Umgebung. Wie wir weiter unten noch genauer sehen werden, beenden massereiche Sterne ihr Leben in einer gigantischen Explosion, einer Supernova oder gar einer Hypernova. Durch den großen Druck in ihrem Zentrum werden die dort bereits erbrüteten Atome der schwereren Elemente zu noch schwereren, teilweise radioaktiven Elementen wie etwa Blei oder Uran zusammengeschweißt. Möglicherweise wird bei dieser Explosion auch ein Schwarzes Loch erzeugt. Eine aufregende Möglichkeit, die Mega-Sterne im frühen Universum direkt nachzuweisen, besteht in der Beobachtung ihrer Explosionen. Die Explosionswolke eines solchen Sterns rast mit Geschwindigkeiten von 10 000 Kilometern pro Sekunde und mehr durch das umgebende Material und fegt so unter Umständen einen großen Teil des Gases aus seiner ursprünglichen Protogalaxie heraus. Gleichzeitig «verschmutzt» der Stern seine Umwelt mit den gesamten schweren Elementen, die er in seinem Innern gebildet hat. Allerdings ermöglicht er mit dieser «Umweltverschmutzung» erst das Leben aller ihm nachfolgenden Generationen von Sternen, Planeten und letztendlich auch der Menschen. Im Zusammenhang mit den Cyanobakterien werden wir am Ende des Buches noch einmal eine ähnlich lebensstiftende Umweltverschmutzung auf der Erde kennenlernen.

Mega-Sterne entstehen also dort, wo die Dunkle Materie im frühen Universum zufällig eine besonders hohe Verdichtung aufweist. Da die Dichtefluktuationen der Dunklen Materie zunächst linear anwachsen, wird die Badewanne, die anfangs das tiefste Gravitationspotential besaß, auch in der späteren Geschichte immer die tiefste Stelle darstellen. In den Gebieten des Kosmos, wo damals die Mega-Sterne entstanden sind, erwarten wir deshalb, heute die Zentren der größten Galaxienhaufen vorzufinden. In unserem lokalen Universum befindet sich die tiefste Potentialmulde der Dunklen Materie sehr wahrscheinlich im Zentrum des Virgo-Haufens, zu dem sich auch unsere Milchstraße hingezogen fühlt. Es ist gut möglich, dass das bizarre Objekt im Zentrum der Galaxie M87 mitten im Virgo-Haufen, über das wir in Kapitel 8 noch mehr erfahren werden, der Überrest des ersten Mega-Sterns in unserem lokalen Universum ist.

Der Kreißsaal der Sterne

Im heutigen Universum entstehen Sterne in Galaxien aus dichten Gas- und Molekülwolken. Im Gegensatz zum frühen Universum gibt es jetzt bereits jede Menge schwerer Elemente, die von früheren Sterngenerationen erbrütet wurden. Die unter ihrer eigenen Schwerkraft zusammenstürzenden Gasmassen haben inzwischen kein Problem mehr, ihre überschüssige Hitze loszuwerden. Der genaue Vorgang der Sternentstehung im weit entwickelten Universum ist allerdings bis heute nicht vollständig verstanden. Im Gegensatz zu den sehr einfachen Bedingungen im frühen Universum, in dem es nur Wasserstoff und Helium und keinerlei Licht gab, herrscht in den aktiven Sternentstehungsregionen im heutigen Universum ein chaotisches Tohuwabohu aus heißem und kaltem Gas, Molekülwolken mit komplexer chemischer Zusammensetzung, Staubwolken, Ultraviolettstrahlung, Magnetfeldern und durch Supernova- Explosionen verursachten Turbulenzen. Ein Ge-

30   Diese Weitwinkelaufnahme wurde mit dem 0,9-Meter-Teleskop auf dem Kitt Peak aufgenommen. Sie zeigt den berühmten Adler-Nebel M16, eine Sternentstehungsregion im Sternbild der Schlange. In der Mitte des Bildes sind die interessanten «Elefantenrüssel», die 1995 mit der *Wide-Field Planetary Camera 2* (WFPC2) und 2004 mit der *Advanced Camera for Surveys* (ACS) des Hubble-Weltraumteleskops eingefangen wurden (siehe auch Abbildung 31).[86]

fühl für die Komplexität und wilde Romantik, die in einer modernen Sternentstehungsregion herrscht, geben Ihnen die wunderschönen Aufnahmen des Adler-Nebels in Abbildung 30 und Abbildung 31.

Aus dem Vergleich zwischen Abbildung 30 und Abbildung 31 ergibt sich deutlich, dass bunte Bilder des Himmels nicht nur mit dem *Hubble Space Telescope* gewonnen werden können. Die für Public Relations zuständige Mannschaft am Space Telescope Science Institute in Baltimore hat die physikalisch motivierte Einfärbung astro-

31   Der mit der Hubble-ACS-Kamera aufgenommene Ausschnitt aus dem Adler-Nebel
M16[87]

nomischer Bilder zu großer Perfektion gebracht. Was in Abbildung 31 wie eine geflügelte Märchenfigur oder wie ein riesiges
Insekt aus einem Fantasy-Roman aussieht, ist in Wirklichkeit ein
gigantischer Turm aus Gas und Staub im Adler-Nebel, einem Ster-
nen-Kreißsaal, in dem zur Zeit gerade die Sterne eines neuen offenen Haufens geboren werden. Die Höhe des Turms beträgt
etwa 10 Lichtjahre; das entspricht ungefähr dem doppelten Abstand von der Sonne bis zum nächstgelegenen Stern, Proxima Cen-
tauri. Einige der jungen Sterne sind bereits entstanden und aus
ihren Kokons aus Gas und Staub geschlüpft. Sie sind in dem Über-
sichtsbild in Abbildung 30 zu erkennen. Ihre intensive Ultraviolettstrahlung ist gerade dabei, die faszinierendsten Skulpturen aus der
dichten, kalten Molekülwolke des Adler-Nebels herauszufräsen. So

ähnlich wie der Wind in der Wüste den leichteren Sand wegbläst, aber das schwerere Geröll liegen lässt, gibt es einige Gas- und Staubklumpen, die sich der Verfrachtung durch das Sternenlicht widersetzen. In ihrem Schatten können sich die bizarren Gas- und Staubfetzen noch eine gewisse Zeit lang halten, ihre Oberfläche wird dabei von der UV-Strahlung der Sterne gespenstisch zum Leuchten gebracht. An der Spitze der Elefantenrüssel, in einigen der dichten Kokons, die zum Teil aussehen wie Adlerhorste, werden möglicherweise gerade neue Babysterne geboren. Die Dichte ist dort lokal so hoch geworden, dass sich einzelne Gas- und Staubwolken aufgrund ihrer eigenen Schwerkraft aus dem Gebilde herauslösen und kollabieren.

Im Frühjahr 1774 durchmusterte der berühmte deutschbritische Musiker, Mathematiker, Optiker und Astronom Sir Friedrich Wilhelm Herschel mit seinem riesigen selbstgebauten Teleskop den Himmel, während seine Schwester Caroline akribisch die Zahl der von ihm gefundenen Sterne aufschrieb. Eines Nachts sagte er plötzlich zu Caroline: «Hier ist wahrhaftig ein Loch im Himmel.» Auf diese Weise wurde die erste «Dunkelwolke» am Himmel entdeckt. Herschel selbst maß dieser Entdeckung keine große Wichtigkeit bei, aber seine Schwester verfolgte die Sache weiter und publizierte viele Jahre später den ersten Katalog von «dunklen Nebeln». Abbildung 32 zeigt optische und Infrarotaufnahmen einer sogenannten Bok-Globule, die den Namen *Barnard 68* trägt. Der holländische Astronom Bart Bok hat die Dunkelwolken in der Milchstraße untersucht und den besonders kleinen und kompakten Wolken den Namen «Globule» gegeben. Diese Globulen sind vermutlich die Überreste der dichten Spitzen von Elefantenrüsseln einer großen dichten Sternentstehungswolke, die der im Adler-Nebel ähnelt. Der ESO-Astronom João Alves und seine Kollegen benutzten das *Very Large Telescope* auf dem Paranal und das *New Technology Telescope* der ESO für eine detaillierte Analyse dieser Globule. Wegen des dichten Staubs ist sie im sichtbaren Licht komplett undurchsichtig, während im infraroten die dahinterliegenden Sterne durchscheinen. Interessanterweise befindet sich diese Globule gerade an der Kippe, kurz bevor sie unter ihrer eigenen Schwerkraft zusam-

menstürzt. Ähnlich wie bei einem Stern wird der Gravitationsdruck gerade noch von dem inneren thermischen Druck der Wolke ausbalanciert. Aber wenn sich die Wolke in naher Zukunft weiter abkühlt, wird sie in ihrem Zentrum einen jungen Stern gebären.

Die frühesten Phasen der Sternentstehung finden demnach in dichten, undurchsichtigen Staubwolken statt und lassen sich aus diesem Grund besonders schwer beobachten. Am Anfang sind der Staub und das Gas in diesen dichten Wolken noch sehr kalt.

32   Aufnahmen der Bok-Globule *Barnard 68* im sichtbaren und im infraroten Licht. Links das mit dem 8,2-Meter großen *Very Large Telescope* (VLT) der ESO mit dem FORS1-Instrument aufgenommene optische Bild. Rechts ein Falschfarbenbild aus dem optischen Bild (blau und grün) und einer Aufnahme im Infrarotbereich (rot) mit dem SOFI-Instrument am 3,6 Meter großen *New Technology Telescope* (NTT) der ESO in La Silla.[88]

Mit etwa 10 Kelvin liegt die Temperatur nur wenige Grad über der Mikrowellenhintergrundstrahlung. Erst mit dem voranschreitenden Kollaps heizen sich Gas und Staub im Zentrum der Wolke langsam auf und beginnen im Submillimeterbereich und im Infrarotlicht zu strahlen. Für diese langwellige Strahlung ist die Wolke durchsichtig, so dass sich die Entstehung des Protosterns beobachten lässt. In den neunziger Jahren gab es eine dramatische technologische Entwicklung, die sehr empfindliche, sogenannte Bolometer-Detektoren für den Submillimeter- und Millimeterbereich des elektromagnetischen Spektrums hervorgebracht hat. Derartige Detektoren wurden zum Beispiel unter dem Namen

SCUBA im *James Clerk Maxwell Telescope* (JCMT) auf dem Mauna Kea in Hawaii und im 30-Meter-Teleskop des Instituts für Radioastronomie im Millimeterbereich (IRAM) auf dem Pico Veleta in Andalusien eingesetzt. Außerdem betrieb die europäische Raumfahrtagentur ESA von November 1995 bis Mai 1998 den Satelliten ISO *(Infrared Space Observatory)*, der zum ersten Mal ein mit flüssigem Helium gekühltes Teleskop mit einem Durchmesser von 60 Zentimetern trug. Je kälter die Objekte sind, die sie beobachten sollen, desto stärker müssen auch die Teleskope gekühlt werden, damit sie das Quellsignal nicht durch ihre eigene Wärme vollständig überstrahlen. Sowohl bei IRAM als auch bei ISO hatten Forscher der Max-Planck-Gesellschaft, insbesondere auch aus unserem Institut, erheblichen Anteil an der Entwicklung. Mit diesen neuen Beobachtungsmöglichkeiten ist es möglich geworden, in Molekülwolken auch Strahlung von Staub zu messen, der nur ein wenig wärmer als seine Umgebung ist. Auf diese Weise ließen sich eine ganze Reihe embryonaler Staubverdichtungen und Babysterne entdecken.

Am 25. August 2003 wurde das *Spitzer Space Telescope* der NASA auf einer Delta-Rakete von Cape Canaveral in Florida aus gestartet. Es trägt ein gekühltes Infrarotteleskop mit einem Spiegeldurchmesser von 85 Zentimetern und befindet sich auf einer Umlaufbahn um die Sonne, die hinter der Erde herläuft. Auf diese Weise und aufgrund der ausgeklügelten thermischen Schutzschilde gegen die Strahlung der Sonne und der Erde kann das Teleskop auch ohne flüssiges Helium sehr kalt betrieben werden. *Spitzer* ist neben dem berühmten *Hubble Space Telescope*, dem Röntgenteleskop *Chandra* und dem bereits im Ozean versenkten *Compton Gamma Ray Observatory* (CGRO) das vierte und letzte *Great Observatory* der NASA. Die faszinierende Infrarotaufnahme der Sombrero-Galaxie in Abbildung 28 stammt von diesem Teleskop.

Abbildung 33 zeigt eine *Spitzer*-Aufnahme des noch vollständig in eine Dunkelwolke eingehüllten sogenannten Herbig-Haro-Objekts mit dem Namen HH46/47. Herbig-Haro-Objekte sind helle, nebelartige Gebilde aus Gas und Staub, die während einer kurzen Phase der Sternentstehung von ihren Protosternen ausgestoßen

werden, während diese noch tief in ihren Molekülwolken eingebettet sind.
Links unten in der Abbildung ist die
Aufnahme derselben Himmelsregion im
sichtbaren Licht dargestellt, auf der wir
eine kompakte, undurchsichtige Dunkelwolke sehen. Auch hier handelt es sich
wieder um eine Bok-Globule. Sie steht in
einer Entfernung von über 1000 Licht-

33 Infrarot-Falschfarbenaufnahme
des Herbig-Haro-Objekts HH46/47
mit der IRAC-Kamera auf dem NASA-
Satelliten *Spitzer*. Die Bilder bei den
infraroten Wellenlängen 3,6, 4,5 und
5,8 μ sind in blau, grün und rot über-
lagert. Links unten ist der gleiche
Ausschnitt des vollständig in eine
Dunkelwolke eingehüllten Objekts
im sichtbaren Licht gezeigt.[89]

jahren im südlichen Sternbild Vela (die Segel des Schiffs der Ar-
gonauten). Die Infrarotaufnahme macht diese Molekülwolke komplett durchsichtig und gibt den Blick auf das Sternenbaby frei,
fast wie die Ultraschallaufnahme eines Kindes im Mutterleib.
Plötzlich sehen wir einen bereits hell leuchtenden Protostern, der
einen faszinierenden bipolaren Gasstrahl ausstößt. Derartige «Jets»
werden wir weiter unten noch näher kennenlernen. Wir gehen davon aus, dass alle neugeborenen Sterne durch ähnliche Entwicklungsphasen gehen wie dieses Herbig-Haro-Objekt. Auch unser
Sonnensystem muss sich vor etwa 4,5 Milliarden Jahren in einem
ähnlichen Zustand befunden haben.

Man vermutet, dass es in der Milchstraße noch Tausende ähnlicher Sternenembryos und Protosterne gibt. Die Beobachtungsmöglichkeiten für diese Objekte werden sich in den nächsten Jahren noch einmal dramatisch verbessern. Mit dem nach dem berühmten Astronom benannten nächsten großen Satelliten-Observatorium *Herschel* der ESA, das einen Spiegel mit 3 Metern Durchmesser sowie gekühlte Infrarotdetektoren tragen und im Jahr 2008 gestartet werden soll, könnte die Wärmestrahlung junger Sterne mit bisher unerreichbarer Empfindlichkeit im fernen Infrarotbereich entdeckt und untersucht werden. Das in globaler Zusammenarbeit entwickelte gigantische Millimeter- und Submillimeterinterferometer ALMA *(Atacama Large Millimeter Array)*, dessen insgesamt fünfzig 12-Meter-Antennen bis zum Jahr 2010 auf dem 5000 Meter hohen Chajnantor-Plateau in Chile aufgebaut werden, wird mit seiner einzigartigen Kombination von Winkelauflösung, spektraler Auflösung und Empfindlichkeit die Dynamik von Staub- und Gasmassen sowie Embryo- und Protosterne in den Sternwiegen unserer Milchstraße, aber auch weit entfernter Galaxien untersuchen können und damit helfen, die Mechanismen der Sternentstehung weiter aufzuklären.

Die sich zu einem Stern zusammenballende Molekülwolke dreht sich am Anfang langsam. Bei ihrem Zusammensturz muss sie deshalb ihren Drehimpuls loswerden. Wenn eine Schlittschuhläuferin bei einer Pirouette die Arme anzieht, dreht sie sich immer schneller. Der kollabierenden Gaswolke ergeht es ähnlich. Je stärker sie sich kontrahiert, desto schneller rotiert sie. Die Frage, wie sie letztlich ihren Drehimpuls los wird, ist gegenwärtig ein Schwerpunkt intensiver Forschung. Eine mögliche Lösung ist die Bildung von Doppelsternen. Etwa die Hälfte aller Sterne befindet sich in Doppel- oder Mehrfachsystemen. Eine andere Möglichkeit ist die Bildung einer Staubscheibe, aus der am Ende ein Planetensystem hervorgeht. In unserem Sonnensystem stecken etwa 90 Prozent des Drehimpulses in den Planeten, während umgekehrt 90 Prozent der Masse im Zentralgestirn versammelt sind. Das Planetensystem entsteht aus einer dünnen Scheibe, die den Ringen des Saturn ähnelt, aber viel dichter ist. Derartige sogenannte Akkretionsscheiben werden im Kosmos immer dann gebildet, wenn ein rotierendes Objekt unter seiner eigenen Schwerkraft zusammenstürzt. In der Äquatorebene hält ab einer gewissen Rotationsgeschwindigkeit die Zentrifugalkraft der Schwerkraft die Waage, während entlang der Rotationsachse der Schwerkraft zunächst nichts entgegenwirkt. Rotierende, unter ihrer eigenen Schwerkraft zusammenfallende Gaswolken werden deshalb automatisch zu dünnen Scheiben geformt, ähnlich wie der Pizzabäcker durch Rotation einen Teigklumpen in einen Pizzaboden verwandelt. Solche Scheiben kennen wir aus der Stern- und Planetenentstehung, von der «Akkretion» von Materie auf einen kompakten Sternüberrest, beispielsweise einen Weißen Zwerg, einen Neutronenstern oder ein Schwarzes Loch (siehe Kapitel 8), oder in gigantischem Maßstab von den galaktischen Scheiben der Spiralgalaxien.

Der entstehende Stern löst sein Drehimpulsproblem dadurch, dass er gleichsam «seine Arme abwirft», also die Scheibe zurücklässt und sich auf diese Weise in deren Zentrum weiter komprimieren kann. Numerische Simulationen zeigen, dass in diesen Scheiben Materie nach innen und Drehimpuls nach außen transportiert wird. Aus der Akkretionsscheibe entstehen dann durch Aufsammeln der zunächst nur mikrometergroßen Staubteilchen und durch das weitere Zusammenballen von «Staubflusen» und «Wollmäusen» zu immer größeren Materieklumpen langsam die Planeten. Auch dieser Prozess ist theoretisch noch nicht vollständig verstanden. Im Prinzip gehen wir aber heute davon aus, dass sich Sterne und Planeten ziemlich genau so entwickeln, wie es Kant und Laplace bereits im 18. Jahrhundert postuliert haben. Immanuel Kant stellte 1755 die These auf, dass sich das Sonnensystem aus einem Gasnebel gebildet habe und die Planeten dabei durch die Aggregation von Meteoriten entstanden seien. Unabhängig von ihm entwickelte Pierre-Simon Laplace im Jahr 1796 eine sehr ähnliche Theorie.

Das Szenario der Stern- und Planetenentstehung über Akkretionsscheiben konnte in den neunziger Jahren durch Beobachtungen hervorragend bestätigt werden. Durch die Messung der Energieverteilungen des Lichtes junger Sterne stellte man einen

starken Strahlungsexzess vom Infrarot- bis in den Millimeterbereich fest, der nur durch die Emission einer Staubscheibe erklär-
bar war. Der berühmteste Fall einer derartigen Staubscheibe wurde
bereits Mitte der achtziger Jahre um den Stern Beta Pictoris entdeckt. Dieser Stern liegt in einer Entfernung von 63 Lichtjahren im Sternbild Pictor (Malerstaffelei) und lässt sich mit dem bloßen Auge wahrnehmen. Er hat etwa die doppelte Masse der Sonne, ist aber noch sehr jung. Inzwischen hat man in Aufnahmen des
Hubble Space Telescope um diesen Stern herum sogar zwei Staubscheiben entdeckt, die auf die Existenz eines Planeten schließen
lassen, der etwa so groß wie Jupiter ist.

Der Durchbruch bei der Beobachtung dieser Staubscheiben kam
wiederum mit dem Hubble-Teleskop. Der englische Astronom Mark
McCaughrean, der damals am Max-Planck-Institut für Astronomie
in Heidelberg war und den ich kurz darauf an das Astrophysikalische Institut in Potsdam holen konnte, hatte zusammen mit Bob
O'Dell, damals an der Rice University in Houston, im Jahr 1995
die Hubble-Durchmusterung des Orion-Nebels sehr genau unter
die Lupe genommen. Der Orion-Nebel ist etwa 1500 Lichtjahre von
der Sonne entfernt und eine der aktivsten Sternentstehungsregionen in Sonnennähe. Den beiden waren vor der Kulisse des hellen
Nebels dunkle Flecken aufgefallen, die in einigen Fällen fast recht-
eckig aussahen, als würde man von der Seite den Schatten einer
Scheibe sehen. In allen Fällen sind diese Scheiben noch wesentlich
größer als unser gesamtes Sonnensystem. Die schönsten Fälle solcher «Silhouettenscheiben» sind in Abbildung 34 (links) dargestellt. In jedem einzelnen Fall ist in der Mitte ein Sternenbaby im
Alter von etwa einer Million Jahren zu sehen. Im Vergleich zur Sonne, die jetzt mit 4,5 Milliarden Jahren gerade den Zenit ihres Lebens erreicht hat, wurden diese Sterne also gerade erst vor einigen
Tagen aus dem Kreißsaal entlassen. Sie liegen quasi noch im Wo-
chenbett ihrer Mutter. Man nennt diese Objekte «protoplanetare
Scheiben» oder *Proplyds* (vom englischen *protoplanetary disks*).

Auf den vier Bildern auf der rechten Seite von Abbildung 34 sehen wir, dass junge Sterne mit protoplanetaren Scheiben zum Teil
sehr gefährlich und ungemütlich leben. Diese Nahaufnahmen des

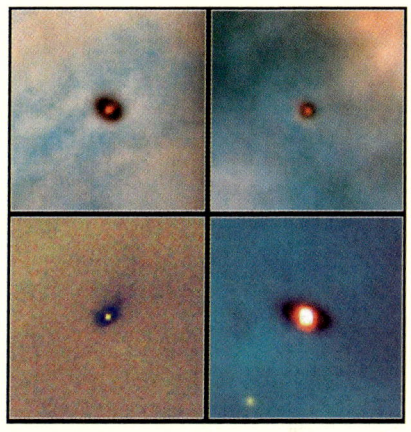 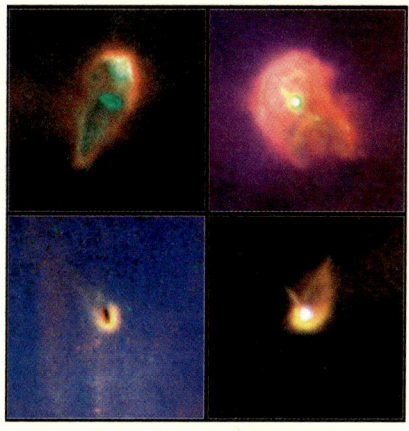

Hubble-Teleskops zeigen kometenähnliche beziehungsweise kaulquappenförmige Strukturen, die daher rühren, dass die vier bereits voll entwickelten massereichen Sterne, die im Zentrum des Orion-Nebels das sogenannte Trapez bilden, mit ihrer starken Ultraviolettstrahlung und ihren Sternwinden das Material um die *Proplyds* herum wegblasen. Um die Scheiben herum bildet sich auf diese Weise eine Überschallströmung, eine sogenannte Schockfront, die das Gas so stark aufheizt, dass es zu leuchten beginnt. (Das lässt sich mit dem Knall eines Düsenjägers vergleichen, wenn er die Schallmauer durchbricht.) Während die Sterne in ihren Scheiben also Planeten bilden könnten, werden sie von außen

34 *Hubble-Space-Telescope*-Aufnahmen von protoplanetaren Scheiben in der etwa 1500 Lichtjahre entfernten Sternentstehungsregion im Orion-Nebel. Die linken vier Abbildungen zeigen Gas- und Staubscheiben, die als Schatten vor dem hellen Hintergrund des Orion-Nebels erscheinen. Die jungen Sterne im Zentrum dieser Scheiben haben sich bereits aus dem umgebenden Kokon befreit und sind direkt sichtbar.[90] Die rechten vier Bilder zeigen protoplanetare Scheiben, sogenannte *Proplyds* (für *protoplanetary disks*), die von den hellen Sternen im Orion-Nebel drangsaliert werden.[91] Die kometenähnliche oder kaulquappenartige Form rührt daher, dass die hellen Sterne im Orion-Nebel mit ihrer starken Ultraviolettstrahlung und ihren Sternwinden das Material der *Proplyds* wegblasen.

bereits durch die unwirtlichen Bedingungen ihrer Umwelt abgefräst. Der Prozess der Planetenbildung muss deshalb sehr schnell gehen. Die Wissenschaftler schätzen, dass die meisten protoplanetaren Scheiben im Orion-Nebel die nächsten 100 000 Jahre nicht überleben werden!

Das Objekt im dritten Bild in der oberen Reihe von Abbildung 34 ist besonders faszinierend. Es stellt das Orion-*Proplyd* HST-10 dar. Im Innern ist eine grüne Scheibe um den Babystern zu sehen. Bei genauerer Betrachtung hat man das Gefühl, dass senkrecht zur Scheibe ein Gasstrahl herausgeschossen wird, der das Material in der Schockfront in Flugrichtung des *Proplyds* zusätzlich zum Leuchten anregt, während er sich stromaufwärts noch weiter ausbreiten kann. Dieses Phänomen gleicht der bipolaren Ausströmung des Sternenembryos in Abbildung 33. Tatsächlich kennen wir seit Mitte der achtziger Jahre eng gebündelte Gasströme von jungen Sternen, die mit Überschallgeschwindigkeit in das umgebende Medium hinausgeschossen werden. Die Achse dieses Jets steht dabei senkrecht auf der protostellaren Scheibe, was darauf hindeutet, dass die Rotation des Sterns beziehungsweise der Scheibe für diesen Jet verantwortlich ist.

Ähnliche Jets kennen wir bei akkretierenden Neutronensternen oder Schwarzen Löchern, die in den nächsten Kapiteln noch genauer behandelt werden. Der Mechanismus, mit dem diese Jets erzeugt werden, ist bis heute nicht ganz verstanden. Sehr wahrscheinlich sind jedoch die durch den Dynamo-Effekt in der Scheibe entstehenden Magnetfelder dafür verantwortlich. Die Magnetfeldlinien werden durch die differentielle Rotation der Scheibe so stark aufgewickelt, dass sie – ähnlich wie die auf einer Gabel aufgerollten Spaghetti – eine Art magnetischen Turm bilden, in dem die Materie des Gasstroms stark beschleunigt und gebündelt wird. Wie stark derartige Gasstrahlen junger Sterne gebündelt sein können, zeigt Abbildung 35, in der das Herbig-Haro-Objekt HH34 dargestellt ist, das sich ebenfalls im Orion-Nebel befindet. Die Aufnahme stammt aus der ersten Episode von Beobachtungen mit dem im November 1999 eröffneten zweiten *Very Large Telescope* der ESO.

Das Objekt HH34 zeigt eine sehr komplexe Struktur mit zwei extrem fein gebündelten Gasstrahlen, die mit Geschwindigkeiten von fast 250 Kilometern pro Sekunde in das umgebende Medium des Orion-Nebels rasen. Bei genauerer Betrachtung stellt man fest, dass der Jet nicht kontinuierlich gefüttert wird, sondern augenscheinlich einzelne Klumpen wie bei Maschinengewehrfeuer hinterein-

ander herausgeschossen werden. Dies deutet darauf hin, dass der Stern Episoden durchmacht, in der die Scheibe Masse verliert und der Jet entsprechend gefüllt wird. Dieses Phänomen kennen wir auch aus den noch wesentlich energiereicheren Jets, die von rotierenden Schwarzen Löchern ausgesandt werden (siehe Kapitel 8). An den Spitzen der beiden in entgegengesetzte Richtungen ausgesandten Jets sieht man die glockenförmigen, leuchtenden Strukturen der Schockfront, die sich an den Stellen ausgebildet haben, wo die Überschallströmung mit Wucht auf das umgebende Medium trifft.

35 Eines der ersten Bilder, das mit dem in Deutschland entwickelten FORS2-Instrument auf dem zweiten *Very Large Telescope* der ESO aufgenommen wurde, zeigt in der Mitte das Herbig-Haro-Objekt HH34 im Orion-Nebel, mit einem fein gebündelten, intermittierenden Gasstrahl. Die bizarre, einem Wasserfall ähnliche gelbe Struktur am linken Bildrand hat übrigens nichts mit dem Objekt HH34 zu tun. Ihr Ursprung ist bislang nicht geklärt.[92]

Der dritte Prager Fenstersturz

Bis zum August 2006 hatte unser Sonnensystem neun Planeten: Merkur, Venus, Erde, Mars, Jupiter, Saturn, Uranus, Neptun und Pluto. Man konnte sich deren Reihenfolge übrigens ganz leicht merken mit dem Spruch: *Mein Vater Erklärt Mir Jeden Sonntag Unsere Neun Planeten.* Die vier inneren, erdähnlichen Planeten sind Steinkugeln mit fester Oberfläche, so wie unsere Erde. Sie bestehen fast ausschließlich aus schweren Elementen. Unter ihrer festen Kruste besitzen sie eine innere Hülle aus flüssigem Magma und im Zentrum einen festen Eisenkern. Die nächsten beiden Planeten, die «Gasriesen» Jupiter und Saturn, sind die größten Planeten im Sonnensystem und bestehen ähnlich wie die Sonne hauptsächlich aus leichten Elementen mit geringen Beimischungen schwerer Elemente. Der Ausdruck «Gasriese» ist dabei etwas irreführend, weil das Innere dieser Planeten unter dem gigantischen Druck der darüberliegenden Gasmassen zu flüssigem, zum Teil sogar zu festem Wasserstoff mit metallischen Eigenschaften geworden ist. Sie könnten allerdings durchaus auch noch einen festen Kern aus schweren Elementen besitzen. Die nächsten beiden Planeten, Uranus und Neptun, sind sogenannte Eisriesen. Im Gegensatz zu den Gasriesen bestehen sie nur zu etwa 15 Prozent aus Wasserstoff und Helium und zum größten Teil aus Wasser-, Methan- und Ammoniak-Eis. Sowohl Gas- als auch Eisriesen sind von großen Ringsystemen mit vielen Monden umgeben, die ihrerseits wieder Ähnlichkeiten mit einem Planetensystem haben. Noch weiter draußen befindet sich der winzige Planet Pluto, eigentlich ein Doppelsystem aus den sich umkreisenden Objekten Pluto und Charon.

Am 24. August 2006 hat die Generalversammlung der Internationalen Astronomischen Union in Prag nach zwei Wochen heftiger und leidenschaftlicher Diskussionen überraschenderweise dem armen Pluto offiziell den Status des Planeten aberkannt. Das Sonnensystem hat damit nur noch acht Planeten. Zum Ausgleich wurde Pluto zum «König» einer neuen Klasse von Zwergplaneten befördert, zusammen mit dem ehemaligen Asteroiden Ceres und dem im Jahr 2003 entdeckten Eris (2003 UB$_{313}$).

Was war passiert? Um das zu verstehen, müssen wir ein wenig in der Geschichte der Entdeckung der Planeten zurückgehen, die sich zum Teil wie ein Spionage-Thriller liest. Der ursprüngliche Name «Planet» stammt übrigens aus dem Griechischen und bedeutet «der Wanderer». Planeten sind also «Wandelsterne», die sich unter den «Fixsternen» bewegen. Zu biblischen Zeiten waren sieben Planeten bekannt, die alle mit bloßem Auge sichtbar sind. Daher kommt auch die Benennung der Wochentage, die in verschiedenen Sprachen immer noch auf diese Himmelskörper hinweisen: zum Beispiel im Deutschen der Sonntag und Montag auf Sonne und Mond, im Italienischen der Dienstag, Mittwoch, Donnerstag und Freitag (Martedi, Mercoledi, Giovedi und Venerdi) auf Mars, Merkur, Jupiter und Venus und schließlich im Englischen der Samstag (Saturday) auf den Saturn. Die Tatsache, dass die Woche sieben Tage hat, hängt übrigens auch mit dem Mondzyklus von 28 Tagen zusammen. Jede Mondphase – Neumond, Vollmond, Halbmond – umfasst wiederum sieben Tage. Im alten geozentrischen Weltbild von Ptolemäus und Aristoteles stand die Erde im Mittelpunkt des Kosmos; alle anderen Himmelskörper umkreisen sie. Deshalb waren Sonne und Mond logischerweise Planeten. Im bayerischen Sprachgebrauch sagt man heute noch manchmal: «Der Planet brennt heut' aber wieder mal ganz schön heiß!»

Im Jahr 1543 brachte der Astronom Nikolaus Kopernikus sein revolutionäres Werk *De Revolutionibus Orbium Coelestium* heraus, in dem er die Sonne in den Mittelpunkt des Planetensystems stellte. Das heliozentrische Weltbild wurde zu dieser Zeit von der Kirche noch als Häresie betrachtet und von der Inquisition verfolgt; deshalb zögerte Kopernikus die Veröffentlichung bis zum Jahr seines

Todes hinaus. Im Zuge der Kopernikanischen Wende verloren die
Sonne und der Mond ihren Status als Wandelstern, dafür wurde die
Erde zum Planeten befördert, und somit waren es nur noch sechs!

Bereits Anfang 1613 sah Galileo Galilei, der drei Jahre zuvor die
vier großen Jupitermonde entdeckt und im Anschluss akribisch
beobachtet hatte, im Blickfeld seines Fernrohrs zwei Lichtpunkte,
die in seinen früheren Aufzeichnungen nicht vorhanden gewesen
waren. Weil er sie für Fixsterne hielt, maß er ihnen jedoch keine
allzu große Bedeutung bei, nicht einmal, als sich in den darauffolgenden Tagen der Abstand der beiden Himmelskörper zueinander
leicht veränderte. Damit hatte er die Gelegenheit verpasst, den
ersten Planeten seit dem Altertum zu entdecken und seiner üp-
pigen Forscherkrone einen weiteren Diamanten aufzustecken. Viel
später stellte sich heraus, dass er den achten Planeten im Sonnensystem beobachtet hatte – Neptun. Erst im März 1781 entdeckte
der bereits erwähnte Friedrich Wilhelm Herschel bei der Durchmusterung des Himmels im Sternbild Zwillinge zufällig den siebten Planeten des Sonnensystems, der nach dem griechischen Gott
«Uranus» benannt wurde.

Die Berechnung mit den von Isaac Newton und Johannes Kepler
aufgestellten Gesetzen der Planetenmechanik ergab, dass Uranus
seine Bahn etwa im doppelten Abstand von Saturn, dem bis dahin
äußersten Planeten, zog. Doch die Bahn des Uranus bereitete den
Astronomen Kopfschmerzen. Bereits 1825 stellte man Unregelmä-
ßigkeiten fest, und im Jahr 1838 beschwerte sich der englische
Hofastronom *(Astronomer Royal)* und Direktor der königlichen
Sternwarte Greenwich, Sir George Biddell Airy, dass anhand seiner sehr genauen Aufzeichnungen Uranus nicht nur der erwar-
teten Position bereits deutlich hinterherhinkte, sondern dass auch
sein Abstand zur Sonne Anomalien zeigte.[93] Die Forscherwelt war
in Aufregung. Einige vermuteten, Uranus sei durch einen anderen
Himmelskörper aus der Bahn geworfen worden. Andere glaubten,
dass Newtons Gravitationsgesetz so weit draußen im Sonnensystem vielleicht nicht mehr gelten würde, oder suchten nach einem
Medium, das den Lauf des Planeten abbremsen könnte. Wieder
andere, darunter auch der große Mathematiker Friedrich Wilhelm

Bessel, vermuteten, dass ein noch weiter draußen liegender großer Planet die Bahnstörungen des Uranus verursache. Die königliche Akademie in Göttingen setzte 1843 einen Preis von 50 Dukaten für denjenigen aus, der innerhalb von drei Jahren die Kepler'schen Gesetze wieder zurechtrücken würde. Damit begann ein Wettlauf gegen die Zeit. Im Mittelpunkt der sich nun abspielenden geheimnisvollen Geschichte stand Sir Airy, der einerseits über die genauesten Beobachtungsdaten verfügte, andererseits aber nicht an einen neuen Planeten, sondern eher daran glaubte, dass etwas mit der Gravitationskraft nicht stimmen könne. Sowohl der junge englische Mathematiker und Astronom John Couch Adams als auch sein französischer Kollege Urbain Leverrier versuchten unabhängig voneinander, die Position des vermuteten Störenfrieds zu berechnen. Adams, der Airys genaue Daten bereits 1844 erhalten hatte, legte dem Hofastronomen sein erstes Ergebnis im September 1845 vor und versuchte dabei vergeblich, persönlich mit ihm in Kontakt zu kommen. Im Oktober desselben Jahres schickte er eine Korrektur seiner Berechnungen, die nun verschiedene mögliche Lösungen für den neuen Planeten enthielt. Airy blieb jedoch skeptisch und stellte die für ihn wichtigste Frage, ob der neue Himmelskörper auch die Abstandsabweichungen der Bahn des Uranus erklären könne. Die Antwort darauf blieb ihm Adams leider schuldig. Airy seinerseits drängte Adams deshalb nicht auf eine Publikation der Berechnungen, die tatsächlich nie formal veröffentlicht wurden. Auch ein eigentlich vorgesehener Vortrag auf dem Treffen der British Association for the Advancement of Science in Southampton fand nicht statt, angeblich weil sich Adams im Tag geirrt hatte. Die fehlende Kommunikation zwischen dem hochstehenden, sehr skeptischen Hofastronomen und dem jungen, unerfahrenen Mathematiker ist wohl einer der Schlüssel zu den undurchsichtigen Ereignissen, die sich daraufhin abspielten.

Im September 1845 war Airy zu Besuch am Pariser Observatorium und traf dort dessen Direktor François Arago sowie Urbain Leverrier, der damals schon exzellente Arbeiten in der theoretischen Astronomie publiziert hatte. Arago empfahl daraufhin Leverrier, sich der Bahnstörungen des Uranus anzunehmen. Bereits im November 1845 präsentierte Leverrier eine Analyse vor der Französischen Akademie der Wissenschaften, in der er die Existenz eines neuen Planeten postulierte. Eine zweite Berechnung veröffentlichte er am 1. Juni 1846. Leverrier versuchte vergebens, seinen Direktor für die Suche nach dem neuen Mitglied des Sonnensystems zu begeistern. Eine derartige Suche war äußerst zeitaufwändig, weil man zuerst einen ganzen Himmelsausschnitt sehr genau kartographieren und dann später noch einmal nachschauen musste, ob sich einer der winzigen Lichtpunkte tatsächlich bewegt hatte. Vielleicht existierte der Planet ja auch gar nicht.

Als Sir Airy jedoch Ende Juni 1846 die von Leverrier in der Zeitung *Compte Rendu* publizierte Arbeit in Händen hielt und feststellte, dass dessen Vorhersagen ziemlich genau mit denen von Adams übereinstimmten, als er weiterhin nach einer Rückfrage bei Leverrier die für ihn so wichtige Aussage bekam, dass der neue Planet auch die Abstandsabweichungen von Uranus erklären könne, war er wohl selbst von dessen Existenz überzeugt. Er drängte im Juli 1846 James Challis, den Direktor der Sternwarte Cambridge, die Suche nach dem neuen Planeten an dem großen Northumberland-Teleskop durchzuführen.[94] Airy war zu diesem Zeitpunkt der Einzige, der von den beiden konkurrierenden Untersuchungen in England und in Frankreich wusste, er informierte jedoch keine der beiden Seiten von dieser Konkurrenz. Challis machte sich Ende Juli relativ zögerlich an die Suche nach dem neuen Himmelskörper. Als Startpunkt dafür nahm er die von Adams zuletzt angegebenen Koordinaten und durchmusterte in mehreren Nächten im Juli und August ein großes Himmelsareal, mehrere Winkelgrade lang und zunächst 9 Bogenminuten und danach sogar über ein Winkelgrad breit.[95] Später stellte sich heraus, dass er tatsächlich bereits am 4. und am 12. August den neuen Planeten beobachtet, es aber nicht für nötig befunden hatte, die Daten der verschiedenen Nächte miteinander zu vergleichen. In einem Brief an Airy ging er davon aus, dass seine Suche noch weit über das Jahr hinaus anhalten würde.[96]

Am 31. August 1846 veröffentlichte Leverrier seine letzte und genaueste Vorhersage des neuen Planeten. Seine Analyse war dabei sorgfältiger als die von Adams, insbesondere sagte er beide Koordinaten des neuen Planeten am Himmel voraus, während Adams nur die Länge berechnen konnte.[97] Nach den vergeblichen Bemühungen, am Pariser Observatorium eine Suche zu organisieren, erinnerte sich Leverrier an den jungen deutschen Astronomen Johann Gottfried Galle, der ihm vor einiger Zeit seine an der Berliner Sternwarte angefertigte Doktorarbeit geschickt hatte. Am 18. September schrieb er einen verspäteten Dank an Galle und bat ihn, doch bei Gelegenheit an der von ihm vorhergesagten Position nach dem neuen Planeten zu suchen: «... Heute möchte ich von dem unermüdlichen Beobachter verlangen, dass er einige Augenblicke der Durchforstung einer Region des Himmels widmen möge, wo es einen Planeten zu entdecken geben kann. Es ist die Theorie des Uranus, welche mich auf dieses Resultat geführt hat.» Dieser Brief erreichte die Berliner Sternwarte am Abend des 23. September 1846. Eigentlich wäre es nun die Aufgabe des Direktors Johann Franz Encke gewesen, sich ans Teleskop zu setzen, aber der feierte an diesem Abend gerade seinen 55. Geburtstag und überließ deshalb freundlicherweise dem jungen Galle und seinem Studenten Heinrich (Louis) D'Arrest das 9-Zoll-Teleskop. Dieser hochwertige, von Josef von Fraunhofer angefertigte Refraktor ist heute noch im Deutschen Museum in München zu bewundern. Das von Galle benutzte Okular ist in der Sternwarte Babelsberg des Astrophysikalischen Instituts Potsdam ausgestellt. Sofort bei Anbruch der Dunkelheit begann Galle nach einem scheibchenförmigen Objekt in der Nähe der von Leverrier vorhergesagten Position zu suchen, allerdings erst einmal ohne Erfolg. Dann schlug D'Arrest vor, man könne doch die Sterne am Himmel mit der vor kurzem von Dr. Bremmiker in der Preußischen Akademie der Wissenschaften veröffentlichten hochgenauen Sternkarte vergleichen und so den Wandelstern identifizieren. Gesagt, getan. Galle gab die Koordinaten der Sterne im Teleskop durch, und D'Arrest hakte sie ab. Bereits nach einer Dreiviertelstunde hatten die beiden den neuen Planeten gefunden. In der Babelsberger Sternwarte habe ich selbst die Sternkarte gesehen, auf die Galle mit Bleistift vermerkt hatte: «Neptun beobachtet – berechnet» (siehe Abbildung 36).

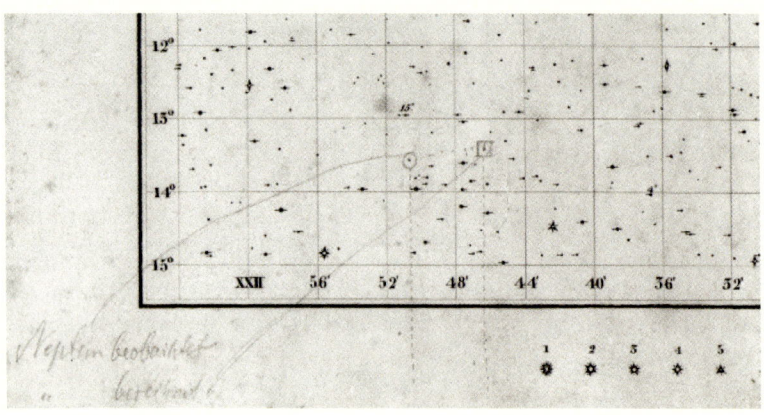

36   Ausschnitt aus der von Galle und D'Arrest bei der Entdeckung des Neptun verwendeten und markierten Sternkarte[98]

In der nächsten Nacht beobachten die beiden das Objekt wieder, das sich inzwischen deutlich weiterbewegt hatte. Damit war jeder Zweifel an der Entdeckung des Planeten ausgeräumt. Am nächsten Morgen schreibt Galle an Leverrier: «Monsieur, der Planet, dessen Position sie mir übermittelt hatten, *existiert wirklich*. Am selben Tag, an dem ich Ihren Brief erhielt, habe ich einen Stern 8. Größe gefunden, der nicht auf der exzellenten Sternkarte der XXI Stunde (erstellt von Dr. Bremmiker) aus der Sammlung der königlichen Akademie der Wissenschaften zu Berlin verzeichnet war.»[99] Diese Nachricht ging wie ein Lauffeuer durch die Welt. Es war ein Triumph der mathematischen Methoden in der Astronomie. Zum ersten Mal war allein aufgrund theoretischer Vorhersagen ein Himmelskörper entdeckt worden.

Wenn man die Ereignisse verfolgt, die parallel dazu in England abgelaufen sind, kann man sich des Eindrucks nicht erwehren, dass keiner der Beteiligten mit allzu großem Nachdruck an der Planetensuche gearbeitet hat. Umso intensiver ging man allerdings nach der Entdeckung von Leverrier und Galle daran, diesen den Ruhm streitig zu machen. Am 14. Oktober gratulierte Airy zwar in einem Briefentwurf Leverrier: «Sie werden ohne Zweifel als der wahre Vorhersager des Planeten-Ortes anerkannt werden.» Eine Woche später ergänzte er:

…keine Person in England wird die Vollständigkeit Ihrer Untersuchungen, die Umsicht Ihrer Bemerkungen über Wichtigkeit der Beobachtung sowie die Fairness Ihrer moralischen Überzeugung anzweifeln, was die Genauigkeit und Sicherheit der Ergebnisse anbelangt. Wir haben nichts, was wir diesen Tatsachen entgegensetzen könnten. Meine Anerkennung dafür wird niemals vergehen, noch, so bin ich überzeugt, diejenige jedes anderen Engländers der wirklich die Geschichte dieser Sache kennt.

In Wahrheit jedoch strickten die Engländer bereits an einer Legende, nach der John Couch Adams und John Challis mindestens ebenso viel Ruhm an der Entdeckung gebühre wie Leverrier und Galle. Adams ursprünglich vorhergesagte Position des Planeten sei nur um etwa einen Winkelgrad von der Leverriers verschieden gewesen, und Challis habe den Planeten noch vor Galle im Visier gehabt. Besonders bedenklich war der versteckte Vorwurf an die Deutschen, dass man in Cambridge wohl ebenso schnell erfolgreich gewesen wäre, wenn man auch Zugang zu der Berliner Sternkarte gehabt hätte. Der im Höhepunkt stark nationalistisch gefärbte Streit gipfelte in dem Anspruch der Engländer, den Namen des achten Planeten festzulegen – Neptun wäre so beinahe zu «Oceanus» geworden. Letztendlich konnte Leverrier den schriftlich nicht belegten Behauptungen der Engländer, die in mehreren Briefen Airys an die Fachzeitschrift *Astronomische Nachrichten* veröffentlicht wurden, nichts entgegensetzen und musste sich deshalb wohl oder übel den Ruhm mit den Engländern teilen. Wenigstens fand sich die internationale Astronomengemeinde zu dem Kompromiss bereit, dem neuen Planeten den von ihm vorgeschlagenen Namen «Neptun» zu geben. Leverrier jedoch erholte sich von diesem Drama nie wieder richtig. Obwohl er später zum Direktor der Pariser Sternwarte berufen wurde, galt er als verbitterter, ungerechter Mensch, der schließlich sogar durch einen Aufstand seiner Belegschaft temporär zum Rücktritt gezwungen werden musste.

Die Originalarbeiten aus England, insbesondere Airys umfangreiche Korrespondenz, waren über ein Jahrhundert lang nicht zugänglich. In den sechziger Jahren des 20. Jahrhunderts galten sie als verschollen, möglicherweise sogar als gestohlen. Erst im Jahr 1998, nach dem Tode des Astronomen Olin Eggen, der in den sechziger Jahren in Greenwich gearbeitet hatte, fand man in seinem Nachlass in Chile neben mehreren Metern wertvollster Bücher aus dem Archiv der Sternwarte Greenwich auch die *Neptune Files* von Airy. Deren Auswertung ergab detaillierte Hinweise auf die Mogeleien aus Greenwich und Cambridge. Adams Berechnungen waren danach viel zu ungenau gewesen, als dass sie zu dem neuen Planeten hätten führen können. Auch hatte Challis sehr wohl eine der Berliner Sternkarten zur Hand gehabt, auf der die Himmelsregion verzeichnet war, in der Neptun im August 1846 zu finden gewesen wäre. Airy war in einem erbitterten Briefwechsel nachträglich dafür angefeindet worden, dass er die Berechnungen Leverriers nicht an das Observatorium in Cambridge gegeben hatte, um die englische Erstentdeckung zu sichern. Nach der genauen Aufarbeitung und Bewertung dieser Akten durch Nick Kollerstrom[96] muss die Entdeckung Neptuns allein Leverrier und Galle zugeschrieben werden.

Diese Vorgeschichte müssen wir im Auge behalten, wenn wir uns jetzt dem Schicksal Plutos zuwenden. Bereits am 30. September 1846, eine Woche nach der Entdeckung Neptuns, hatte Leverrier in einem Brief an einen Schweizer Kollegen die Vermutung geäußert, dass sich außerhalb der Neptun-Bahn noch ein weiterer unbekannter Planet befinden könnte. Er war beileibe nicht der Einzige, der an einen weiteren großen Himmelskörper glaubte, und so begann ein weiterer, verbissener Kampf um Ruhm und Ehre einer neuen Planetenentdeckung. Die beiden am besten ausgearbeiteten Vorhersagen der Position des hypothetischen transneptunischen Planeten stammten von zwei amerikanischen Astronomen, die sich im Übrigen spinnefeind waren: von William Henry Pickering im Jahr 1909 einerseits und von Percival Lowell im Jahr 1915 andererseits. Beide beschäftigten sich mit dem gleichen Problem, allerdings mit unterschiedlichen Methoden, und kamen zu völlig verschiedenen Vorhersagen. Lowell stammte aus einer der reichsten Familien Neuenglands und war ein begeisterter Amateurastronom. Die Entdeckung der «Marskanäle» durch Giovanni Schiaparelli hatte ihn zu der Idee angeregt, es könnte sich dabei um künstlich angelegte Bewässerungskanäle handeln. Bei den sensationsgierigen Medien und den Science-Fiction-Autoren traf die Vorstellung von «kleinen grünen Männchen» auf dem Mars auf fruchtbaren Boden und prägt zum Teil noch heute das Bild des Roten Planeten. Um sein Hobby zu fördern, gründete Percival Lowell zusammen mit anderen im Jahr 1894 das Flagstaff-Observatorium in Arizona, das später zu seinen Ehren in Lowell-Observatorium unbenannt wurde und noch heute wichtige Beiträge zur Astronomie liefert.

Bis an sein Lebensende suchte Percival Lowell am Flagstaff-Observatorium verbissen nach dem von ihm vorhergesagten «Planeten X» – allerdings vergebens. Doch einige amerikanische Astronomen waren weiterhin von der Idee besessen, den nächsten Planeten zu entdecken. Sowohl Milton Humason als auch Vesto Slipher, die uns im Zusammenhang mit Hubbles Entdeckung der Galaxienfluchtbewegung bereits begegnet sind, beschäftigten sich mit der Suche. Slipher, Direktor des Lowell-Observatoriums, stellte im Jahr 1929 den jungen Farmersohn und begeisterten Planetenbeobachter Clyde W. Tombaugh als Nachtassistenten an und übertrug ihm die Aufgabe, den Himmel mit photographischen Platten nach dem transneptunischen Planeten abzusuchen. Systematisch arbeitete sich Tombaugh durch die Tierkreiszeichen von den Fischen bis in das Sternbild der Zwillinge vor, wobei er jeweils immer zwei aufeinanderfolgende Aufnahmen in einem sogenannten Blinkkomparator miteinander verglich. In einem solchen Gerät, das vor der Einführung der digitalen Detektoren zur Standardausrüstung einer jeden Sternwarte gehörte, werden zwei Platten des gleichen Himmelsfelds unter ein Mikroskop gelegt und ihr Licht mit einem Kippspiegel schnell hin- und hergeschaltet. Dabei lässt sich selbst noch bei winzigen Lichtpünktchen eine Bewegung am Himmel ausmachen. Allerdings dauert die Durchforstung eines kompletten Plattenpaars etwa drei Tage. Am 18. Februar 1930, nachdem er Hunderte von Plattenpaaren und Millionen von Sternen durchsucht hatte, fand Clyde W. Tombaugh endlich ein winziges Objekt, das sich innerhalb von zehn Tagen um etwa 1/10 Winkelgrad bewegt hatte. Durch den enormen Einsatz finanzieller und personeller Ressourcen und fast zwei Generationen nach der ursprünglichen Vorhersage war endlich ein transneptunischer Planet gefunden worden.

Während die Astronomen zunächst noch zurückhaltend waren, ging die Entdeckung kurze Zeit später wie ein Lauffeuer durch die Weltpresse. Der Direktor des Harvard-Observatoriums, Harlow Shapley, der ja selbst wenige Jahre zuvor an der «Great Debate» über die Galaxien teilgenommen und in einer Art zweiten «Kopernikanischen Wende» die Sonne aus dem Mittelpunkt des damaligen Universums an den Rand unserer Galaxie verschoben hatte, bezeichnete die Entdeckung des neuen Planeten in einem Artikel der *Times* als die «wichtigste seit der Entdeckung des Neptun».

Jedes Kind braucht natürlich auch einen Namen, und das Vorschlagsrecht für die Benennung eines Himmelskörpers steht dem Entdecker zu. Dabei ist allerdings zu berücksichtigen, dass Planeten nach Figuren der griechischen oder römischen Mythologie benannt werden. Für den neuen Planeten wurden alle möglichen Namen vorgeschlagen, wobei sich besonders die Presse aktiv beteiligte. Der Name Pluto wurde letztlich von der elfjährigen Schülerin Venetia Burney aus Oxford in England gefunden. Interessanterweise hatte ihr Onkel zuvor bereits die Namen der Mars-Monde Phobos und Deimos vorgeschlagen. Venetia kannte die Mythologie, aber ihr war auch wohlbewusst, dass der Name mit den Anfangsbuchstaben von Percival Lowell beginnt, so dass damit seine lebenslange Suche besonders belohnt würde. Noch im gleichen Jahr hatte Walt Disneys beliebter Hund «Pluto» sein Debüt, der nach dem Planeten benannt wurde.

Sowohl die Sternwarte in Flagstaff als auch die internationale Gemeinde der Astronomen akzeptierte begeistert den Namen; als offizielle Abkürzung wurde PL gewählt. Allerdings wurde schnell klar, dass Pluto vermutlich nicht der von Lowell und vielen anderen postulierte «Planet X» sein konnte. Seine Bahnneigung, die von Mitarbeitern der Babelsberger Sternwarte und des Astrophysikalischen Observatoriums in Potsdam berechnet wurde, stellte sich als ungewöhnlich groß heraus, was eher für einen Asteroiden sprach. Seine Umlaufdauer und die aus seiner Helligkeit abgeschätzte Masse reichten bei weitem nicht aus, um die in der Neptun-Bahn vermuteten gravitativen Störungen zu erklären, die sich später obendrein als Messfehler herausstellen sollten.

Erst im Jahr 1978 wurde am US Naval Observatorium in Washington D. C. der Pluto-Mond Charon entdeckt. James W. Christy benannte den Mond nach der mythologischen Figur des Fährmanns, der die Seelen der Toten über den Fluß Styx in Plutos (Hades') Unterwelt führt. Allerdings gab es auch hier vermutlich persönliche Motive: Christys Ehefrau heißt Charlene und mit Spitznamen «Char». Aus der Bahn der beiden Himmelskörper konnte man ableiten, dass Pluto nur etwa 1/400 der Masse der Erde besitzt und seine Größe durchaus vergleichbar mit der von Kleinplaneten ist, die im Asteroidengürtel zwischen Mars und Jupiter und im Kuiper-Gürtel außerhalb von Neptun, gewissermaßen als der «Bauschutt des Sonnensystems», zu Hunderten ihre Bahnen ziehen. Tombaugh muss sich dessen wohl bald bewusst geworden sein. Er führte seine Suche nach der «Stecknadel im Heuhaufen» noch ganze 13 Jahre weiter. Bis dahin hatte er etwa 30 Millionen Sterne und drei Viertel des gesamten Himmels inspiziert und dabei eine Unmenge neuer astronomischer Objekte entdeckt, allerdings keinen einzigen neuen Planeten. Was zunächst als ein weiterer Triumph der Himmelsmechanik erschien, war letztendlich nur der Sorgfalt und Ausdauer von Clyde Tombaugh zu verdanken.

Das Ende von Plutos Status als «ordentlichem» Planeten wurde durch die Arbeiten des amerikanischen Astronomen Michael Brown eingeläutet, der in den Jahren 2002 bis 2005 an der Entdeckung mehrerer großer transneptunischer Körper im Kuiper-Gürtel beteiligt war, unter anderem von Quaoar, Sedna und Orcus. Inzwischen ist die Technik der Himmelsüberwachung so weit fortgeschritten, dass die Arbeit, die Clyde Tombaugh noch mühevoll mit bloßen Augen durchführen musste, elegant und schnell von Computern erledigt wird. Auf diese Weise können auch wesentlich schwächere Objekte gefunden werden. Zur Bestätigung der Kandidaten müssen allerdings regelmäßig umfangreiche Nachbeobachtungen durchgeführt werden. Am 5. Januar 2005 identifizierten Michael Brown und seine Kollegen das Objekt 2003 UB$_{313}$ im Kuiper-Gürtel. Diese Entdeckung hätte ursprünglich erst nach weiteren Beobachtungen publiziert werden sollen. Dann wurde allerdings bekannt, dass spanische Astronomen die Ausrichtung eines der bei der Suche verwendeten Teleskope von einer öffentlich zugänglichen Internetseite abgelesen hatten und ihrerseits die Entdeckung eines Kleinplaneten veröffentlichten, den die Gruppe um Michael Brown bereits ein Jahr zuvor gefunden hatte. Nur 19 Stunden später sah sich Brown gezwungen, zusammen mit einem weiteren Objekt im Kuiper-Gürtel die Entdeckung von 2003 UB$_{313}$ bekanntzugeben. Er gab diesem Objekt den Spitznamen «Xena» nach der Heldin einer amerikanischen Science-Fiction-Serie. Später entdeckte die gleiche Gruppe noch einen Mond um 2003 UB$_{313}$, dem sie den Spitznamen «Gabrielle» gab, ebenfalls eine Figur aus der gleichen Fernsehserie. Anhand detaillierter Radiomessungen mit dem IRAM-Teleskop in Südspanien gelang es Kollegen um Frank Bertoldi vom Max-Planck-Institut für Radioastronomie, den Durchmesser von «Xena» zu bestimmen, der sich als etwas größer als der von Pluto erwies. Die NASA sowie etliche Zeitungen und Fernsehsender reklamierten nun für «Xena» den Status als zehnter Planet des Sonnensystems und verlangten eine entsprechende Autorisierung durch die Internationale Astronomische Union (IAU).

Alle drei Jahre treffen sich die IAU-Mitglieder zu ihrer Generalversammlung, jedes Mal in einer anderen Stadt auf dem Globus. Von den insgesamt fast zehntausend Mitgliedern sind meist zwei- bis zweieinhalbtausend während der zweiwöchigen Veranstaltung anwesend. Neben einer ganzen Reihe verschiedenster wissenschaftlicher Veranstaltungen sind vor allem die Plenarversammlungen wichtig, in denen über wichtige Resolutionen abgestimmt wird, zum Beispiel über die Definition von Koordinatensystemen oder die genaue Festlegung der Zeit mit den jeweils zu Silvester notwendigen Schaltsekunden. Im Jahr 2006 fand die 20. IAU-Generalversammlung in Prag statt – dem Ort, an dem fast 400 Jahre zuvor Tycho Brahe und Johannes Kepler Astronomiegeschichte geschrieben hatten. Ich selbst hatte die Ehre, als nationaler Vertreter der deutschen Astronomen anzureisen. Bereits im Vorfeld der Tagung wurde gemunkelt, dass dort eine wichtige Entscheidung über die Planeten anstehe. In der feierlichen Eröffnungszeremonie erwähnte der damalige Präsident der IAU, der Australier Ron Ekers, dass er hoffe, die Entscheidung bezüglich der Planeten würde als «Prager Erklärung» in die Geschichte eingehen. Das Ganze stellte sich jedoch nachträglich als großes Kuddelmuddel und suboptimales Management der IAU heraus. Bereits Jahre zuvor hatte es eine 19-köpfige Kommission der IAU gegeben, die sich über die genaue physikalische Definition eines Planeten Gedanken machen sollte. Diese Kommission trennte sich im Streit und legte zwei einander gegenläufige Empfehlungen vor. In der einen Variante sollte ein Planet «von innen heraus» definiert werden, nämlich als ein Körper, der so viel Masse hat, dass seine eigene Schwerkraft die Gesteine in seinem Inneren verflüssigen kann, so dass sich ein hydrostatisches Gleichgewicht ausbildet und der Körper im Wesentlichen rund ist. Üblicherweise ist das für Gesteinsbrocken mit mehr als 800 Kilometern Durchmesser der Fall. Mit dieser Definition wäre Pluto ein Planet, aber mit ihm auch viele andere kleine Körper im Asteroidengürtel und im Kuiper-Gürtel.

Die andere Gruppe argumentierte mit Blick auf die dynamischen Auswirkungen eines Planeten in seinem Sonnensystem: Nur ein Körper, der so viel Schwerkraft besitze, dass er die gesamte Umgebung in seinem Sonnensystem dominiere und deshalb von kleineren Körpern freigeräumt habe, dürfe als Planet bezeichnet werden. Laut dieser Definition war Pluto kein Planet mehr, weil er ja ein Mitglied des Kuiper-Gürtels ist. Nachdem sich die ursprüngliche, 19-köpfige Kommission nicht einigen konnte, setzte Ron Ekers eine weitere, siebenköpfige Kommission ein, die nun neben Astronomen und Planetenforschern auch noch Sozialwissenschaftler und Spezialisten für die Schulbildung enthielt. Man war sich der dramatischen Auswirkungen einer neuen Planetendefinition auf die Schulbücher und Lexika, aber auch auf die allgemeine Öffentlichkeit sehr wohl bewusst. Diese Kommission arbeitete bis Prag unter absoluter Geheimhaltung. Dann beging der IAU-Vorstand meiner Meinung nach den großen Fehler, dass er die Weltpresse über den Resolutionsentwurf informierte, noch bevor ein einziger anderer Astronom diesen gesehen hatte. Wahrscheinlich ging es vielen Astronomen ähnlich wie mir. Ich wurde von einem Journalisten einer großen deutschen Wochenzeitung nach meiner Meinung zu dem Resolutionsentwurf befragt und musste mir diesen dann erst von ihm vorlesen lassen. Laut dieses Entwurfs hatten sich die «Hydrostatiker» durchgesetzt. Jeder Körper, der schwer genug war, um rund zu sein, wäre demnach ein Planet, wenn er nicht selbst wiederum um einen Planeten kreist. Zusätzlich zu Pluto sollten sein Mond Charon sowie der seit mehr als 200 Jahren bekannte Asteroid Ceres und der neu entdeckte 2003 UB$_{313}$ (Xena) in den Planetenstand erhoben werden. Außerdem gab es eine Liste von 12 Planetenanwärtern, deren Rundheit erst noch durch eine weitere Kommission untersucht werden sollte, unter anderem der Asteroid Vesta, der zwar sehr schön rund ist, aber vor nicht allzu langer Zeit durch einen Zusammenstoß böse «eingedellt» wurde. Es war nicht ganz klar, wie tief ein Krater eigentlich sein durfte, bevor ein Körper nicht mehr als rund bezeichnet werden konnte. Für viele der Kandidaten auf der Planeten-Warteliste liegen einfach noch nicht genügend genaue Beobachtungen vor. Außerdem konnte man sich leicht überlegen, dass die empfindlichen Himmelsdurchmusterungen in naher Zukunft noch bis zu etwa 40 weitere Planetenkandidaten entdecken würden.

Als nationaler Vertreter habe ich mir zunächst Bedenkzeit ausgebeten, um meine Kollegen in Deutschland per E-Mail nach ihrer Meinung zu fragen. Die Rückmeldungen der Kollegen kamen umgehend und zahlreich. Man war überwiegend der Meinung, dass dieser Resolutionsentwurf abgelehnt werden sollte. Neben der Tatsache, dass die neue Planetendefinition nichts über die ebenfalls ungeklärte Frage der oberen Massengrenze in extrasolaren Planetensystemen aussagte, also ungeklärt ließ, ob ein Brauner Zwerg als Planet oder als Stern zu gelten habe, lehnten die Kollegen vor allem die Inflation der Anzahl von Planeten und die damit einhergehende Entwertung des Planetenbegriffs ab. Die meisten waren dafür, bei den neun historischen Planeten zu bleiben oder notfalls auf Pluto als Planet zu verzichten. Fast alle großen Zeitungen verbreiteten anderntags die Nachricht, dass die Astronomen in Prag dem Sonnensystem Zuwachs verschaffen wollten. Die erste Diskussion der Resolution im Plenum in der zweiten Konferenzwoche geriet dann allerdings zum Fiasko. Gleich nach der ersten Eröffnungsansprache des IAU-Präsidenten und der Erläuterung des Vorsitzenden der Siebener-Kommission bildeten sich auf beiden Seiten vor den Saal-Mikrophonen lange Schlangen von Mitgliedern, um Kommentare abzugeben, deren Tenor fast durchweg negativ war. Zunächst versuchte der Präsident noch etwas undiplomatisch die Diskussion abzuwürgen, aber zum Schluss musste er doch den geballten Unmutsäußerungen freien Lauf lassen. In der übrigens live im Internet übertragenen Diskussion hatte ich per Zufall das letzte Wort und konnte so noch einmal die überwiegend ablehnende Haltung der deutschen Astronomen bekräftigen. Danach gab es eine Probeabstimmung, in der etwa 80 Prozent der Anwesenden die Resolution ablehnten. Der groß angekündigte Plan war mit Pauken und Trompeten durchgefallen.

Innerhalb weniger Stunden schwenkte die IAU um und beschloss, die Vorstellungen der Dynamiker mit in die Planetendefinition aufzunehmen. Um der Kritik der Erforscher extrasolarer Planeten zu begegnen, wurde die neue Definition explizit auf das Sonnensystem beschränkt. Eine kurzfristig anberaumte Probeabstimmung ergab plötzlich überwältigende Zustimmung zu dem neuen Resolutionsentwurf. Die danach folgende Diskussion und die immer noch spannende Abstimmung auf der Hauptversammlung drehten sich im Wesentlichen um das Schicksal von Pluto. Es wurde beschlossen, ihn ebenso wie die anderen runden Kleinkörper zum Zwergplaneten zu küren, der im Englischen als «*dwarf planet*» immer in Anführungszeichen geschrieben werden muss, um zu signalisieren, dass er eben kein Planet ist. Dafür durfte er Charon als Mond behalten und wurde gleichzeitig als Prototyp einer neuen Klasse transneptunischer Zwergplaneten definiert, auf deren Namen (Plutons, Plutiniden, Plutonische Objekte?) sich die Astronomen leider zum Schluss nicht mehr einigen konnten.

Die Hauptversammlung am 24. August 2006 bescherte den Astronomen eine bis dahin wohl nie erreichte öffentliche Aufmerksamkeit. An die 20 internationale Fernsehcrews sowie unzählige Journalisten waren angereist und berichteten live von der Veranstaltung. Bereits kurz nach der Abstimmung titelte CNN «Pluto degradiert», und alle Tageszeitungen wunderten sich anderntags über den dramatischen Meinungsumschwung bei den Astronomen. Besonders beeindruckt war ich – wie bereits bei anderen Gelegenheiten – von dem Internet-Lexikon Wikipedia, das bereits 20 Minuten nach der Abstimmung die neue Definition von Planeten und Zwergplaneten korrekt angab. Nachdem die neue Definition der Zwergplaneten existierte, benannte die IAU umgehend den größten Zwergplaneten 2003 UB$_{313}$ in «Eris» um. Dies ist der Name der griechischen Göttin des Streites und der Zwietracht – eine durchaus angebrachte Bezeichnung für den Himmelskörper, der die Diskussion um Pluto und den Rest der Planeten ins Rollen gebracht hat. Gleichsam aus Rache wählte die amerikanische Dialect Society das Wort *plutoed* beziehungsweise das Verb *to pluto* zum Wort des Jahres 2006. Damit wird neuerdings im amerikanischen die dramatische Degradierung oder Entwertung einer Sache oder Person bezeichnet.

Aus einem Internet-Blog habe ich auch die empörte Beschwerde eines Amateurastronomen, die mich zur Überschrift dieses Kapitels veranlasste: Man solle doch, wie bei früheren Gelegenheiten, die Astronomen in Prag einfach aus dem Fenster stürzen. Ein Gutes hat meiner Meinung nach die ganze Geschichte, trotz der insgesamt ziemlich schiefgelaufenen Öffentlichkeitsarbeit: Sie zeigt den manchmal in Serpentinen voranschreitenden und dennoch oft atemberaubenden Fortschritt astronomischer Beobachtungen, aber auch, wie neue Erkenntnisse über die Natur des Kosmos direkt mit unserem Selbstverständnis des eigenen Woher und Wohin verbunden sind. In mehreren Interviews wurde ich gefragt, wie sich denn nun die Schulkinder die Planeten merken sollen. Ganz einfach: *M*ein *V*ater *E*rklärt *M*ir *J*eden *S*onntag *U*nseren *N*achthimmel.

Unzählig viele Welten

Bereits der Dominikanermönch Giordano Bruno hatte postuliert, dass es im Weltall unendlich viele Planeten, aber auch unendlich viele Lebewesen auf anderen Planeten geben müsse. Am 17. Februar 1600 wurde er dafür in Rom auf dem Campo di Fiori verbrannt und trotz der inzwischen wesentlich liberaleren Auffassungen der katholischen Kirche nie vollständig rehabilitiert.[100] Inzwischen haben die Astronomen tatsächlich bereits eine große Anzahl von Planeten außerhalb des Sonnensystems entdeckt. Die Suche nach Anzeichen von Leben auf extrasolaren Planeten ist eines der faszinierendsten Forschungsziele der Astronomie in den nächsten Jahrzehnten. Am 4. August 2006 wies die *Enzyklopädie der extrasolaren Planeten*[101] genau 200 bekannte Planeten außerhalb unseres Sonnensystems aus. Die meisten davon (188) wurden mit der Methode des sogenannten Doppler-Wobbles gefunden. Dabei wird mit Hilfe hoch präziser Spektroskopie die von den großen Planeten verursachte Bewegung des Zentralgestirns vermessen. Jupiter zum Beispiel läuft nur annähernd um die Sonne, in Wirklichkeit bewegen sich nach Kepler beide Himmelskörper um ihren gemeinsamen Schwerpunkt. Bei der Sonne führt das dazu, dass sie periodisch um den Schwerpunkt tanzt, der allerdings noch innerhalb der Sonnenoberfläche liegt. Um die sehr kleinen Bewegungsgeschwindigkeiten der Sterne von wenigen Metern pro Sekunde noch messen zu können, benötigt man eine extrem präzise Radarfalle, die mit Hilfe des Doppler-Effekts, also der Verschiebung der Spektrallinien im Spektrum des Sterns, funktioniert.

Die erste definitive Entdeckung eines extrasolaren Planeten um den Stern 51 Pegasi wurde im Oktober 1995 von den beiden Astronomen Michel Mayor und Didier Queloz von der Universität Genf veröffentlicht, die an den relativ kleinen Teleskopen des Observatoire de Haute Provence arbeiteten. Parallel dazu haben Geoffrey Marcey und R. Paul Butler an den Lick- und Keck-Teleskopen ebenfalls extrasolare Planeten gefunden. Ihre Gruppe führte eine Weile die Liste der Entdecker an, inzwischen hat aber Michel

Mayor mit einem speziell konstruierten Spektrographen am 3,6-Meter-Teleskop der ESO in La Silla, Chile, wieder die Nase vorn. Unter den 188 Planetensystemen gibt es übrigens bereits 20 Systeme, in denen mehr als ein Planet bekannt ist. Vier Planeten wurden mit Hilfe der oben erwähnten Mikrolinsenmethode und weitere vier Planeten mit direkten, bildgebenden Verfahren aufgespürt. Darüber hinaus gibt es noch einmal vier Planeten in Umlaufbahnen um pulsierende Neutronensterne, sogenannte Radiopulsare (siehe unten), auf die Radioastronomen bereits sehr früh gestoßen sind. Inzwischen haben die Astronomen aber auch zusätzlich eine Reihe von frei fliegenden Planeten, sogenannten Planemos *(Planetary Mass Objects)* in Sternentstehungsregionen beobachtet, die möglicherweise ihren Muttersternen beim nahen Vorbeiflug eines anderen Sterns entrissen wurden. Vor kurzem ging allerdings die Entdeckung zweier Astronomen über den Ticker, die im Sternbild Ophiuchus («der Schlangenträger») zwei Planemos gefunden haben, eines mit 14 und das andere mit 7 Jupitermassen, die einander in einer weiten Umlaufbahn umkreisen.[102] Es ist unwahrscheinlich, dass diese beiden aus ihren Mutter-Systemen gerissen wurden und erst danach zusammengefunden haben. Wir sehen also, dass die Phänomenologie der extrasolaren Planeten noch bei weitem nicht vollständig bekannt ist.

Eine Überraschung gab es auch bei der Geometrie der Planetensysteme. Während im Sonnensystem die Gasriesen Jupiter und Saturn weit außerhalb der Erdbahn ihre Kreise ziehen, wurden in den bisher entdeckten Planetensystemen häufig Gasriesen gefunden, die ihrer Sonne sehr nahe stehen, zum großen Teil weit innerhalb der Erdbahn. Dies könnte möglicherweise ein Auswahleffekt sein, da diese Systeme mit der Doppler-Methode leichter dingfest gemacht werden können. Nachdem mit den bisherigen Methoden im Wesentlichen nur große, jupiterähnliche Planeten erfassbar sind, gehen wir davon aus, dass sich noch viele kleinere, erdähnliche Planeten in dem gleißenden Licht ihrer Muttersonne verstecken. Diese erdähnlichen Planeten könnten unter Umständen dadurch beobachtet werden, dass sie für kurze Zeit periodisch das Licht ihres Sterns minimal abdunkeln, wenn sie vor dessen Scheibe vorüberziehen. Die Infrarotspektroskopie erdähnlicher Planeten und die Entdeckung von Lebensspuren in ihren Atmosphären gehört zum Heiligen Gral der Astronomie für die nächsten Jahrzehnte.

Aus der Statistik der bereits bekannten extrasolaren Planeten und ihrer Muttersterne lässt sich jedoch eine sehr wichtige Aussage ableiten. Danach existieren zumindest die jupiterähnlichen Gasriesen nur um solche Sterne, die wie die Sonne in ihren Atmosphären bereits eine große Menge an schweren Elementen aufweisen. In der Umgebung von chemisch jungen Sternen, die mit einem sehr niedrigen Gehalt an schweren Elementen aus fast jungfräulichem Gas aus dem Urknall entstanden sind, wurden bisher keine Planeten entdeckt. Dies deutet darauf hin, dass zur Entstehung von Planeten, insbesondere zu der von Gasriesen, die ebenfalls feste Kerne besitzen, große Mengen schwerer Elemente vorhanden sein müssen. Solche schweren Elemente aus der Ur-Materie der prästellaren Molekülwolke sind es, die sich in der Staubscheibe um den Babystern aus Staubkörnern zu immer größeren Körpern zusammenbacken – angefangen von «Staubflusen» und «Wollmäusen» über Steinbrocken, Asteroiden und Kometen –, so lange, bis die Schwerkraft der entstehenden Körper letztendlich ausreicht, um das Material der Scheibe allmählich in sich aufzusammeln und große Planeten zu formen.

Es war demnach kein Zufall, dass das Sonnensystem erst relativ spät in der Entwicklung des Kosmos entstanden ist, etwa 9 Milliarden Jahre nach dem Urknall. Vorher waren einfach nicht genügend schwere Elemente vorhanden. Es ist auch kein Zufall, dass sich die Sonne in den mittleren Bereichen einer Spiralgalaxie befindet. Die Innenbereiche, insbesondere der *Bulge*, werden durch alte, rote Sterne gebildet, die schon sehr früh entstanden sind und deshalb nicht genügend schwere Elemente beinhalten. Die jungen Sterne ganz am Rande der Spiralgalaxien entstehen ebenfalls aus fast jungfräulichem Gas, das die Galaxien gerade aus der Urknall-Materie aufgesammelt haben. Auch hier ist die Chance zur Entstehung von Planeten wiederum gering. Unsere Sonne befindet sich exakt am richtigen Platz in der Raumzeit unserer Galaxie, um Planeten zu bilden!

Rote Riesen und Weiße Zwerge

Sterne sind Gaskugeln, die einerseits von ihrer Schwerkraft, anderseits von dem in ihrem Innern herrschenden Gas- und Strahlungsdruck im Gleichgewicht gehalten werden. Der Druck stammt von der Hitze aus dem Sterninnern, die über die Oberfläche abgestrahlt wird. Bereits Lord Kelvin und Heinrich Helmholtz haben im 19. Jahrhundert darauf hingewiesen, dass ein Stern wie die Sonne (allerdings ohne innere Energiequelle) auf diese Weise etwa 20 bis 30 Millionen Jahre hell leuchten könnte, sich dabei aber langsam immer weiter zusammenziehen müsste. Kelvin kam damit auch zu einer Schätzung des Erdalters, die alle bisherigen bei weitem übertraf. Wir wissen heute, dass diese sogenannte Kelvin-Helmholtz-Kontraktion genau dem entspricht, was ein Stern in der Frühzeit seiner Entstehung aus dem Embryonenstadium durchmacht, dass dies aber nicht der Mechanismus sein kann, aus dem die Sonne ihre Energie bezieht. Erst Anfang des 20. Jahrhunderts wurde es möglich, mit Hilfe radioaktiver Methoden das Alter der Erde genau zu bestimmen. Es beträgt etwa 4,6 Milliarden Jahre und liegt damit weit über hundertmal höher als die Kelvin-Helmholtz-Zeit. Dies stellte allerdings die Astronomen wiederum vor beträchtliche Probleme, denn es konnte ja nicht sein, dass die Sonne wesentlich jünger war als die Erde. Der bereits erwähnte englische Astronom Sir Arthur Eddington schlug im Jahr 1920 als Erster vor, dass die Sterne ihre Energie aus der Kernfusion in ihrem Zentrum beziehen. Die Wasserstoffatome verschmelzen in diesem Prozess zu Helium, und dabei wird genügend Energie frei, um die Sonne und die anderen Sterne für Milliarden von Jahren leuchten zu lassen. Seit über 50 Jahren versuchen Forscher nun, das Sonnenfeuer auf die Erde zu holen und in Fusionsreaktoren Energie zu erzeugen, um damit in weiter Zukunft auch die Probleme der Menschheit in den Griff zu bekommen.

Rudolf Kippenhahn, einer der Pioniere der Sternentwicklungs-rechnung, hat die Geschichte der Sternentwicklung in dem Buch *100 Milliarden Sonnen* wunderbar anschaulich beschrieben.[103] Mit seinen brillanten, allgemeinverständlichen Vorlesungen war Kippenhahn einer der Lehrer, die mich und viele andere für die Astrophysik begeisterten. Obwohl das Buch schon mehr als ein Vierteljahrhundert auf dem Buckel hat und viele dort noch offenen Fragen inzwischen geklärt sind, gibt es doch einen sehr guten Einstieg und Überblick. Im Prinzip hätte die Sonne einen Wasserstoffvorrat, der für fast 100 Milliarden Jahre reichen könnte. Allerdings nimmt nur ein kleiner Teil der Sonne an der Fusion teil – etwa 10 Prozent im Zentrum, wo die Temperaturen ausreichen, um das Sonnenfeuer des Wasserstoffbrennens anzuheizen. Wenn die Sonne nach etwa 11 Milliarden Jahren ihren Wasserstoff im Kern weitgehend aufgebraucht hat, reicht der Gasdruck nicht mehr aus, um den nun fast nur noch aus Heliumatomen bestehenden Ascherest im Zentrum gegen die Gravitationskraft zu stützen. Ähnlich wie bei der ursprünglichen Entstehung der Sonne aus der präsolaren Wolke gewinnt nun die Gravitation wieder die Oberhand und drückt den kompakten Ascherest zusammen. Dadurch werden der Kern, aber auch die über ihm liegenden Schichten der noch unverbrauchten Gashülle so stark aufgeheizt, dass eine Kugelschale frischen Wasserstoffs weiterbrennt und sich langsam nach außen frisst. Mehr und mehr Helium wird dadurch dem kompakten Ascherest einverleibt. Die Temperatur und der Druck im Innern steigen stark an, was dazu führt, dass sich die Leuchtkraft und der Durchmesser der Sonne dramatisch erhöhen. Gleichzeitig wird die Temperatur der Oberfläche etwas kühler, und ihre Farbe verändert sich ins Rötliche. Die Sonne bläht sich zu einem Roten Riesen auf, der fast bis an die heutige Erdbahn heranreichen wird.

Etwas später wird die Sonne ihr Leben als normaler Stern aushauchen und ihre verbleibende Wasserstoffhülle in einem wunderschönen sogenannten Planetaren Nebel abstoßen. Diese Gebilde gehören zu den buntesten, aber auch bizarrsten astrophysikalischen Objekten, die der Kosmos zu bieten hat (siehe Abbildung 47). Sie bilden eine kurze, wichtige Entwicklungsstufe am Lebensende der meisten Sterne (derjenigen mit weniger als 8 Sonnenmassen). Wie «Rauchringe» werden die Hüllen der Roten Riesensterne mit Geschwindigkeiten von zig Kilometern pro Sekunde in das umgebende Medium geschleudert. In vielen Hubble-Aufnahmen dieser leuchtenden Gasblasen sieht man sehr komplexe Strukturen, beispielsweise bipolare Ringe in der Form einer Eieruhr, oft mehrere Schalen, die vermutlich von früheren Eruptionen stammen, Staubfilamente aus der Atmosphäre des Vorläufersterns, Texturen von zyklischen Mustern, die wie Sanddünen in der Wüste aussehen, radiale Speichen, die an die Explosionswolken von Silvesterraketen denken lassen, oder auch kometenartige, tropfenförmige Strukturen, die an die *Proplyds* im Orion-Nebel oder die Bok-Globulen in Sternentstehungsregionen erinnern.

Die dichten Aschereste des im Zentrum des Sterns nun ausgebrannten Fusionsofens werden ihr weiteres Leben als ein sogenannter Weißer Zwerg fristen – zunächst als Zentralstern ihres Planetaren Nebels, aber auch noch viele Milliarden Jahre später, wenn die restlichen Gasfetzen der Sternhülle schon längst verweht sein werden. Diese Sternleiche ist extrem kompakt, und ihre Atome werden so stark zusammengepresst, dass sie schließlich ihrer eigenen Schwerkraft nur noch mit Hilfe des von Wolfgang Pauli aufgestellten quantenmechanischen Ausschließungsprinzips der Elektronen standhalten kann. Elektronen sind Fermionen und können nach Pauli jede Zelle des Phasenraums[104] nur einmal ausfüllen. Eine derart zusammengequetschte Materieform, in der der quantenmechanisch bedingte Druck der Elektronen der Gravitationskraft Paroli bietet, wird auch als «entartetes Gas» bezeichnet. Auf diese Weise hat ein Weißer Zwergstern mit etwa einer halben Sonnenmasse nur ungefähr den Durchmesser der Erde. Wir werden den Weißen Zwergen zu einem späteren Zeitpunkt noch einmal begegnen.

Supernova-Explosionen

Sterne, die mehr Masse als die Sonne besitzen, strahlen auch wesentlich heller. So leuchtet ein Stern mit der doppelten Masse der Sonne etwa 14-mal so hell, ein Stern mit der zehnfachen Sonnenmasse ungefähr 6000-mal heller und ein Stern mit 30 Sonnenmassen annähernd 400 000-mal heller als die Sonne. Dadurch sind die Temperaturen auf den Oberflächen solcher Sterne auch entsprechend heißer, und ihre Farben erscheinen hellblau bis weiß. Ein massereicher Stern, der derart verschwenderisch mit seinem Wasserstoffvorrat umgeht, lebt natürlich auch entsprechend kürzer. Ein Stern mit 2 Sonnenmassen lebt ca. 1,4 Milliarden Jahre, einer mit 10 Sonnenmassen nur noch etwa 35 Millionen Jahre und alle Sterne mit mehr als 30 Sonnenmassen nur mehr etwa 3 Millionen Jahre. Umgekehrt kann die Lebensdauer Roter Zwergsterne, die etwa nur ein Zehntel der Masse der Sonne besitzen, das Alter des Universums um das Hundertfache übertreffen.

Massereichere Sterne beenden ihr Leben allerdings nicht verhältnismäßig sanft und gemächlich wie unsere Sonne, sondern verenden in gigantischen Explosionen. Ähnlich wie die Sonne blähen sie sich zunächst zu Roten Riesen auf, wenn der Wasserstoff im Kern zur Neige geht. Sobald sich die Temperatur im Zentrum des aus Heliumatomen bestehenden kompakten Ascherests auf etwa 100 Millionen Grad erhöht hat, beginnt der von Fred Hoyle vorhergesagte magische Prozess der Verschmelzung von drei Heliumatomen zu Kohlenstoff, dem wir unsere Existenz verdanken (siehe Seite 82). Je heißer es Richtung Zentrum wird, desto schwerere Elemente können durch die Fusion verschmelzen. Die verschiedenen Elemente beginnen deshalb im Sternzentrum in unterschiedlichen Schichten zu brennen, so dass der Kern zum Schluss wie eine Zwiebel aussieht. Die Phasen dieses Schalenbrennens werden gegen Ende des Sternenlebens immer unergiebiger und müssen deshalb immer schneller ablaufen, damit der Stern noch genügend Energie aufbringt, um dem gigantischen Druck der Schwerkraft in seinem Zentrum zu widerstehen. Während die

Fusion des Wasserstoffs zu Helium bei einem Stern mit 10 Sonnenmassen etwa 10 Millionen Jahre anhält, dauert das Verbrennen des Heliums zu Kohlenstoff und Sauerstoff lediglich etwa eine Million Jahre, die Fusion von Kohlenstoff zu schwereren Elementen wie Neon, Natrium und Magnesium nur noch zehntausend Jahre, das Brennen von Sauerstoff zu Silizium und Schwefel noch vier Jahre und schließlich die Fusion von Silizium zu Eisen gerade einmal eine Woche. Beim Eisen ist der Fusionsprozess dann allerdings zu Ende, weil bei der Erzeugung noch schwererer Elemente keine Energie mehr frei wird, sondern im Gegenteil Energie zugeführt werden muss. Auch um einen Eisenkern zu spalten, muss Energie aufgebracht werden. Eisen ist deshalb das stabilste Element des Periodensystems. Damit ist der Ofen aus!

In der letzten Phase ist die Temperatur im Innersten des Sternes auf etwa 3 Milliarden Grad angestiegen. Die dichte Kugel aus hoch komprimiertem Eisendampf, die sich im Zentrum gebildet hat, findet nun keinen Weg mehr, um ihrer gigantischen Gravitationskraft Einhalt zu gebieten. Auch die Pauli'schen Ausschließungskräfte der Elektronen, die im Falle des entarteten Gases der Weißen Zwerge noch imstande sind, diese kompakten Sternreste zu stabilisieren, versagen, wenn die Masse eine kritische Grenze übersteigt. Diese Grenze wurde im Jahr 1930 von dem indisch-amerikanischen Astrophysiker Subrahmanyan Chandrasekhar ausgerechnet, der dafür im Jahr 1983 den Nobelpreis erhielt. Das große Röntgenteleskop *Chandra* der NASA wurde nach ihm benannt. Bei der sogenannten Chandrasekhar-Masse, die etwa 1,4 Sonnenmassen beträgt, bewegen sich die Elektronen des entarteten Gases im Innern des kompakten Sterns annähernd mit Lichtgeschwindigkeit, so dass sich eine Erhöhung des Gravitationsdrucks nicht länger durch eine Vergrößerung ihrer Geschwindigkeit ausgleichen lässt. Ein kompakter Stern mit einer Masse jenseits der Chandrasekhar-Grenze muss deshalb unweigerlich unter dem Druck seiner Schwerkraft zusammenstürzen. Genau das passiert der etwa erdgroßen Eisenkugel im Zentrum des Roten Riesen, die in Sekundenbruchteilen auf einen Durchmesser von nur etwa 20 bis 30 Kilometern kollabiert.

Durch diesen Gravitationskollaps steigt die Temperatur wiederum dramatisch an, auf etwa 100 Milliarden Grad. Die Elektronen, die eigentlich viel mehr Platz bräuchten, werden dabei gleichsam in die Protonen der Eisenkerne hineingequetscht. Über den sogenannten inversen Betazerfall der schwachen Wechselwirkung werden aus einem Proton und einem Elektron auf diese Weise ein Neutron und ein Neutrino erzeugt. Innerhalb kürzester Zeit werden so die etwa 10^{57} Protonen und Elektronen der Eisenkugel in ebenso viele Neutronen und Neutrinos verwandelt. Der Kollaps wird erst dann schlagartig gestoppt, wenn die Pauli-Ausschließungskräfte des neu geformten entarteten Neutronengases der Gravitationskraft Einhalt gebieten. Ein Neutron hat eine etwa 2000-mal größere Masse als ein Elektron. In der Quantenmechanik ist die Wellenlänge eines Teilchens und damit seine typische Größe umso kleiner, je größer seine Masse ist. In einem entarteten Gas benötigt das Neutron dementsprechend viel weniger Platz als das Elektron. Die Dichte in dem entarteten Neutronengas entspricht ungefähr der von Kernmaterie. Der auf diese Weise entstandene Neutronenstern lässt sich als ein gigantischer Atomkern mit etwa 10^{57} Neutronen und dem Umfang einer Großstadt betrachten.

Bereits im Dezember 1933, nur ein Jahr nach der Entdeckung des Neutrons, hatten der Astrophysiker Fritz Zwicky und sein jüngerer, manchmal etwas eingeschüchterter Kollege Walter Baade in zwei brillanten Vorträgen auf dem Treffen der Amerikanischen Physikalischen Gesellschaft in Stanford die Existenz von Neutronensternen vorausgesagt und den Begriff «Supernovae» eingeführt. In ihrer Originalarbeit schreiben sie dazu:[105]

> Mit aller Vorsicht tragen wir die Ansicht vor, dass eine Supernova den Übergang eines normalen Sterns in einen Neutronenstern darstellt, der hauptsächlich aus Neutronen besteht. Solch ein Stern könnte einen sehr kleinen Radius und eine extrem hohe Dichte besitzen. ... Ein Neutronenstern wäre deshalb die stabilste Konfiguration der Materie überhaupt.

Zu dieser genialen Schlussfolgerung führte sie die Berechnung der Gravitationsenergie, die beim Kollaps zu einem Neutronenstern frei wird, verglichen mit den großen Energiemengen, die bei einer

Supernova abgestrahlt werden. Robert Oppenheimer, der wissenschaftliche Leiter des Manhattan-Projekts, und sein damaliger Postdoktorand George M. Volkhoff berechneten im Jahr 1939 das erste theoretische Modell eines Neutronensterns.[106] Für viele der am Manhattan-Projekt beteiligten Physiker waren Supernova-Explosionen wegen ihrer Ähnlichkeit zu Atombombenexplosionen hoch interessant, und in der Tat gibt es viele Parallelen.

Warum aber explodiert der Stern? Ursprünglich glaubten die theoretischen Astrophysiker, die ihre für Atombombenexplosionen entwickelten Computermodelle auf den Gravitationskollaps eines Sterns anwendeten, dass die Schockwelle, die beim Aufprall des einfallenden Materials an der harten Grenze des entstehenden Neutronensterns entsteht, ausreichen würde, um die gesamte darüberliegende Hülle des Sterns auseinanderzureißen. Doch das funktionierte nicht. Der Schock war einfach zu schwach. Seit dieser Erkenntnis richtete sich die Aufmerksamkeit auf die Neutrinos, die beim inversen Betazerfall in gigantischen Mengen entstehen und fast die gesamte überschüssige Gravitationsenergie nach außen tragen müssen. Als bei der Explosion der seit über 300 Jahren zum ersten Mal wieder mit bloßem Auge sichtbaren Supernova 1987A in der Großen Magellan'schen Wolke die theoretisch vorhergesagten Neutrinos in großen unterirdischen Detektoren, vor allem mit dem japanischen Kamiokande-Detektor, entdeckt wurden, war dies ein Triumph der Physik. Der Leiter des Kamiokande-Projektes, Masatoshi Koshiba, erhielt dafür im Jahr 2002 einen Teil des Nobelpreises.

Die Wahrscheinlichkeit für eine Wechselwirkung mit normaler Materie ist bei Neutrinos unvorstellbar klein. Man würde deshalb einen Bleibarren mit etwa einem Lichtjahr Dicke benötigen, um ein Neutrino zu stoppen. Deshalb sollten die Neutrinos den Stern praktisch ungehindert verlassen können. Aber ein winzig kleiner Bruchteil ihrer Energie würde ausreichen, den ganzen Stern auseinanderzufetzen. Allerdings war jahrzehntelang nicht klar, wie viel Energie die Neutrinos bei ihrer Flucht aus dem Stern hinterlassen würden. Obwohl die Astrophysiker immer detailliertere Neutrinophysik in ihre Modelle packten, gelang es ihnen nicht, einen Stern explodieren zu lassen. Noch im Jahr 2003 überschrieben die Spezialisten in der Arbeitsgruppe meines Kollegen Wolfgang Hillebrandt am Garchinger Max-Planck-Institut für Astrophysik eine ihrer Presseerklärungen mit dem Titel «Supernova-Problem noch immer ungelöst». Sie waren enttäuscht, dass eine der aufwändigsten jemals durchgeführten Computersimulationen immer noch keine Explosion erzeugte.

Vor kurzem konnten sie jedoch einen Durchbruch vermelden.[107] Zumindest Sterne von etwa 10 Sonnenmassen explodieren in ihren Modellen jetzt. Tatsächlich hinterlassen die Neutrinos weniger als ein Prozent ihrer Energie in der Schockfront, die zwischen der noch einfallenden Materie und der frisch gebildeten Neutronenstern-oberfläche zusammengequetscht wird. Diese Energie reicht aber aus, um wie in einem Dampfkochtopf den Druck zu erhöhen und in einer Art brodelnden Explosion die darüberliegende Sternhülle zu einer Supernova zu beschleunigen (siehe Abbildung 37). Die Explosionswelle jagt dann durch die darüberliegenden Zwiebelschalen der schweren Elemente und erhitzt sie, wobei ein Teil der dort vorhandenen Atomkerne zu radioaktiven Isotopen noch schwererer Elemente verschmilzt. Bei der Supernova 1987A entstanden zum Beispiel große Mengen von Cobalt und Nickel, deren Radioaktivi-

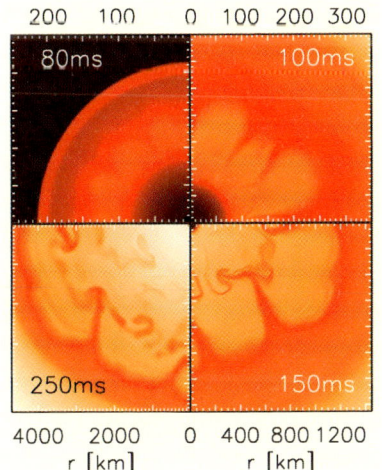

37 Computersimulation der Explosion eines Sterns mit etwa 10 Sonnenmassen. Instabilitäten zwischen den nach außen drückenden Neutrinos und der auf dem Kern lastenden Schwerkraft werden durch die Explosion nach außen getragen und sind vermutlich für die faszinierenden Filamentstrukturen der Supernova-Überreste verantwortlich.[107]

38   Links: Der Crab-Nebel mit dem FORS2-Instrument des *Very Large Telescope* aufgenommen. Dieser Nebel ist der Überrest einer Supernova, die im Jahr 1054 in etwa 6000 Lichtjahren Entfernung im Sternbild Stier explodiert ist. Die bläuliche Emission ist Synchrotronstrahlung, die von den energiereichen Elektronen aus dem Zentrum des Nebels stammt. Die rötlichen Filamente weisen auf die komprimierte Gashülle des Vorgängersterns hin.
Rechts: Im Zentrum des Nebels ist ein Neutronenstern, ein sogenannter Pulsar, der etwa 30-mal in der Sekunde um seine Achse rotiert und dabei wie ein Leuchtturm elektromagnetische Strahlung vom Radio- bis in den Gammabereich emittiert. Das Bild ist aus einer Aufnahme des *Hubble Space Telescope* im sichtbaren Licht (rot) und einem Röntgenbild des *Chandra*-Observatoriums (blau) zusammengesetzt.[108]

tät sich durch die Röntgendetektoren unseres Instituts auf der russischen Raumstation MIR nachweisen ließ.

Auf diese Weise könnte auch die Supernova explodiert sein, die im Jahr 1054 im Sternbild Stier[109] entdeckt wurde. Die chinesischen Kaiser beschäftigten Astronomen, um ständig über wichtige Vorgänge am Himmel informiert zu werden. Deshalb sind die chinesischen historischen Quellen über die Erscheinung neuer «Gaststerne» am Himmel astronomisch meist sehr akkurat, sowohl was ihre Position am Himmel als auch was ihre Helligkeit anbelangt. Die Quellen der chinesischen Song-Dynastie verzeichnen für den 4. Juli und den 27. August 1054 das Auftauchen eines Gaststerns am Himmel, der beide Male so hell wie die Venus war. Nach den historischen Quellen war der Stern angeblich 23 Tage lang tagsüber am Himmel sichtbar und fast zwei Jahre lang am Nachthimmel. In den Jahren 1731 und 1758 entdeckten John Bevis und Charles Messier unabhängig voneinander

einen Emissionsnebel im Sternbild Stier, der später mit der historischen Explosion in Verbindung gebracht wurde. Messier, nach
dem die berühmtesten Nebel am Himmel benannt sind, hatte dieses
Objekt auf der Suche nach Halleys Kometen entdeckt und ihm den
Namen «Messier 1» gegeben.

Inzwischen ist der Überrest der Supernova von 1054 unter dem
Namen «Crab-Nebel» berühmt und zu einem der am besten untersuchten Objekte der Astronomie überhaupt geworden. Es gibt sicher mehr als 200 Doktorarbeiten – meine eigene eingeschlossen –,
die sich mit verschiedenen Facetten dieses faszinierenden Objekts
beschäftigen. Als ich vor mehr als 20 Jahren die Einleitung für
meine Dissertation schrieb, habe ich mich noch gewundert, warum nur die chinesischen, aber kein einziges der europäischen oder
arabischen Archive diesen sehr hellen Gaststern verzeichnet haben
sollten. War etwa zu dieser Zeit in ganz Europa über mehrere Wochen schlechtes Wetter gewesen? Ich habe mich deshalb sehr gefreut, als ich bei der Recherche für dieses Buch bei der mir lieb
gewordenen Wikipedia-Enzyklopädie herausfand, dass inzwischen 13 historische Sichtungen der damaligen Supernova-Explosion bekannt geworden sind, davon vier in Asien (einschließlich
China), eine in Arabien und acht in Europa. Aus den historischen
Beschreibungen – zum Beispiel «helle Scheibe am Nachmittag»,
«glühende Säule», «sehr heller Stern» – lassen sich sogar der Hel-
ligkeitsverlauf und das Datum der Explosion recht gut erschließen. Sie fand demnach am 11. April 1054 statt.

Das Aussehen des Crab-Nebels wird entscheidend von dem
phantastischen Objekt in seiner Mitte beeinflusst, dem kompakten
Überrest des Vorgängersterns der Supernova. Es handelt sich dabei
um einen Neutronenstern mit etwa 30 Kilometern Durchmesser sowie mit einem starken Magnetfeld, das etwa tausend Milliarden
Mal größer als das Erdmagnetfeld ist; er dreht sich etwa 30-mal in
der Sekunde um seine eigene Achse. Dem Strahl eines Leucht-
turms vergleichbar überstreicht den Beobachter dabei zweimal pro
Umdrehung stark gebündelte elektromagnetische Strahlung vom
Radio- bis in den Gammabereich, was zu einem charakteristischen,
periodischen Schwanken der Helligkeit dieses sogenannten Crab-

Pulsars führt. Das Bild des Crab-Nebels im sichtbaren Licht (siehe Abbildung 38 links) zeigt einerseits in rötlichen Filamenten die zerfetzte Gashülle des Vorgängersterns. Im diffusen bläulichen Licht wird andererseits die sogenannte Synchrotronstrahlung der vom Crab-Pulsar auf Lichtgeschwindigkeit beschleunigten, relativistischen Elektronen im Magnetfeld des Überrestes sichtbar. Die rechte Seite der Abbildung 38 zeigt eine auf den Crab-Pulsar gezoomte Fotomontage aus einem Bild des *Hubble-Space Telescope* im sichtbaren Licht (in rot) und aus einer Röntgenaufnahme des *Chandra*-Observatoriums (in blau). In fast dreidimensionaler Plastizität sehen wir hier, wie der schnell rotierende Neutronenstern entlang seiner Äquatorebene und vermutlich auch entlang der Polachse schnelle Teilchen herausschleudert, die dann als ringförmige und jetartige Strukturen erkennbar sind. Diese Geometrie der Beschleunigungsregion wurde übrigens bereits im Jahre 1975 von meinen Garchinger Kollegen Bernd Aschenbach und Wolfgang Brinkmann theoretisch vorhergesagt[110] − lange bevor sie dann zunächst mit ROSAT und später mit *Chandra* wirklich beobachtet werden konnte.

Explosionen als Standardkerzen

Neben der Supernova-Explosion durch den Kollaps des Eisenkerns im Innern eines massereichen Sterns gibt es noch eine weitere wichtige Art von Sternexplosion, die sich gewissermaßen an der Oberfläche eines Sterns abspielt. Dies sind die sogenannten Supernovae Typ Ia, die besonders in der Kosmologie und bei der Entdeckung der Dunklen Energie eine wichtige Rolle gespielt haben. Viele Sterne werden in Doppelsternsystemen geboren. Da sie üblicherweise verschieden groß sind, entwickeln sie sich auch unterschiedlich schnell. Der massereichere der beiden Sterne fängt zuerst an, sich zum Roten Riesen aufzublähen und wenig später zum Weißen Zwerg zu werden. Wenn sich dann geraume Zeit später der Begleitstern zum Roten Riesen entwickelt und beide Sterne nahe genug beieinanderstehen, kann es passieren, dass ein Teil der

sich ausdehnenden Hülle des Riesen von dem Weißen Zwerg aufgesammelt wird. Ein derartiger Prozess wird als «Akkretion» bezeichnet. Während die Materie auf den kompakten Zwerg hinun-
terfällt, heizt sie sich stark auf und beginnt im Röntgenbereich zu
leuchten. Oft sind diese Akkretionsprozesse extrem zeitvariabel.
Dramatische Ausbrüche von Röntgen- und Ultraviolettstrahlung
wechseln sich mit ruhigeren Perioden ab. Akkretierende Weiße
Zwerge in Doppelsternsystemen werden deshalb auch als «kata-
klysmische Variable» bezeichnet.

Der frisch auf die Oberfläche des Weißen Zwerges herabgereg-
nete Wasserstoff legt sich wie eine neue Hülle um den kompakten
Stern. Wenn der Druck, die Dichte und die Temperatur in dieser
Hülle ausreichend groß werden, kann es geschehen, dass der Wasserstoff in der Hülle wieder zu brennen beginnt und zu Helium
fusioniert. Meist passiert dies explosionsartig, wie beim Zünden
einer Wasserstoffbombe. In diesem Fall wird die explodierende
Hülle vom Stern weggeschleudert und leuchtet umso heller, je
größer sie sich aufbläht. Für kurze Zeit erscheint deshalb am Himmel ein neuer Stern, eine «Nova». Im Vergleich zur Supernova, bei
der ja der gesamte Stern explodiert, erzeugt eine Nova, an deren
Entstehung lediglich eine dünne Hülle beteiligt ist, wesentlich
weniger Energie. Mit dem ROSAT-Satelliten ist es im Jahr 1991 einigen meiner Kollegen und mir gelungen, eine neue Klasse von extrem
leuchtkräftigen Röntgenquellen mit sehr weichen Röntgenspek-
tren zu identifizieren – sogenannte *supersoft sources* (SSS).[111] Theoretische Untersuchungen zeigen, dass bei diesen Quellen der Wasserstoff auf der Oberfläche der Weißen Zwerge kontinuierlich
brennt. Wir können hier also die Kernfusion, die sich sonst im Innern der Sterne versteckt, direkt beobachten.

Dadurch dass die akkretierte Materie bei diesen SSS nicht –
wie bei einer Nova-Explosion – wieder in den Weltraum zurück-
geschleudert wird, sondern sich auf der Oberfläche des Weißen Zwerges ansammelt, wird dieser immer massereicher. Infolge
der Quanteneigenschaften des entarteten Elektronengases wird
er dabei interessanterweise nicht größer, sondern immer kleiner.
Das geht so lange, bis er die kritische Chandrasekhar-Masse von

1,4 Sonnenmassen erreicht, bei der die Elektronen relativistisch werden und deshalb der gigantischen Gravitationskraft nichts mehr entgegensetzen können. Der Stern wird unter seiner Schwerkraft zusammengedrückt. Im Gegensatz zu dem oben besprochenen Eisenkern-Kollaps bei massereichen Sternen enthält der Weiße Zwerg aber noch jede Menge leichterer Elemente, zum Beispiel Kohlenstoff, die durch Kernfusion Energie erzeugen können. Wiederum ähnlich wie bei der Wasserstoffbombe entsteht auf diese Weise eine thermonukleare Explosion, die den gesamten Stern zerfetzt und seine Bestandteile mit großen Geschwindigkeiten in den Weltraum schleudert.

Da die Chandrasekhar-Masse durch fundamentale Eigenschaften der Materie bestimmt ist, laufen diese Explosionen vom Typ Ia bei allen Sternen fast identisch ab und erzeugen immer annähernd gleich viel Energie. Daher lassen sich derartige Explosionen als «Standard-Kerzen» verwenden, mit denen die Geometrie des Universums ausgelotet werden kann. Messungen an weit entfernten Supernova-Explosionen gaben im Jahr 1998 wichtige Hinweise auf die Existenz der Dunklen Energie, welche die Expansion des Kosmos beschleunigt (siehe Kapitel 2).

Die größten Explosionen nach dem Urknall

In den sechziger Jahren des 20. Jahrhunderts, auf dem Höhepunkt des Kalten Krieges, einigten sich die Supermächte USA und Sowjetunion, Atombombentests in der Erdatmosphäre zu verbieten. Um diesen Teststopp zu überwachen und auch sicherzustellen, dass keine Atombombentests im Weltraum, vielleicht sogar auf der Rückseite des Mondes, durchgeführt wurden, starteten die Amerikaner eine Reihe von Satelliten der Vela-Serie. Mit einem Orbit von 250 000 Kilometern Durchmesser befanden sich diese Satelliten jeweils paarweise auf einander gegenüberliegenden Punkten. So hatten sie immer die ganze Erde im Blick und konnten mit Röntgen-, Gamma- und Neutronendetektoren die Einhaltung des Abkommens überwachen. Tatsächlich entdeckten sie etliche Ereignisse, die mit Atombombentests in Verbindung gebracht wurden und zum Teil zu politischen Turbulenzen führten. Astronomisch am wichtigsten war jedoch die Entdeckung mehrerer mysteriöser Gammastrahlenausbrüche, die weder von der Erde noch von der Sonne oder dem Mond zu kommen schienen. Ray Klebesadel vom Los-Alamos-Laboratorium gab im Jahr 1973 die Entdeckung der «kosmischen Gammastrahlenausbrüche» mit Hilfe der Vela-Satelliten bekannt. Parallel dazu beobachteten die Kollegen um Evgeny Mazets vom Ioffe-Institut in Leningrad ebenfalls Gammastrahlenausbrüche mit dem russischen Satelliten *Kosmos 461*. Ungefähr einmal täglich blitzt demnach irgendwo am Himmel eine Gammastrahlenquelle auf, die für Sekunden bis Minuten heller erscheint als der gesamte restliche Himmel im Gammalicht.

In den Folgejahren stritten sich die Astrophysiker heftig über die Natur dieser Gammastrahlenausbrüche. Die meisten gingen von Objekten in unserer eigenen Milchstraße aus, zum Beispiel von Neutronensternen, auf denen durch Sternbeben[112] explosionsartig Energie freigesetzt wird. Eine Minderheit vermutete damals schon, dass es sich bei diesen Ereignissen um sehr weit entfernte, gigantische Explosionen in anderen Galaxien handelt. Wiederum andere Astronomen wollten die Explosionen in unser eigenes Sonnensystem verlegen, etwa in den Kuiper-Gürtel. Studiert man die Verteilung der Gamma-Bursts am Himmel und auch ihre Helligkeitsverteilung, lassen sich im Prinzip verschiedene Szenarien unterscheiden. Da sich die Sonne am Rand der Milchstraße befindet, sollten zum Beispiel die Gamma-Bursts, falls sie sich in der Milchstraße befinden, von uns aus betrachtet anisotrop am Himmel verteilt sein, mit einer Häufung in Richtung des Galaktischen Zentrums. Das Röntgeninstrument BATSE auf dem amerikanischen *Compton Gamma-Ray Observatory* hatte Anfang der neunziger Jahre genügend Gammaausbrüche kartiert, um eindeutig beweisen zu können, dass ihre Verteilung perfekt isotrop ist, womit ein Galaktischer Ursprung praktisch ausgeschlossen werden konnte. Über Jahre bestand allerdings das Problem, dass die Positionen der Gammablitze am Himmel nur sehr ungenau angegeben werden konnten, so dass es nicht möglich war, sie konkreten Objekten am

Himmel zuzuordnen. Der Durchbruch kam erst mit den Messungen des italienisch-holländischen Satelliten *BeppoSAX*, bei denen es das erste Mal gelang, ein schwaches Nachglühen von Gamma-Bursts im Röntgenlicht nachzuweisen. Durch eine geschickte Beobachtungsstrategie, die die Signale der Weitwinkel-Röntgenkamera in der Bodenstation zügig analysierte und den Satelliten dann umgehend per Bodenkommando in die Richtung des Gammablitzes schwenkt, konnte das *BeppoSAX*-Team am 28. Februar 1997 den Ort eines Bursts am Himmel so genau festlegen, dass eine Beobachtung des Nachleuchtens mit optischen Teleskopen möglich wurde.[113] Der holländische Astronom Jan van Paradijs und seine Kollegen entdeckten etwa 21 Stunden nach dem Ausbruch ein schnell schwächer werdendes Objekt in der Nähe einer weit entfernten Galaxie und konnten damit beweisen, dass Gammastrahlenausbrüche einen kosmologischen Ursprung haben.[114]

Am 20. November 2004 startete die NASA den Satelliten *Swift*, der auf die Jagd nach Gammastrahlenausbrüchen spezialisiert ist. Routinemäßig und autonom führt der Satellit an Bord innerhalb von Sekunden die Analysen und Operationen durch, die bei früheren Missionen über den Umweg der Bodenstationen gelaufen sind. Damit hat *Swift* die Nachbeobachtung von Gamma-Bursts revolutioniert. Ein ganzer Schwarm von Astronomen hängt über automatische Alarmmeldungen auf ihren Handys rund um die Uhr am Pulsschlag von *Swift*. Inzwischen gibt es mehr als 150 Bursts, deren Nachleuchten im Röntgenlicht gemessen, und mehr als 100, die im sichtbaren Licht entdeckt wurden.[115] Die Population der Galaxien, die Gammastrahlenausbrüche beheimaten, gehört mit zu den am weitesten entfernten Objekten im Universum. Der Rekordhalter, dessen Explosion am 5. September 2005 beobachtet wurde, hat eine Rotverschiebung von 6,29 und sein Licht also ausgesandt, als das Weltall gerade einmal ein Fünfzehntel seines heutigen Alters hatte.

Trotz dieser riesigen Entfernungen erscheinen die Gammastrahlenausbrüche am Himmel sehr hell. Deshalb müssen sie gigantische Energiemengen umsetzen. In einer Zeitspanne von Sekundenbruchteilen bis zu einigen Minuten wird der gesamte Energieinhalt eines Sterns in den Weltraum abgestrahlt. Die Gammastrahlenausbrüche werden deshalb auch als die «größten Explosionen nach dem Urknall» bezeichnet. Derartige Explosionsenergien werden zum Beispiel bei der Entstehung eines stellaren Schwarzen Lochs frei. Theoretische Analysen zeigen, dass dabei vermutlich relativistische Teilchenstrahlen eine Rolle spielen. Materieschichten werden fast mit Lichtgeschwindigkeit ausgeworfen und kollidieren miteinander, wodurch die starke Gammastrahlung erzeugt wird. Bei etlichen Gammastrahlenausbrüchen wurde auch ein Zusammenhang mit sogenannten Hypernovae gefunden – Explosionen, die noch gigantischer als Supernovae sind. Deshalb gehen wir davon aus, dass es sich dabei um die Geburt von Schwarzen Löchern aus dem Kernkollaps von sehr massereichen Sternen handelt. Bei einer anderen Unterklasse von Gamma-Bursts, die in Bruchteilen von Sekunden ablaufen, könnte es sich um die Verschmelzung zweier Neutronensterne und damit ebenfalls um die Geburt eines Schwarzen Lochs handeln. Mit Fug und Recht lässt sich demnach behaupten, dass hier die «Kosmischen Monster» geboren werden, die wir im nächsten Kapitel noch etwas genauer betrachten wollen.

Da die Gammasignale intrinsisch so leuchtkräftig sind, lassen sie sich im Prinzip bis über die größten Entfernungen, gewissermaßen bis ans Ende des sichtbaren Universums, beobachten. Damit könnten sie uns wichtige Informationen über Leben und Tod der ersten Generation von Sternen aus der Kinderstube des Weltalls liefern. Dennoch ist es sehr schwer, Gammastrahlenausbrüche im frühen Universum dingfest zu machen, weil ihr sichtbares Licht durch die große, von der Galaxienfluchtbewegung erzeugte Rotverschiebung nur im infraroten Teil des elektromagnetischen Spektrums sichtbar ist und damit mit optischen Teleskopen nicht wahrgenommen werden kann. Die Gruppe um Jochen Greiner aus unserem Institut hat deshalb in den letzten Jahren eine spezielle Kamera mit dem Namen GROND[116] entwickelt, die das Licht von Gammastrahlenausbrüchen gleichzeitig in mehreren optischen und Infrarotkanälen vermessen soll. Ein Signal aus dem frühen Universum sollte sich dadurch verraten, dass es in den vier optischen Kanälen überhaupt nicht sichtbar ist, in mindestens einem der drei Infrarotkanäle jedoch relativ hell leuchtet. Die neue Kamera soll im Frühjahr 2007 ihren Betrieb am 2,2-Meter-Teleskop der Europäischen Südsternwarte und der Max-Planck-Gesellschaft auf dem Berg La Silla in Chile aufnehmen. Wann immer *Swift* oder ein anderer Satellit einen Gamma-Burst entdeckt, der von Chile aus sichtbar ist, wird der Strahlengang des Teleskops automatisch über einen Spiegel in die Kamera eingeblendet, und das Teleskop schwenkt innerhalb kürzester Zeit auf die Position des Ausbruchs am Himmel. Damit hoffen wir, die am weitesten entfernten Objekte im Kosmos aufzuspüren. Vielleicht hat die GROND-Kamera, wenn Sie dieses Buch in der Hand halten, bereits eine wichtige Entdeckung gemacht.

Schwarze Löcher aus der Kraft der Gedanken

Gegen Ende des 18. Jahrhunderts machten sich zwei berühmte Forscher Gedanken über den Effekt der Schwerkraft auf das Licht. Nach Newtons Schwerkraftgesetzen hat jeder Körper eine soge- nannte Entweichgeschwindigkeit, die man aufbringen muss, um seinem Schwerkraftsfeld zu entkommen. Wenn Sie einen Stein in die Luft werfen, wird er eine gewisse Höhe erreichen und dann wieder auf den Erdboden zurückfallen. Je mehr Energie Sie in Ihren Wurf legen, je größer also die Anfangsgeschwindigkeit ist, die Sie dem Stein mitgeben, desto höher wird er steigen. Keine menschliche Kraft würde jedoch ausreichen, um den Stein von der Erde wegzuschleudern. Die Entweichgeschwindigkeit von der Erde beträgt etwa 40 000 Kilometer pro Stunde oder 11,2 Kilometer pro Sekunde. Nur ein Raketenantrieb erreicht derart hohe Ge- schwindigkeiten. Wenn Sie also dem Stein eine genügend große Rakete unterschnallen, kann er die Erde verlassen.

Die Entweichgeschwindigkeit von der Sonne beträgt bereits 617 Kilometer pro Sekunde. Dabei hängt die Entweichgeschwin- digkeit sowohl von der Masse als auch von der Größe des Objekts ab.[117] Je massereicher und je kleiner ein Objekt ist, desto höher ist seine Entweichgeschwindigkeit. Der englische Naturforscher Rev. John Mitchell und der berühmte französische Mathematiker und Astronom Pierre-Simon Marquis de Laplace machten sich in den Jahren 1784 beziehungsweise 1796 unabhängig voneinander Ge- danken, wie ein Stern beschaffen sein müsse, dessen Entweich- geschwindigkeit gerade der Lichtgeschwindigkeit entspricht. Von einem solchen Stern könnte nicht einmal das Licht entweichen, er wäre also komplett dunkel. Die Lichtgeschwindigkeit beträgt ziemlich genau 300 000 Kilometer pro Sekunde.[118] Im Vergleich zur Sonne müsste ein Stern mit der gleichen Masse also etwa 236 000-mal kompakter sein als die Sonne. Der Radius der Sonne ist 696 000 Kilometer; demnach müsste einer von Mitchells bzw. Laplaces «Dunklen Sternen» mit der Masse der Sonne einen Radius von weniger als 3 Kilometern haben. Stellen Sie sich einmal die gesamte Masse der Sonne auf den Durchmesser einer mittleren Kleinstadt zusammengequetscht vor! Andererseits sind die Dimensionen von Neutronensternen mit etwa 10 bis 15 Kilometern Radius und etwa 1,4 Sonnenmassen gar nicht so weit davon entfernt. Deren Entweichgeschwindigkeit liegt jedoch lediglich bei einem Bruchteil der Lichtgeschwindigkeit.

Auch mit anderen Vorhersagen waren Mitchell und Laplace ihrer Zeit weit voraus. Erst lange nach ihrem Tod sollten ihre in Vergessenheit geratenen Überlegungen wiederentdeckt werden. Dabei spielte der brillante Astrophysiker Karl Schwarzschild eine zentrale Rolle. Bereits in jungen Jahren war der 1873 in Frankfurt am Main geborene Schwarzschild von Astronomie und Physik begeistert. Als 16-jähriger Schüler veröffentlichte er schon zwei Arbeiten in einer anerkannten Fachzeitschrift, den *Astronomischen Nachrichten*. Mit 27 Jahren wurde er Professor und Direktor der Sternwarte Göttingen. Bis dahin hatte er bereits bahnbrechende Arbeiten zur Bestimmung von Intensitäten auf photographischen Platten veröffentlicht. In Göttingen arbeitete er mit großen Mathematikern wie David Hilbert und Hermann Minkowski zusammen. Dorthin holte er auch den berühmten dänischen Astronomen Ejnar Hertzsprung, den Miterfinder des Hertzsprung-Russel-Diagramms, das eine sehr wichtige Rolle beim Verständnis der Sterne spielt. Neben vielen anderen astrophysikalisch wichtigen Arbeiten entwickelte Schwarzschild auch die Theorie der geometrischen Optik, welche die Grundlage der heutigen Spiegelteleskope darstellt.

Im Jahr 1909 wurde Karl Schwarzschild als Direktor an das Astrophysikalische Observatorium Potsdam berufen, wohin er sich schweren Herzens aufmachte, nicht ohne den erst vor kurzem nach Göttingen geholten Hertzsprung mitzunehmen. 1912 wurde er zum Mitglied der Preußischen Akademie der Wissenschaften berufen. Die Antrittsrede zu seiner Aufnahme hielt Max Planck. Im gleichen Jahr wurde in Potsdam auch sein Sohn, Martin Schwarzschild, geboren, der ebenfalls ein berühmter Astrophysiker wurde und den ich etwa achtzig Jahre später in Princeton noch persönlich kennenlernen durfte.

Beim Ausbruch des Ersten Weltkriegs 1914 meldete sich Karl Schwarzschild, der sich als deutscher Jude dem Vaterland verpflichtet fühlte, sofort als Freiwilliger zur Armee. Obwohl er ins Feld zog, fand er doch immer wieder Zeit, sich physikalischen Fragestellungen zu widmen. Die dabei entstandenen Arbeiten schickte er meistens an Albert Einstein nach Berlin, der sie in seinem Namen in der Akademie der Wissenschaften vortrug. An der russischen Front im Dezember 1915, nur wenige Wochen nach Einsteins Veröffentlichung der Allgemeinen Relativitätstheorie, fand Karl Schwarzschild die erste exakte Lösung der Einstein'schen Feldgleichungen. Er berechnete die gekrümmte Raumzeit außerhalb eines elektrisch neutralen, nichtrotierenden, kugelsymmetrischen Sterns im Vakuum. Seine vorläufige «äußere» Lösung: «Über das Gravitationsfeld eines Massenpunktes nach der Einstein'schen Theorie», die später den Namen «Schwarzschild-Geometrie» erhielt, sandte er an Albert Einstein. Einstein war selbst überrascht über die Schnelligkeit, mit der die Lösung gefunden worden war, und beglückwünschte Schwarzschild zu deren Einfachheit. Im Januar 1916 trug er die Ergebnisse in Schwarzschilds Namen auf einer Sitzung der Preußischen Akademie der Wissenschaften vor. Nach dieser Theorie gibt es für jede beliebige Masse einen kritischen Abstand, innerhalb dessen die Raumkrümmung so groß wird, dass selbst Licht nicht daraus entkommen kann. Interessanterweise entspricht der ihm zu Ehren so benannte Schwarzschild-Radius genau der Größe, die mehr als 100 Jahre zuvor von Mitchell und Laplace gefunden wurde. Für die Masse der Sonne beträgt dieser Radius, wie gesagt, etwa 3 Kilometer, für die der Erde 1 Zentimeter.

Nur kurze Zeit später reichte Karl Schwarzschild auch seine «innere» Lösung der Einstein'schen Gleichungen für einen homogen mit Materie gefüllten Stern nach. Wenige Wochen später wurde er an der Front von einer schweren, damals unheilbaren Hautkrankheit befallen. Er musste nach Potsdam zurückkehren und starb im Mai 1916 im Alter von nur 42 Jahren. Einstein hielt bei seiner Beerdigung die Trauerrede.

Obwohl Schwarzschild seine erste Lösung lediglich für den Außenbereich eines Sterns berechnet hatte, wird die «Schwarzschild-Geometrie» inzwischen ganz allgemein für eine Punktmasse im Vakuum angewendet. Schwarzschilds «Trick» war, an den Koordinaten für Raum und Zeit «herumzubasteln», also Korrekturfaktoren an beiden Größen anzubringen, die umso wichtiger werden, je näher man dem Schwarzschild-Radius kommt. Kip Thorne, der bekannte Erforscher Schwarzer Löcher am California Institute of Technology, gab seinem sehr anschaulich geschriebenen Buch deshalb den Titel *Gekrümmter Raum und verbogene Zeit*.[119] Innerhalb des Schwarzschild-Radius vertauschen die Koordinaten des Raumes und der Zeit auf bizarre Weise ihre Eigenschaften: Die Zeit wird *raumartig* und der Raum *zeitartig*, was für jede Koordinate im Innern unaufhaltsam auf eine sogenannte Singularität führt, also einen Massenpunkt, in dem die Dichte und die Raumkrümmung unendlich groß werden.

Albert Einstein lehnte zeitlebens das Konstrukt der «Schwarzschild-Singularität» als unlogisch und unphysikalisch ab. Er fand, es müsse ein Gesetz in der Natur geben, das derartigen Unsinn verbietet, und entzog sich so gewissermaßen den Vorhersagen seiner eigenen Theorie. Auch heute glauben die meisten Physiker, dass Singularitäten nicht existieren. Würde man zu immer kleineren Dimensionen vorstoßen, käme man irgendwann unweigerlich in das Regime der Quantenphysik. Wenn dabei große Gravitationskräfte im Spiel sind, wird die Physik der Quantengravitation wichtig, die heutzutage noch niemand wirklich versteht. In der String-Theorie, einer der beliebten Kandidatinnen für eine Quantengravitationstheorie, wird die Singularität im Innern des Schwarzschild-Radius zum Beispiel als eine Art «Spaghetti-Ball» aus ineinander verknäulten Strings beschrieben.

Selbst nach der Schwarzschild-Lösung bedurfte es jedoch noch mehrerer Jahrzehnte wissenschaftlicher Auseinandersetzung gro-

ßer Physiker wie zum Beispiel Eddington, Chandrasekhar, Oppenheimer und Landau, bis die Realität von Objekten akzeptiert wurde, die so kompakt sind, dass in ihrer Nähe relativistische Effekte
dominieren, also die Entweichgeschwindigkeit in der Nähe der
Lichtgeschwindigkeit liegt. Wie wir bereits im letzten Kapitel gesehen haben, sagten Walter Baade und Fritz Zwicky noch vor dem
Zweiten Weltkrieg die Existenz von Neutronensternen voraus.
Diese Sterne sollten etwa 1,5- bis 2-mal die Masse der Sonne, aber
nur etwa 10 bis 20 Kilometer Radius besitzen und durch quantenmechanische Kräfte stabilisiert werden. Erst nachdem die technischen Entwicklungen des Zweiten Weltkriegs, die Radio- und
Raketentechnologie, für wissenschaftliche Zwecke eingesetzt werden konnten, gab es in den sechziger Jahren kurz hintereinander
drei wichtige Entdeckungen, die die «relativistische Astrophysik»
begründeten: 1962 stießen Riccardo Giacconi und seine Kollegen
auf den kompakten Röntgenstern *Scorpius X-1*, die hellste Röntgenquelle am Himmel, die sich als Materie akkretierender Neutronenstern herausstellte, sowie auf die diffuse Röntgenhintergrundstrahlung am Himmel (siehe unten). Im Jahr 1963 konnte Maarten
Schmidt die «Quasare» identifizieren – sehr energiereiche, kompakte Objekte, die das Zentrum ihrer Galaxie oft tausendfach
überstrahlen. Im Jahr 1968 wurden durch Jocelyn Bell die «Radiopulsare» gefunden – schnell rotierende Neutronensterne, deren
Licht den Beobachter wie ein Leuchtturmstrahl in kürzestem Abstand überstreicht. Im gleichen Jahr prägte der amerikanische Astrophysiker John Archibald Wheeler den Begriff «Schwarze Löcher» *(Black Holes)* für Mitchells und Laplaces Dunkle Sterne.
Kurze Zeit später ergaben auch die Messungen des amerikanischen
Röntgensatelliten *Uhuru* deutliche Hinweise auf die Existenz derartig kompakter Objekte. Im Jahr 1970 konnte die Masse des kompakten Objekts in dem Röntgendoppelsternsystem *Cygnus X-1* bestimmt werden, das damit sehr früh als der beste Kandidat für ein
stellares Schwarzes Loch identifiziert wurde.

Bis vor wenigen Jahren nahm man noch an, dass die Eigenschaften Schwarzer Löcher neben ihrer Masse nur noch durch
zwei andere physikalische Größen bestimmt werden, nämlich ihre

elektrische Ladung und ihren Drehimpuls. Die Lösung der Ein-
stein-Gleichungen für ein elektrisch geladenes Schwarzes Loch
wurde unabhängig voneinander bereits 1916 beziehungsweise
1918 von Hans Reissner und Gunnar Nordström berechnet. In der
Praxis geht man allerdings davon aus, dass die elektrische Ladung
der Schwarzen Löcher sehr nahe bei null liegen sollte, weil es in
der Natur sehr schwierig ist, größere Ladungen zu trennen. Sehr
viel wichtiger für die praktische Anwendung ist die geometrische
Lösung für rotierende Schwarze Löcher, die der neuseeländische
Mathematiker Roy Kerr erst im Jahr 1963 fand. Die Rotation
Schwarzer Löcher spielt in der Astrophysik eine große Rolle. Sie
wird zum Beispiel mit der Entstehung der stark gebündelten Ma-
teriestrahlen, der Jets, in Zusammenhang gebracht. Neben den
drei Größen Masse, Ladung und Drehimpuls sollten die Schwarzen Löcher keinerlei physikalische Eigenschaften haben. Dieser
Sachverhalt wird mit dem Theorem beschrieben: «Schwarze Löcher haben keine Haare.»

Das gilt allerdings nur, wenn man ausschließlich die Relativitätstheorie zu Hilfe nimmt. Zieht man quantenmechanische Effekte
in Betracht, erlebt man plötzlich Überraschungen. Wie wir ja bereits festgestellt haben, passen die beiden großen Theorien des
20. Jahrhunderts nicht zusammen. Stephen Hawking ist einer der
Physiker, der sich seit Jahrzehnten Gedanken macht, wie man die
beiden Theorien zusammenbringen könnte. Die von ihm entdeckten quantenmechanischen Effekte bei Schwarzen Löchern könnten
ein erster Schlüssel zu einer Theorie der Quantengravitation sein.
Hawking betrachtete das Vakuum, in dem sich das Schwarze Loch
befindet. Wie wir weiter oben gesehen haben, sollte das Vakuum
stets mit Quantenfluktuationen angefüllt sein, jenen virtuellen
Teilchenpaaren, die für kurze Zeit aus dem Nichts entstehen und
sofort wieder verschwinden. Falls eines dieser virtuellen Paare in
der Nähe des Schwarzen Lochs entsteht, könnte es nun passieren,
dass eines der beiden Teilchen vom Schwarzen Loch verschluckt
wird, während das andere plötzlich keinen Partner mehr findet
und sich von dem Schwarzen Loch entfernt. Aus einem virtuellen
Teilchen ist damit ein reelles Teilchen geworden. Ähnlich stellt

man sich ja, wie weiter oben beschrieben, die Entstehung reeller Teilchen aus Quantenfluktuationen bei der Inflation am Anfang des Universums vor. Der Umgebung des Schwarzen Lochs wird damit Energie entzogen, die das Schwarze Loch durch eine minimale Verkleinerung seines Radius und damit seiner Masse ausgleichen muss.

Hawking stellte die revolutionäre These auf, dass ein Schwarzes Loch Energie abstrahlt. Allerdings ist dies eine winzig kleine Energiemenge. Hawking rechnete aus, dass derartige Verlustprozesse am häufigsten auftreten, wenn das virtuelle Teilchenpaar in etwa die Wellenlänge (oder die Größe) des Schwarzschild-Radius hat. Bei einem wesentlich kleineren oder größeren Teilchenpaar ist es unwahrscheinlich, dass ein einzelner Partner in das Loch fällt; entweder müssten dann beide oder keines von beiden verschluckt werden. Die mittlere Wellenlänge der Hawking-Strahlung entspricht demnach gerade dem Schwarzschild-Radius. Damit lässt sich die Strahlungsleistung ausrechnen, die das Schwarze Loch aussendet, und ebenso seine Lebensdauer. Je größer ein Schwarzes Loch ist, desto länger lebt es. Ein Schwarzes Loch von der Masse der Sonne lebt etwa 10^{67} Jahre. Umgekehrt leben kleine Schwarze Löcher nur sehr kurz. Am Ende ihres Lebens werden sie immer kleiner und verdampfen dann in einem Gammablitz. Daraus lässt sich schlussfolgern, dass es im heutigen Universum keine derart kleinen Schwarzen Löcher gibt; ansonsten müssten wir deren Gammaleuchten sehen.

Die Hawking-Strahlung ist auch in einem anderen Zusammenhang interessant. Wenn im Jahr 2007/2008 der neue große Beschleuniger am CERN, der *Large Hadron Collider* (LHC) angeschaltet wird, könnte es sein, dass die Energiedichten bei den Teilchenzusammenstößen derart groß werden, dass sich in der Wechselwirkungszone spontan winzige Schwarze Löcher bilden. Umweltschützer protestierten deshalb gegen die neue Beschleunigergeneration; sie fürchteten, dass die Mini-Schwarzen-Löcher durch das Fressen von Materie sehr schnell anwachsen und sich in relativ kurzer Zeit bis ins Zentrum der Erde bohren könnten, diese möglicherweise dann von innen auffressen würden. Es konnte jedoch gezeigt werden, dass die Hawking-Strahlung bei den kleinen Schwarzen Löchern so intensiv ist, dass diese in kürzester Zeit, noch bevor sie größeres Unheil anrichten können, wieder verdampfen. Noch wesentlich mehr zur Beruhigung trägt allerdings die Tatsache bei, dass die kosmische Strahlung mit ihren höchsten Energien in der Erdatmosphäre die gleiche Reaktion auslösen kann und offensichtlich dabei seit 4,6 Milliarden Jahren keine gefährlichen Schwarzen Löcher entstanden sind. Eines der wichtigen wissenschaftlichen Ziele am CERN ist so mittlerweile die Entdeckung der Hawking-Strahlung der künstlich im Beschleuniger erzeugten Schwarzen Löcher.

Stephen Hawking ging allerdings noch einen Schritt weiter. Er fragte sich, was eigentlich mit der Information passiert, die in ein Schwarzes Loch hineinfällt. Wenn Sie ein Buch in das Kaminfeuer werfen und danach sämtliche Bewegungen aller an dem Feuer beteiligten Teilchen, der Asche, des Rauches und der Strahlung, exakt vermessen würden, könnten Sie im Prinzip den Inhalt des Buches wieder rekonstruieren. Die Information darf nicht verloren gehen. Anders bei Hawkings Schwarzen Löchern. Laut des «Keine Haare»-Theorems sollte die Hawking-Strahlung vollkommen unstrukturiert sein. Wohl würde im Laufe der Zeit die Masse des Schwarzen Lochs wieder in das Universum zurückgestrahlt werden, nicht aber die verschluckte Information. Dies brachte Hawking und Kip Thorne dazu, die Idee von den «Weißen Wurmlöchern» in die Welt zu setzen. Danach könnte das Zentrum eines Schwarzen Lochs über eine unergründliche Art Raum-Zeit-Schleife mit einem anderen Universum oder einem anderen Bereich unseres Universums verbunden sein, wo es als «Weißes Wurmloch» die Information wieder ausspucken würde, die es in unserem Universum zusammengerafft hat. Diese Idee regte manchen Science-Fiction-Autor zu großartigen Geschichten über Zeitreisen durch Schwarze Löcher in andere Universen an. Selbst Kip Thorne spekuliert in seinem Buch *Gekrümmter Raum und verbogene Zeit*, wie man künstliche Schwarze Löcher und Weiße Wurmlöcher erzeugen könnte, um sich beliebig schnell von Ort zu Ort zu bewegen.

Im Jahr 1997 gingen Stephen Hawking und Kip Thorne öffentlich eine Wette gegen ihren Kollegen John Preskill ein. Hawking und Thorne waren der Meinung, die Information würde auf Nimmerwiedersehen verschwinden, während der Quantentheoretiker Preskill überzeugt war, dass eine korrekte Beschreibung der Quantengravitationstheorie zeigen würde, dass die Information aus dem Schwarzen Loch auch wieder herausgelangen würde. Der Gewinner sollte eine Enzyklopädie seiner Wahl bekommen, aus der er jederzeit Information entnehmen kann. Im Sommer 2006, auf einer Zusammenkunft der führenden Relativitäts- und Gravitationsforscher in Dublin, verkündete Stephen Hawking mit Pauken und Trompeten, dass er sich mit seiner ursprünglichen Analyse geirrt habe und Schwarze Löcher keine Glatzköpfe seien. Die Information würde über mikroskopische Strukturen auf dem Schwarzschild-Radius mit der Hawking-Strahlung wieder abgegeben. Er entschuldigte sich bei allen Science-Fiction-Fanatikern, dass es deshalb auch keine Ausgänge in andere Universen und keine Zeitreisen gebe. Sein Mitstreiter Kip Thorne war allerdings noch skeptisch und weigerte sich, die gemeinsame Wette einzulösen. Im gleichen Jahr hatten Physiker der Ohio State University mit Hilfe der String-Theorie berechnet, dass Schwarze Löcher im Innern aus dem oben erwähnten String-Spaghetti-Ball bestehen und deshalb tatächlich «Haare» haben.

Das Monster im Zentrum der Milchstraße

Wie Abbildung 39 zu entnehmen ist, kennen wir zwei Arten von Schwarzen Löchern, sogenannte stellare Schwarze Löcher mit Massen im Bereich um etwa 10 Sonnenmassen und sogenannte galaktische Schwarze Löcher. Bei Letzteren handelt es sich um gigantische Objekte mit Massen im Bereich von Millionen bis Milliarden Sonnenmassen, die sich im Zentrum von Galaxien befinden. Das aufregendste und am besten studierte galaktische Schwarze Loch befindet sich im Zentrum unserer Milchstraße. Die Zentralregion unserer Milchstraße ist ein faszinierend komplexes Gebiet.

39   Die Masse verschiedener bekannter Strukturen im Weltraum (in Einheiten der Protonenmasse), aufgetragen gegen ihren Radius (in Einheiten des Protonenradius). Körper, die im Wesentlichen durch elektromagnetische Kräfte zusammengehalten werden, liegen zusammen mit den Menschen und den Planeten auf einer Linie, die durch die Dichte normaler Atome gegeben ist. Körper mit der Dichte von Atomkernen, insbesondere das Proton selbst, liegen auf der mit «Atomkerndichte» bezeichneten Linie. Stellare Schwarze Löcher, aber auch Neutronensterne haben demnach annähernd die Dichte von Kernmaterie. Der Schwarzschild-Radius, auf dem ein Körper zum Schwarzen Loch übergeht, ist durch die mit «Schwarze Löcher» bezeichnete diagonale Linie dargestellt. Er ist proportional zur Masse eines Körpers. Die «Quantenregion» bezeichnet die Compton-Wellenlänge und damit die charakteristische Größe, bei der die Quantennatur eines Körpers beziehungsweise Teilchens dominiert. Er ist umgekehrt proportional zur Masse des Teilchens. An der Stelle, wo sich der Schwarzschild-Radius und die Compton-Wellenlänge treffen, liegt die in Kapitel 1 beschriebene «Planck-Region». Das «Planck-Loch» stellt demnach das kleinste mögliche Schwarze Loch dar.[120]

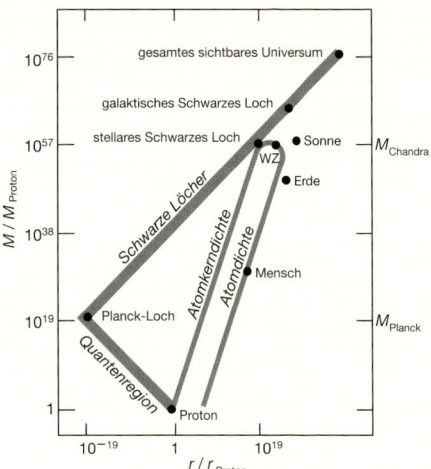

Auf kleinstem Raum drängen sich hier einfallende Gas- und Staubwolken, heißes Gas von früheren Sternexplosionen sowie ein Sternhaufen mit etlichen tausend jungen Sternen. Das faszinierendste Objekt ist aber ein Schwarzes Loch, das etwa 3,6 Millionen Sonnenmassen beherbergt und damit einen Schwarzschild-Radius von etwa 11 Millionen Kilometern hat; das entspricht lediglich dem 16-fachen Sonnenradius. Stellen Sie sich ein Objekt vor, das die millionenfache Masse der Sonne hat, aber nur 16-mal größer ist! Die mittlere Dichte in dieser unheimlichen Schwerkraftfalle ist damit etwa 900-mal größer als die der Sonne.

Das Zentrum der Milchstraße versteckt sich vor unseren Blicken hinter dichten Dunkelwolken aus Gas und Staub (siehe Abbildung 1). Nur Radiowellen, Infrarot- und Röntgenstrahlung können diese Mauer durchdringen. Erste Hinweise auf das bizarre Objekt im Galaktischen Zentrum gab es Mitte der siebziger Jahre, als Radioastronomen im Sternbild Schütze (Sagittarius) eine helle, sehr kompakte Radioquelle entdeckten, die sie Sagittarius A* (Sgr A*) nannten. Bereits damals vermutete man, dass es sich dabei um den exakten Mittelpunkt unserer Galaxie, wahrscheinlich sogar um ein Schwarzes Loch handelt. Diese Radioquelle ist in ein Gebiet mit faszinierenden Gasstrukturen eingebettet. Eine Minispirale und scharfe filamentäre Bögen im Radiobereich deuten darauf hin, dass Gasmassen mit großen Geschwindigkeiten in das Zentrum stürzen und dabei unter anderem auch durch starke Magnetfelder zusammengeschnürt werden.

Ebenso wie Röntgen- und Radiostrahlung kann Infrarotstrahlung dichte Gas- und Staubwolken durchdringen. Große Teleskope können deshalb in diesen Spektralbereichen aufregende Bilder des Zentrums der Milchstraße aufnehmen. Eine große Herausforderung ist aber die Bekämpfung der Luftunruhe in der Atmosphäre, die dazu führt, dass die Bilder der Sterne am Himmel hin und her tanzen und unscharf erscheinen. Das Flackern der Fixsterne am Himmel, das die Astronomen als *Seeing* bezeichnen, rührt von diesen atmosphärischen Turbulenzen her. Es lässt sich sehr gut mit dem sommerlichen Flirren über einer heißen Asphaltstraße vergleichen. Durch die rasante technologische Entwicklung in der Optik in den letzten 10 bis 15 Jahren ist es möglich geworden, immer schärfere Infrarotbilder aufzunehmen. Zunächst mit sogenannten Speckle-Methoden, bei denen die Luftunruhe durch Hochgeschwindigkeitsaufnahmen ausgetrickst und herauskorrigiert werden kann, später durch die in den USA für militärische Anwendungen und in Europa für die Astronomen entwickelte sogenannte adaptive Optik, bei der das Flimmern der Atmosphäre durch eine Art schnell beweglichen Gummispiegel kompensiert wird, gelang es, immer schärfere Bilder zu erzeugen. Im Idealfall sind die Bilder nun nur durch die Beugung an der Teleskopöffnung limitiert, so dass mit den großen Teleskopen auf der Erde, die über Spiegel mit Durchmessern von 8 bis 10 Metern verfügen, schärfere Bilder als mit dem 2,2-Meter-Hubble-Weltraumteleskop erzielt werden. Die Gruppe um meinen Kollegen Reinhard Genzel am Max-Planck-Institut für extraterrestrische Physik hatte bei diesen technologischen Entwicklungen die Nase vorn und beobachtet seit 1992 mit immer ausgefeilteren Methoden das Galaktische Zentrum.[121] Dabei benutzten sie zunächst die von ihnen selbst entwickelte Speckle-Kamera SHARP I am *New Technology Telescope* (NTT) der Europäischen Südsternwarte (ESO) auf La Silla in Chile. Die Originalkamera, die praktisch den ersten Schritt zum zweifelsfreien Nachweis eines Schwarzen Lochs ermöglichte, wurde anlässlich des Einstein-Jahres 2005 in der großen Ausstellung im Berliner Kronprinzenpalais gezeigt. Seit 2002 verwendet die Gruppe hauptsächlich die gemeinsam mit dem Max-Planck-Institut für Astronomie in Heidelberg und der ESO entwickelte adaptive Infrarotkamera NAOS/CONICA, die an dem vierten *Very Large Telescope* installiert ist.

Inzwischen gibt es sogar einen ebenfalls von der Gruppe um Reinhard Genzel zusammen mit der ESO entwickelten künstlichen Laser-Leitstern mit dem Namen «Parsec» am *Very Large Telescope*, der die Möglichkeiten der adaptiven Optik noch einmal deutlich verbessert. Etwas später ist auch die konkurrierende Gruppe um Andrea Ghez von der University of California in Los Angeles dazugestoßen, die ihre Messungen mit den Keck-Teleskopen in Hawaii durchführt. Mit Hilfe von beugungsbegrenzten Infrarotaufnahmen gelang es den Astronomen, einen Haufen leuchtkräftiger Sterne in unmittelbarer Nähe des Galaktischen Zentrums zu beobachten (siehe Abbildung 40). Interessanterweise sind diese Sterne erstaunlich jung. Sie müssen sich gemeinsam erst vor etwa fünf Millionen Jahren gebildet haben, zu einer Zeit, als sich auf der Erde gerade die ersten Menschen von den übrigen Primaten abgespalten haben. Es ist nach wie vor ein Rätsel, wie sich diese Sterne in der unwirtlichen Umgebung des Galaktischen Zentrums bilden konnten.

Langjährige Detektivarbeit ermöglichte den Nachweis, dass sich diese Sterne tatsächlich mit erstaunlich großen Geschwindigkeiten, zum Teil mit über 1000 Kilometern pro Sekunde, um das im Infrarotbereich kaum sichtbare Objekt an der Position von Sgr A* bewegen. Je näher die Sterne dem Zentrum sind, desto größere Geschwindigkeiten haben sie. Praktisch haben die Astronomen am Galaktischen Zentrum das wiederholt, was Johannes Kepler und seine Zeitgenossen vor 400 Jahren mit den Planeten im Sonnensystem vorgemacht hatten. Entsprechend der Kepler'schen

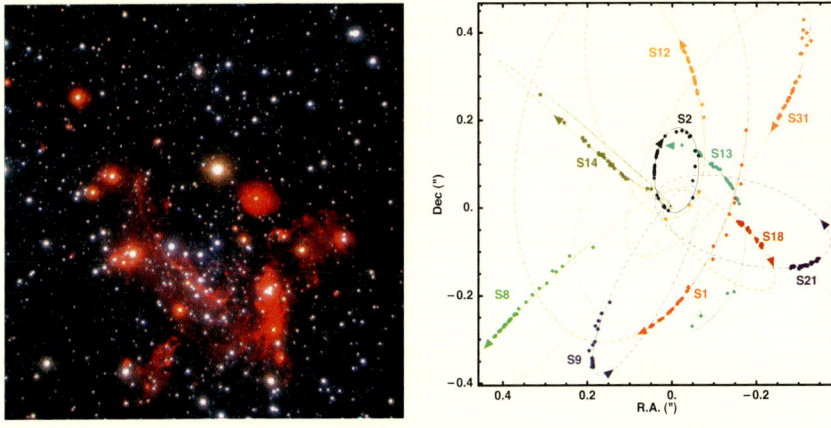

40   Links: Eine von der Gruppe um Reinhard Genzel mit Hilfe adaptiver Optik am *Very Large Telescope* der ESO gewonnene Infrarotaufnahme des Galaktischen Zentrums. Rechts: Darstellung der Bahnen, welche die innersten Sterne während ihres Umlaufs um das Schwarze Loch Sgr A* beschreiben.

Gesetze bewegt sich ein Körper (zum Beispiel ein Planet oder ein Komet) im Schwerefeld seines Sterns auf elliptischen Bahnen, in deren einem Brennpunkt das Massenzentrum des Systems liegt. Auf dem am weitesten vom Schwerpunkt entfernten Segment der Bahn bewegt sich der Planet am langsamsten, während er an dem Punkt der Bahn, der dem Schwerpunkt am nächsten liegt (dem sogenannten Peri-Zentrum), die höchste Geschwindigkeit erreicht. Nur dass im Galaktischen Zentrum nicht ein einzelner Stern seine Planeten auf ihren Bahnen kontrolliert, sondern ein Monster mit fast vier Millionen Sonnenmassen die Sterne in seiner Umgebung auf elliptischen Bahnen herumschleudert. Im Frühjahr 2002, als sie das erste Mal die adaptive Kamera NAOS/CONICA am *Very Large Telescope* benutzen konnten, gelang der Genzel-Gruppe eine dramatische Entdeckung. Einer der Sterne, die dem Zentrum am nächsten stehen – er trägt den Namen «Stern 2» (S2) –, konnte in unmittelbarer Nähe seines nächsten Vorbeiflugs beobachtet werden. Seine Geschwindigkeit betrug etwa 10 000 Kilometer pro Sekunde, das sind etwa 3 Prozent der Lichtgeschwindigkeit! Seit den ersten historischen Aufzeichnungen mit der SHARP-Kamera hat der Stern S2 einen vollständigen Umlauf um das Galaktische Zentrum vollführt; dies ist die erste am Himmel beobachtete Kepler-Bahn außerhalb unseres Sonnensystems.

Insgesamt konnten bisher die Bahnen von fast zehn Sternen im Zentrum festgelegt werden (siehe Abbildung 40). Mit Hilfe des ebenfalls von Reinhard Genzel und seiner Gruppe für das *Very Large Telescope* entwickelten Bildfeld-Infrarotspektrographen SINFONI, der für sämtliche Objekte in einem Bild gleichzeitig Spektren aufnehmen kann, gelang es sogar, diese Bahnen dreidimensional zu erfassen und damit nebenbei auch den Abstand zum Galaktischen Zentrum mit bisher unerreichbarer Genauigkeit zu bestimmen. Die Tatsache, dass alle Bahnen exakt um das gleiche Zentrum laufen, erlaubt eine wichtige Aussage über die maximale Größe des zentralen kompakten Objekts. Im Prinzip wäre es ja auch möglich, die drei bis vier Millionen Sonnenmassen nicht in einem einzigen kompakten Objekt, einem Schwarzen Loch, zu verstecken, sondern zum Beispiel in einem sehr kompakten Haufen von Millionen Neutronensternen oder stellaren Schwarzen Löchern. Die Messungen von Reinhard Genzel und Andrea Ghez und auch die weiter unten beschriebenen Phänomene bereiten aber nun allen derartigen Gedankenspielen ein Ende. Das massige Objekt im Galaktischen Zentrum ist einfach zu klein für jeden möglichen Sternhaufen. Die einzigen bisher denkbaren Alternativen zu einem Schwarzen Loch, zum Beispiel ein sogenannter Bosonenstern oder ein Grava-Stern aus Dunkler Energie, erscheinen den meisten Astrophysikern aber bisher so weit hergeholt, dass sie sich lieber mit dem Faszinosum eines Schwarzen Lochs anfreunden. Reinhard Genzel, der in diesen Dingen immer sehr zurückhaltend ist und über Jahre hinweg den Begriff «Schwarzes Loch» tunlichst vermieden hat, ist inzwischen zu einem seiner wortmächtigsten Verfechter geworden. Dabei muss man allerdings betonen, dass sich sämtliche astronomische Messungen immer nur auf den Bereich außerhalb des Schwarzschild-Radius beziehen, also auf die Wirkung, welche die Schwarzen Löcher auf die Materie in ihrer Umgebung ausüben. Nichts lässt uns in das Innere des Schwarzschild-Radius blicken. Wenn also Theorien Aussagen über das Innere eines Schwarzen

Lochs machen und zum Beispiel versuchen, zwischen Singularität, String-Spaghetti und Quantenschaum zu unterscheiden, ist das in Ordnung, solange sich die Objekte im Außenraum so verhalten, wie von Karl Schwarzschild vorhergesagt.

Fütterung des Monsters

Das Galaktische Zentrum war natürlich auch seit langem im Visier der Röntgenastronomen. Eine Beobachtung des amerikanischen Einstein-Observatoriums in den achtziger Jahren zeigte, dass, wenn überhaupt, nur sehr schwache Röntgenstrahlung vom Zentrum ausgeht. Etwa zehn Jahre später wurde mit dem deutschen Röntgensatelliten ROSAT andeutungsweise eine schwache Quelle an der Stelle von Sgr A* entdeckt. Aber erst die Beobachtungen mit den neuen Röntgensatelliten *Chandra* der NASA und *XMM-Newton* der ESA konnten zweifelsfrei die Röntgenstrahlung aus der unmittelbaren Umgebung des Schwarzen Lochs nachweisen.

Warum strahlt ein Schwarzes Loch überhaupt – sollte es nicht alles Licht verschlucken? Wir sehen in Wirklichkeit nicht das Schwarze Loch selbst, sondern die Materie in seiner unmittelbaren Umgebung, die von diesem Malstrom verschluckt wird. Dabei erreicht sie Geschwindigkeiten in der Nähe der Lichtgeschwindigkeit und heizt sich durch Reibungsverluste und andere, noch nicht

41 Künstlerische Darstellung eines Schwarzen Lochs

ganz verstandene hochenergetische Prozesse in der sogenannten Akkretionsscheibe (Abbildung 41) so stark auf, dass sie etwa im Röntgenlicht sehr hell zu strahlen beginnt. Wir sehen gleichsam den «letzten Hilfeschrei» der Materie, kurz bevor sie in das Schwarze Loch hineinfällt. Oft wird neben starker Strahlung auch Materie aus der Umgebung des Schwarzen Lochs emittiert. In scharf gebündelten Teilchenstrahlen, sogenannten Jets, wird sie auf relativistische Geschwindigkeiten beschleunigt. Die Jets strahlen Licht in einem breiten Intervall des elektromagnetischen Spektrums, vom Radio- bis in den Gammabereich, ab (Abbildung 46).

Im Jahr 2004 entdeckten *Chandra* und kurze Zeit später *XMM-Newton* Röntgenausbrüche des Schwarzen Lochs, wobei Sgr A* für eine kurze Zeit, etwa eine halbe bis zwei Stunden, dramatisch heller wurde. In einem Zeitraum von meist nicht mehr als 15 Minuten steigt die Röntgenstrahlung sogar bis zum Hundertfachen an. Der Abfall der Intensität geschieht ebenso schnell. Nur ein einzelnes, kompaktes Objekt – ein Schwarzes Loch – lässt sich so schnell an- und wieder ausschalten. Kurze Zeit später wurden ähnliche Flares auch im Infrarotbereich gefunden. Interessanterweise zeigen sowohl die Röntgen- als auch die Infrarot-Flares deutliche Variationen auf einer Zeitskala von etwa 10 bis 20 Minuten, woraus sich wiederum auf die Größe des Schwarzen Lochs schließen lässt. Diese Vorgänge müssen sich in unmittelbarer Nähe des Schwarzschild-Radius abspielen. Wenn man nur lange genug mit einem empfindlichen Teleskop beobachtet, stellt man fest, dass derartige Ausbrüche etwa einmal täglich passieren. Man kann sagen, das Schwarze Loch nimmt jeden Tag einen kleinen «Snack» zu sich. Aus der Röntgen- und Infrarotleuchtkraft eines solchen Ausbruchs lässt sich abschätzen, um wie viel Masse es sich bei dieser Mahlzeit handelt: Jedes Mal wird ein Objekt etwa in der Größe eines Kometen oder eines Berges verschluckt!

In der Zeit zwischen den Ausbrüchen ist das Schwarze Loch andererseits erstaunlich ruhig, so ruhig, dass es den Astronomen ziemliche Kopfschmerzen bereitet. Veranschaulichen wir uns lediglich die massereichen, jungen Sterne, die um das Schwarze Loch kreisen: Von der Oberfläche dieser Sterne blasen starke Winde aus geladenen Gas- und Staubteilchen, viel stärker als der Sonnenwind, der unsere Erde anpustet. Das Material dieser Winde müsste sich eigentlich in der Nähe des Schwarzen Lochs ansammeln und auch irgendwann einmal herunterregnen. Dabei sollte, wie oben beschrieben, Licht emittiert werden. In seiner ruhigen Phase strahlt das Schwarze Loch aber nur etwa ein Hunderttausendstel der Energie ab, die eigentlich vom Einfall dieser Materie zu erwarten wäre. Diesen Akkretionsprozess verstehen wir noch nicht richtig. Vermutlich spielt dabei der bereits früher erwähnte Drehimpuls eine Rolle, der dazu führt, dass sich das um das Schwarze Loch kreisende Material in einer Scheibe ansammelt. Wie bei den Saturn-Ringen denkt die Materie gar nicht daran, auf die Zentralmasse herunterzuregnen, solange das Material in der Scheibe so dünn verteilt ist, dass sich nicht durch gegenseitige Reibung und vermutlich auch lokale Magnetfelder eine dichte Molasse bildet, die sich durch Reibungsverluste aufheizt und langsam nach innen bewegt.

Bisher konnte in diesem Szenario noch niemand die rätselhaften Ausbrüche erklären, bei denen Sgr A* seine kometengroßen «Snacks» zu sich nimmt. Auf der im Einstein-Jahr im November 2005 in München veranstalteten Konferenz «Relativistic Astrophysics and Cosmology: Einstein's Legacy» habe ich jedoch einen sehr interessanten Beitrag gesehen, der möglicherweise das Phänomen erklären könnte.[122] Genzels junge Sterne, die vom Schwarzen Loch im Galaktischen Zentrum herumgewirbelt werden, führen vermutlich ähnlich wie das Sonnensystem ihr ganzes Planetensystem mit sich. Dieses besteht aus den Resten der Gas- und Staubscheibe, aus der das System ursprünglich entstanden ist. Der Bauschutt, der bei der Entstehung der Planeten übrig geblieben ist, enthält eine Unzahl von Körpern aller möglichen Größen – Kometen, Asteroiden und Zwergplaneten (siehe dazu die Diskussion über Pluto auf Seite 175 ff.) – und kreist vermutlich ähnlich wie im Kuiper-Gürtel und der Oort-Wolke des Sonnensystems in großem Abstand um seinen Mutterstern. Wenn jetzt das ganze System in seinem Umlauf um das Schwarze Loch, wie bei dem nahen Vorbeiflug des Sterns S2 im Jahre 2002, Sgr A* besonders nahe kommt, gelingt es dem Schwarzen Loch vermutlich, ihm einige seiner Kometen und Asteroiden zu entreißen, so dass es sich mit der Zeit seine eigene Kometen- und Asteroidenwolke zulegt. Wenn diese Körper durch irgendwelche Störungen dem Schwarzen Loch zu nahe kommen, werden sie durch die Gezeitenkräfte zermahlen, stark aufgeheizt und dann einfach verschluckt, was wir auf der Erde als kurzen Ausbruch im Röntgen- oder Infrarotlicht sehen.

Könnte es denn auch passieren, dass einmal ein ganzer Stern dem Schwarzen Loch zu nahe kommt und dann verschluckt wird? Vielleicht sogar Genzels berühmter Stern S2? Tatsächlich verlieren die Sterne bei jedem Umlauf etwas Energie und kommen dem Schwarzen Loch damit langsam näher. Das dauert aber sehr lange. Eher kann es passieren, dass ein Stern durch den nahen Vorbeigang eines anderen gestört wird und dabei aus der Bahn gerät. Je nachdem, auf welcher Bahn er sich danach dem Schwarzen Loch nähert, wird er entweder von ihm mit hoher Geschwindigkeit aus dem Zentrum hinausgeworfen oder aber verschluckt. Im Galaktischen Zentrum sollte dieser Prozess etwa alle zehn- bis hunderttausend Jahre stattfinden. Was dabei passiert, werden wir weiter unten noch sehen.

Ein Schwarzes Loch in jeder Galaxie

Im Zentrum unserer Nachbargalaxie, des Andromeda-Nebels (M31), haben Astrophysiker schon seit längerer Zeit ein Schwarzes Loch vermutet. Ende der achtziger Jahre wurden mit spektroskopischen Methoden anomal große Geschwindigkeiten der Sterne im Zentrum gemessen, die auf ein kompaktes zentrales Objekt von etwa 50 Millionen Sonnenmassen hinwiesen. Mit dem Hubble-Weltraumteleskop konnten dann Anfang der neunziger Jahre zwei kompakte Knoten im Zentrum von M31 identifiziert werden. Zunächst vermutete man, dass es sich dabei um zwei Kerne mit jeweils einem Schwarzen Loch handeln könnte, und war sich deshalb nicht sicher, wo genau sich denn nun das Zentrum unserer Nachbargalaxie befindet. Eine solche Konfiguration mit zwei Kernen wäre jedoch instabil; die Kerne müssten sich in relativ kurzer Zeit miteinander vereinigen. Die ursprüngliche Idee wurde wieder verworfen, als gezeigt werden konnte, dass einer der beiden Knoten vermutlich ein Ring aus alten, roten Sternen ist, die den zentralen Kern auf elliptischen Bahnen umkreisen.

Spektroskopische Messungen mit dem Hubble-Weltraumteleskop, die jüngst unter Leitung meines Kollegen Ralf Bender durchgeführt wurden, zeigen jedoch ein mysteriöses bläuliches Leuchten aus dem Zentrum unserer Nachbargalaxie. Dabei handelt es sich um eine erstaunliche Ansammlung von heißen, jungen Sternen, die das Zentrum von M31 in einer Scheibe umkreisen. Diese Scheibe hat einen Durchmesser von etwa einem Lichtjahr und ist in den oben erwähnten Ring aus roten Sternen eingebettet. Die etwa 400 Sterne in der blauen Scheibe müssen vor ungefähr 200 Millionen Jahren in einem gewaltigen Sternentstehungsausbruch entstanden sein. Ähnlich wie bei den jungen Sternen im Galaktischen Zentrum ist es nach wie vor ein Rätsel, wie solche Sterne in der Nähe des Zentralobjekts überhaupt entstehen können. In einer derartig unwirtlichen Umgebung sollten eigentlich Gezeitenkräfte alle Gaswolken, aus denen sich vielleicht Sterne bilden könnten, sofort wieder zerfetzen. Dennoch gibt es die blauen, jungen Sterne in den beiden uns am nächsten gelegenen Galaxienzentren, was darauf hinweist, dass dieses bisher unverstandene Phänomen vermutlich ganz normal ist. Benders Gruppe gelang es auch, mit Hilfe des Doppler-Effekts die Geschwindigkeiten der blauen Sterne im Zentrum des Andromeda-Nebels zu bestimmen: Im Mittel rasen sie mit etwa 1000 Kilometern pro Sekunde um ihr Zentralobjekt, woraus sich eine Masse von 140 Millionen Sonnenmassen für das Schwarze Loch ableiten lässt. Ebenso wie im Zentrum unserer Milchstraße ist dort ein Schwarzes Loch nun die plausibelste Erklärung für das kompakte Objekt. Sternhaufen verschiedenster kompakter Objekte lassen sich mit Hilfe der Messungen ausschließen, und andere, noch bizarrere Materiekonfigurationen sind sehr unwahrscheinlich.

Es gibt noch eine dritte Galaxie, in deren Zentrum ein supermassereiches Schwarzes Loch zweifelsfrei nachgewiesen werden konnte. Dabei handelt es sich um die aktive Galaxie NGC 4258, bei der ein zentrales Schwarzes Loch gerade effizient gefüttert wird und deshalb in allen Wellenlängenbereichen hell strahlt. Die bereits oben erwähnte Akkretionsscheibe, in der Materie um das Schwerkraftmonster nach innen strömt, liegt dabei so, dass die Radiostrahlung des zentralen Objekts in einigen Materieknoten in der Scheibe durch den sogenannten Wasser-Maser-Effekt[123] stark verstärkt wird. Mit dem exzellenten Auflösungsvermögen der Radioteleskope lassen sich sowohl die Orte als auch die Geschwindigkeiten dieser Knoten und infolgedessen auch die Kepler-Bahnen der Materie in der Akkretionsscheibe mit hoher Präzision bestimmen. Auch hier kann man aus diesen Bewegungen mit großer Genauigkeit auf die Masse und die Größe des zentralen, massereichen Objektes schließen. Wieder einmal ist ein Schwarzes Loch die einzige plausible Erklärung für ein derart kompaktes Gebilde. In diesem Fall gibt die helle elektromagnetische Strahlung aus dem Zentrum der Scheibe noch einen zusätzlichen Hinweis auf die Existenz eines Schwarzen Lochs.

Wir haben in den letzten Abschnitten die drei am besten definierten Schwarzen Löcher in den nahen Zentren von Galaxien und dabei auch die verschiedenen Methoden zur Messung der Masse des Schwarzen Lochs kennengelernt. In allen Fällen beobachten wir die Wirkung des Schwerkraftmonsters auf die Materie in seiner Umgebung: Beim Galaktischen Zentrum sehen wir einzelne Sterne, die mit hohen Geschwindigkeiten herumgeschleudert werden; beim Andromeda-Nebel beobachten wir die hohen Geschwindigkeiten der Gesamtheit der blauen Sterne und bei NGC 4258 die Geschwindigkeit des Gases, das das Schwarze Loch in einer Akkretionsscheibe umkreist. Auf ähnliche Art, aber mit wesentlich geringerem räumlichem Auflösungsvermögen, wurden in den letzten Jahren die Massen von etwa 40 Schwarzen Löchern in den Zentren naher Galaxien bestimmt. Dabei stellte sich einmal mehr heraus, dass unsere Galaxie nichts Besonderes ist. Die massereichsten kompakten Objekte beinhalten bis zu drei Milliarden Sonnenmassen. Interessanterweise gibt es dabei einen direkten Zusammenhang zwischen der Masse des Schwarzen Lochs und der Größe seiner Muttergalaxie. Trägt man die Masse des Schwarzen Lochs gegen zwei Variablen auf, die im Wesentlichen die Größe der Galaxie angeben, nämlich einerseits die Leuchtkraft des zentralen *Bulges* und andererseits die Geschwindigkeit, mit der sich die Sterne im Zentrum der Galaxie bewegen, zeigen sich erstaunlich gute Korrelationen. Es muss hier also einen bislang unverstandenen Zusammenhang geben. Das zentrale Schwarze Loch und seine Muttergalaxie scheinen sich gegenseitig zu «kennen». Dabei dominiert das Schwarze Loch seine Muttergalaxie allerdings in keiner Weise. Seine Masse beträgt nur etwa 0,2 Prozent der Masse aller Sterne in der Galaxie. Das Schwarze Loch scheint demnach ein integraler Bestandteil der Geschichte der Galaxie zu sein und von Anfang an, gewissermaßen Hand in Hand mit ihr, zu wachsen.

Ein weiterer Stein im Puzzle der zentralen Schwarzen Löcher wurde vor einiger Zeit von Stefanie Komossa und ihren Kollegen in unserer Gruppe gefunden. Der heutige königliche Hofastronom in England, Sir Martin Rees, hatte bereits Ende der achtziger Jahre vorhergesagt, dass einzelne Sterne, die einem zentralen galaktischen Schwarzen Loch zu nahe kämen, von dessen enormen Gezeitenkräften eingefangen und zerrissen werden müssten. Die Überreste des Sterns sollten nach und nach von dem Schwarzen Loch verschluckt werden, was zu einem dramatischen Aufleuchten des Zentrums der Galaxie und einem mehrere Jahre lang anhaltenden «Nachglühen» im Röntgenlicht führen sollte. Seiner Ansicht nach wäre dies einer der besten Hinweise auf die Existenz zentraler Schwarzer Löcher. Die Tatsache, dass derartige Ereignisse bislang noch nie beobachtet wurden, hatten manche Wissenschaftler als Argument gegen die Existenz der Schwarzen Löcher ins Feld geführt. Obwohl in jeder einzelnen Galaxie der Gezeiteneinfang eines Sterns relativ selten ist − er sollte alle zehn- bis hunderttausend Jahre stattfinden −, müsste dies am gesamten Himmel ständig geschehen. Tatsächlich wurde im Laufe der ROSAT-Mission eine kleine Zahl von Ereignissen gefunden, bei denen eine anscheinend vollkommen normale Galaxie erst dramatisch heller und später wieder lichtschwächer wird. Sofort tauchte die Vermutung auf, dass es sich dabei um den Gezeiteneinfang von Sternen handelte; allerdings ließen sich auch andere Interpretationen nicht ausschließen. Erst als Stefanie Komossa und ihre Kollegen eine dieser Quellen etwa zehn Jahre nach dem Ausbruch sowohl mit *Chandra* als auch mit *XMM-Newton* ins Visier nahmen und immer noch eine schwache Röntgenquelle mit dem charakteristischen Spektrum und der Leuchtkraft eines akkretierenden, supermassereichen Schwarzen Lochs genau im Zentrum dieser Galaxie fanden, bestätigte sich diese Vermutung. Bei zukünftigen Röntgendurchmusterungen hoffen wir, ein solches dramatisches Ereignis einmal «in flagranti» zu ertappen und im Detail studieren zu können.

Die Auflösung des Röntgenhintergrundes

Der amerikanische Astrophysiker Riccardo Giacconi kann auf eine faszinierende Karriere als Wissenschaftler und Organisator zurückblicken. Im Jahr 2002 wurde er mit dem Nobelpreis für Physik «für bahnbrechende Arbeiten in der Astrophysik, die zur Entdeckung von kosmischen Röntgenquellen geführt haben», ausgezeichnet. Ich hatte das Glück, mehr als ein Jahrzehnt intensiv mit ihm zusammenzuarbeiten und von ihm lernen zu können. Riccardo wurde am 6. Oktober 1931 in Genua geboren und studierte an der Universität Mailand Physik, promovierte dort und wurde unmittelbar danach Assistenzprofessor für Physik. Im Alter von 25 Jahren ging er nach Amerika, zunächst an die Universität von Indiana in Bloomington und später an die Princeton University. Seine Karriere als Pionier der Weltraumforschung begann, als er ein Angebot der Firma American Science & Engineering Inc. (AS & E) in Cambridge, Massachusetts, erhielt. Diese Firma war von Bruno Rossi gegründet worden, um mit staatlichen Mitteln Forschung und Entwicklung zu betreiben. Als Giacconi 1959 in die Firma AS & E eintrat, hatte sie 28 Mitarbeiter. Er hatte die Aufgabe bekommen, nach dem Sputnik-Schock für die Firma ein Weltraumprogramm aufzubauen, mit großen Freiheiten für die Forschung. Nach Giacconis Autobiographie[124] gehörten die Jahre 1959 bis 1962 zu den produktivsten Zeiten seines Lebens. Er war an «als geheim

eingestuften Forschungen beteiligt, insgesamt an 19 Raketen-Nutzlasten, sechs Satelliten-Nutzlasten, einem ganzen Satelliten und
einer Flugzeug-Nutzlast sowie vier Raketen-Nutzlasten für geo-
physikalische Forschung». In diesen zweieinhalb Jahren wuchs
Giacconis Gruppe in der Firma von ursprünglich drei auf über
70 Mitarbeiter.

Im Jahr 1960 begannen die Anfänge der Röntgenastronomie.
Auf einer Party in seinem Haus berichtete der Vorstandsvorsitzen-
de von AS & E, Bruno Rossi, über Diskussionen in der Amerikanischen Akademie der Wissenschaften zu den Potentialen der
Röntgenastronomie und schlug vor, dass die Firma in dieses Gebiet einsteigen solle. Unmittelbar darauf stellte Giacconi einen Be-
richt über die theoretischen und experimentellen Möglichkeiten
der Röntgenastronomie zusammen.[125] Röntgenstrahlen werden
durch die Erdatmosphäre absorbiert, so dass man zu ihrer Beobachtung Instrumente in den Weltraum bringen muss. Bereits im
Jahr 1949 hatten amerikanische Physiker um Herbert Friedman
aus dem Naval Research Laboratory mit Hilfe einer umgebauten
V2-Rakete aus dem Zweiten Weltkrieg die Röntgenstrahlung der
Sonne entdeckt, die hellste Röntgenquelle in unserer Umgebung.
In ihrer ersten Abschätzung stellten Riccardo Giacconi und seine
Kollegen fest: Würden alle Sterne Röntgenstrahlung in demselben
Ausmaß wie die Sonne emittieren, ließe sich die Strahlung anderer Sterne wegen deren wesentlich größeren Entfernung nie und
nimmer mit den existierenden Instrumenten beobachten. In der
gleichen Arbeit wurden auch Supernova-Überreste und andere
pekuliäre Quellen diskutiert, aber die Unsicherheiten hinsichtlich
ihrer möglichen Röntgenstrahlung waren riesig. Man kam deshalb
zu der Schlussfolgerung, dass einzig und allein die Beobachtung
des Mondes, dessen Oberfläche die Sonnenstrahlen reflektiert, eine
gewisse Chance auf Entdeckungen bot. Etwa zur gleichen Zeit
wurde bei der NASA das Apollo-Programm geplant, und Giacconi
überzeugte die Geldgeber davon, Mittel für die Entwicklung einer
Raketennutzlast zur Beobachtung der Fluoreszenzstrahlung des
Mondes bereitzustellen, die 50- bis 100-mal empfindlicher als alle
bis dahin eingesetzten Instrumente war. Auf diese Weise hätte man

die chemische Zusammensetzung der Mondoberfläche studieren
können, lange bevor noch ein Mensch den Fuß auf den Mond
setzte.

Am 12. Juni 1962 war es dann so weit. Zwei vorhergehende Ra-
ketenstarts waren bereits erfolglos verlaufen. Doch dieses Mal
stieg die Rakete in den Himmel und vollführte außerhalb der
Erdatmosphäre für etwa fünf Minuten einen Schwenk über den
gesamten Himmel. Die hoch empfindlichen Detektoren funktio-
nierten wunderbar und nahmen die Intensität aus den verschiedenen Richtungen des Himmels auf. Das Ergebnis war in zweierlei
Hinsicht fundamental.[126] Zunächst entdeckten die Wissenschaftler
um Giacconi das Signal einer sehr starken Röntgenquelle am Himmel, viel stärker als alles, was sie in ihren vorhergehenden Ab-
schätzungen erwartet hatten. Das Signal kam zwar grob aus der
Richtung des Mondes, war aber am Himmel fast 30 Grad vom
Mond entfernt und hing deshalb eindeutig nicht mit ihm zusammen. Da sich die Quelle im Sternbild Skorpion befindet, bekam sie
den Namen Scorpius X-1 (oder abgekürzt Sco X-1), die erste Röntgenquelle in diesem Sternbild. Jahre später konnte diese Quelle
durch immer genauere Messungen als Röntgendoppelsternsystem
identifiziert werden, in dem ein Neutronenstern Materie von
einem normalen Begleitstern aufsaugt (akkretiert). Im Gegensatz
zu «normalen» Sternen wie der Sonne, bei denen das Röntgenlicht
nur etwa ein Millionstel der gesamten abgestrahlten Energie ausmacht, verhält es sich bei einem Röntgenstern umgekehrt: Er
strahlt den überwiegenden Teil seiner Energie im Röntgenlicht ab.
Im Laufe der Jahre kamen viele weitere helle Röntgensterne in anderen Sternbildern hinzu, die dann entsprechend Cygnus X-1,
Cygnus X-2, Herkules X-1 etc. genannt wurden. Viele Jahre später
hatte auch ich einen gewissen Anteil daran, diese Art von Rönt-
gendoppelsternsystemen besser zu verstehen. Eine vielleicht noch
größere Überraschung war jedoch die Entdeckung einer konstanten Hintergrundstrahlung über den gesamten Himmel, die in den
Zählrohren des ersten erfolgreichen Raketenflugs gemessen wurde.
Diese diffuse Strahlung ist zusammengenommen etwa so hell wie
Sco X-1, die hellste diskrete Quelle am Himmel. Wenn wir Rönt-

genaugen hätten (und uns außerhalb der Erdatmosphäre befänden), bräuchten wir nachts kein Licht zum Lesen: der Himmel würde hell genug strahlen. Dies war die erste extragalaktische Hintergrundstrahlung, die entdeckt wurde – noch einige Jahre vor der Mikrowellenhintergrundstrahlung.

Ebenfalls im Jahr 1960 entwickelte Giacconi zusammen mit Bruno Rossi das Konzept eines abbildenden Röntgenteleskops, das allen später im Weltraum betriebenen Röntgenoptiken zugrunde liegt. Dabei machte er sich die Ideen des deutschen Physikers Hans Wolter zunutze, der diese Optiken bereits im Jahr 1954 ursprünglich für die Röntgenmikroskopie einsetzen wollte. Im Titel der in einer geophysikalischen Fachzeitschrift veröffentlichten Arbeit ist das Wort «Teleskop» interessanterweise noch in Anführungszeichen gesetzt.[127] Im Jahr 1963 erstellte Giacconi zusammen mit Herb Gursky einen Plan für die weitere Entwicklung der Röntgenastronomie. Das Programm beschrieb, was man auf Neudeutsch als eine *Roadmap* bezeichnet. Sie begann mit weiteren Raketenexperimenten, dann folgten Satelliten, zunächst mit einfachen, nichtabbildenden Röntgendetektoren, danach einer mit einem ersten abbildenden Röntgenteleskop und zu guter Letzt ein großer Röntgensatellit mit einem Spiegelsystem mit 1,2 Metern Durchmesser, mit dem man den Röntgenhintergrund in einzelne Quellen auflösen wollte. Giacconi und Gursky dachten ursprünglich, dieser Plan ließe sich in fünf Jahren verwirklichen, das war aber viel zu optimistisch. Der Prozess sollte sich letztendlich bis zur Jahrtausendwende hinziehen, aber alle Komponenten des ursprünglichen Plans wurden verwirklicht.

Der erste unter Giacconis Leitung entwickelte Satellit war *Uhuru*. Am 12. Dezember 1970 wurde er von einer schwimmenden Plattform vor der Küste Kenias gestartet. Der Name *Uhuru* heißt in der Swahili-Sprache «Freiheit» und wurde zu Ehren der Bevölkerung Kenias gewählt, weil der Start genau auf den siebten Jahrestag der Unabhängigkeit des schwarzafrikanischen Landes fiel. *Uhuru* entdeckte etwa 400 Röntgenquellen am gesamten Himmel, die meisten davon kompakte Röntgendoppelsternsysteme in der Ebene der Milchstraße, aber auch etliche extragalaktische Quellen. Der zweite unter der Leitung von Riccardo Giacconi erbaute Satellit wurde nach erfolgreichem Start am 13. November 1978 in Einstein-Observatorium umbenannt. Er trug das erste abbildende Röntgenteleskop mit vier ineinandergeschachtelten Spiegelschalen in der von Hans Wolter vorgeschriebenen Form aus jeweils einem Paraboloiden und einem Hyperboloiden. Die größte Schale besaß einen Durchmesser von 58 Zentimetern, und das Teleskop hatte ein Auflösungsvermögen von einigen Bogensekunden. Die Mission wurde im April 1981 beendet. Giacconis größter Traum wurde erst im Jahre 2000 verwirklicht. Als eines der *Great Observatories* der NASA gehört das Röntgenobservatorium *Chandra* heute zusammen mit dem ESA-Observatorium *XMM-Newton* zu den wichtigsten Arbeitspferden der Röntgenastronomie. Die von Riccardo ursprünglich dafür vorgesehene Aufgabe, die Röntgenhintergrundstrahlung in diskrete Quellen aufzulösen, konnte allerdings bereits zuvor mit dem ROSAT-Satelliten durchgeführt werden.

Parallel dazu begann in Deutschland Joachim Trümper, die Röntgenastronomie aufzubauen. Wie etliche andere internationale Hochenergie-Astrophysiker hatte er seine Karriere mit dem Studium der kosmischen Strahlung begonnen. Um 1970 fing er an, auf dem neuen Gebiet der Röntgenastronomie, insbesondere an der Physik von Neutronensternen zu arbeiten, eines der Felder, auf denen er Großes geleistet hat. Nachdem er Anfang der siebziger Jahre von der Universität Kiel an die Universität Tübingen gewechselt war, baute er dort ein Instrumentierungs- und Ballonflugprogramm in der Röntgenastronomie auf. Im Jahr 1975 wurde Joachim Trümper an die Max-Planck-Gesellschaft berufen, wo er den Direktorenposten am Max-Planck-Institut für extraterrestrische Physik (MPE) in Garching antrat. Das wichtigste Ergebnis der gemeinsam vom MPE und der Universität Tübingen entwickelten Ballonnutzlast HEXE *(High-Energy X-ray Experiment)* war die Entdeckung der Zyklotronlinie im Spektrum des Röntgenpulsars Herkules X-1, die die erste direkte Messung des gigantischen Magnetfeldes auf der Oberfläche eines Neutronensterns erlaubte. Das Magnetfeld von Her X-1 beträgt etwa $5 \cdot 10^{12}$ Gauss und ist damit annähernd fünf Billiarden Mal höher als das Erdmagnetfeld.[128] Bereits im Jahr 1972 begann Trümper zusammen mit den Kollegen in Tübingen, Beobachtungstechniken unter Zuhilfenahme abbildender Röntgenoptiken zu untersuchen. Im Jahr 1974 reichte er beim Bundesforschungsministerium den Antrag für einen eigenen nationalen Röntgensatelliten ein, der später zu ROSAT wurde. Zusammen mit der Firma Carl Zeiss in Oberkochen entwickelte sein Team kleine Wolter-Teleskope mit 32 Zentimeter Durchmesser, die mit am MPE entwickelten abbildenden Proportionalzählern auf Skylark-Raketen gestartet wurden. Der erste von insgesamt drei erfolgreichen Raketenflügen wurde im Frühjahr 1979 vom australischen Woomera aus gestartet und machte die ersten Röntgenfarbaufnahmen einer kosmischen Röntgenquelle (des Supernova-Überrests Puppis A), wenige Wochen bevor das Einstein-Observatorium der NASA seinen Betrieb aufnahm.

An dieser Stelle muss ich einen Teil meiner eigenen Biographie einflechten. Meine Begeisterung für die Physik und Astrophysik kam eigentlich erst am Ende der Schulzeit und während des Studiums. In der Schule war ich zum Beispiel von Werner Heisenbergs Buch *Schritte über Grenzen*[129] begeistert und habe Hoimar von Ditfurths *Im Anfang war der Wasserstoff*[130] geradezu verschlungen, übrigens zusammen mit meiner heutigen Frau Barbara. Aber der Entschluss, Physik und später sogar Astronomie zu studieren, ergab sich über viele Umwege. Richtig begeistert für die Astronomie haben mich erst Rudolf Kippenhahns astronomische Vorlesungen, die er kurze Zeit darauf unter dem Titel *100 Milliarden Sonnen* veröffentlichte.[131] Er hielt diese ausgezeichneten Vorlesungen an der Ludwig-Maximilians-Universität für Hörer aller Fakultäten; sie waren meiner Meinung nach auch deshalb so beliebt, weil sie relativ einfach zu verstehen waren. Man konnte sogar seine Freundin in die Vorlesung mitbringen.[132] Im Sommer 1978 hatte ich dann das Glück, auf der Universitätssternwarte in München-Bogenhausen erste eigene Beobachtungserfahrungen zu gewinnen. Den ganzen Sommer über spektroskopierte ich jede klare Nacht eine gerade im Sternbild Cygnus neu aufgeleuchtete Nova. Die Nova Cygni 1978 wurde im Laufe der Zeit immer schwächer, so dass ich später das Fernrohr umbauen musste, um sie noch beobachten zu können. Dem Ganzen wurde dann dadurch ein Ende gemacht, dass das Oktoberfest den Himmel über München so hell erleuchtete, dass man keine Sterne mehr sah. Im Wintersemester 1978/79 hörte ich bei Joachim Trümper seine ebenfalls hoch spannende Vorlesung über Röntgenastronomie. Ich erinnere mich noch gut an einen Nachmittag in der Schellingstraße, in der er uns mit der Bemerkung herausforderte, dass möglicherweise einer von uns das Rätsel der asymmetrischen Pulse des schnell rotierenden Neutronensterns im Crab-Nebel würde lösen können.

Gegen Ende des Semesters ging ich zu ihm und fragte um Rat bei der Wahl einer Diplomarbeit. Er sagte: «Kommen Sie doch gleich mit!», packte mich in sein Auto und fuhr mit mir hinaus in das Max-Planck-Institut für extraterrestrische Physik in Garching, das mich seitdem kaum noch losgelassen hat. Im Frühjahr 1979, während ein großer Teil der Mannschaft bei dem oben erwähnten Raketenstart in Australien war, begann ich mit meiner Diplomarbeit über die Streuung von Röntgenstrahlen an polierten Oberflächen. Diese Arbeit war eine Vorbereitung auf die ROSAT-Mission, für die extrem gut polierte Röntgenspiegel notwendig waren. Röntgenstrahlung wird bei den Wolter-Teleskopen unter einem sehr kleinen Winkel eingestrahlt und zweimal reflektiert. Da die Röntgenstrahlen eine sehr kurze Wellenlänge haben, kommen ihnen jegliche Unebenheiten, die zum Beispiel sichtbares Licht nicht weiter stören würden, wie gigantische Gebirge vor. Deshalb müssen Röntgenspiegel so gut poliert werden, dass die Unebenheiten im Mittel nur noch einige wenige Atomlagen betragen – damals noch ein ungelöstes Problem. In Zusammenarbeit mit der Firma Carl Zeiss gelang es während meiner Diplomarbeit, immer genauere und besser polierte Spiegelproben zu entwickeln. Diese Proben wurden an den Vakuum-Röntgentestanlagen des MPE vermessen und die Ergebnisse unmittelbar wieder den Polierspezialisten bei Zeiss mitgeteilt. Dies war eine der Voraussetzungen dafür, dass die ROSAT-Spiegel später als die glattesten Oberflächen der Welt in das Guiness-Buch der Rekorde eingingen.

Die Wissenschaftler der Röntgengruppe aus Garching und Tübingen, von der die Entdeckung der Zyklotronlinie in Herkules X-1 stammte, hatten inzwischen noch mehrere erfolgreiche Ballonflüge durchgeführt und bereiteten eine neue, wesentlich größere Ballongondel vor, die drei HEXE-Detektoren und einen Germanium-Halbleiter-Detektor tragen sollte. Nachdem die damals völlig neuartigen CCD-Detektoren, die heute in jedem Foto-Handy eingebaut sind, zu dieser Zeit das erste Mal kommerziell erhältlich waren, hatte ich die Aufgabe, eine eigene Sternkamera für die Ballongondel zu entwickeln. Es machte mir großen Spaß, die Elektronik dafür selbst zusammenzulöten und zu programmieren. Daneben war ich auch für die Betreuung und Kalibration des Halbleiterzählers zuständig, der immer mit flüssigem Stickstoff gekühlt werden musste. Höhepunkt der Arbeit waren zwei Ballonkampagnen in den Jahren 1981 nach Palestine, Texas, und 1982 nach Uberaba, Brasilien. Die dabei verwendeten großen Höhenforschungsballone können Nutzlasten von mehr als einer Tonne bis in die Stratosphäre, die oberste Schicht der Atmosphäre in 40 Kilometern Höhe, tragen. Am Erdboden wird ein kleiner Teil des Ballons mit Helium gefüllt (manchmal auch mit Wasserstoff, aber das ist sehr gefährlich!). Während der Ballon zunächst als lang gezogene Wurst aufsteigt, gerät er in immer dünnere Luftschichten und bläht sich dabei auf, bis er als Kugel von etwa 100 Metern Durchmesser in der Stratosphäre schwebt. Dort wird er von den immerwährenden Winden des Jet-Stroms schnell davongetrieben. Zweimal im Jahr drcht sich jedoch die westliche Windrichtung für kurze Zeit um. Zu diesen sogenannten *Turnarounds* pilgern die Ballonfahrer aller Nationen und versuchen, ihre Nutzlasten in die Luft zu bringen. Da die Windgeschwindigkeiten dabei im Mittel wesentlich geringer sind, können die Höhenforschungsballone mit Glück mehrere Tage in der Luft bleiben und Daten senden. Allerdings muss zum Start auch in den niedrigen Luftschichten absolute Windstille herrschen, da sonst die extrem dünne Ballonhaut bereits beim Loslassen beschädigt wird. Wegen der immer unvorhersehbaren Kapriolen des Wetters und den damals recht häufig vorkommenden Materialfehlern war die Ballonfliegerei ein sehr risikoreiches Geschäft. Von den beiden Flügen, an denen ich im Rahmen meiner Doktorarbeit beteiligt war, war der erste ein guter Erfolg, der zweite musste leider bereits nach wenigen Stunden wegen eines Ballonfehlers abgebrochen werden. Dennoch hatten wir schöne Daten des Crab-Pulsars im Kasten, und ich konnte mich in meiner Doktorarbeit tatsächlich der Herausforderung seiner asymmetrischen Pulsstruktur widmen.

In der Zwischenzeit hatte das Bundesforschungsministerium die ROSAT-Mission genehmigt, und als ich mit der Doktorarbeit fertig war, wurde ich unmittelbar in das ROSAT-Team aufgenommen. Ich hatte dort mehrere Aufgaben. Einerseits war ich wegen meiner Erfahrungen aus der Diplomarbeit an der Kalibration des Spiegelsystems beteiligt, konnte aber auch an der Kalibration der Detektoren mitarbeiten. Diese abbildenden Proportionalzähler (PSPC: *Position Sensitive Proportional Counter*), die das Team um den Kollegen Elmar Pfeffermann entwickelt hatte, gehörten zu den damaligen technologischen Spitzenleistungen und trugen ein Gutteil zum späteren Erfolg der ROSAT-Mission bei. Noch heute wird ein Flugersatzmodell dieser Detektoren in der großen Vakuum-Röntgentestanlage PANTER des MPE in München-Neuried verwendet. Monatelang wurden an dieser Testanlage in den Jahren vor dem ROSAT-Start Kalibrationsmessungen der Spiegel und der Detektoren durchgeführt. Wir hatten die Aufgabe, die Datenbänder, die abends per Fahrer von Neuried nach Garching gebracht wurden, möglichst noch in der gleichen Nacht grob auszuwerten, um dem Kalibrationsteam am nächsten Tag bereits Hinweise für die nächsten Messungen zu geben.

Vielleicht auch wegen meiner Erfahrungen mit der Sternkamera der Ballongondel HEXE war ich ebenfalls für die wissenschaftliche Betreuung der Lageregelung der ROSAT-Mission zuständig. Wir begleiteten die Kalibrationsmessungen der Sternsensoren und den sogenannten *Hardware-in-the-Loop*-Test bei der Firma MBB in München-Ottobrunn, wo eine möglichst realistische *End-to-End*-Simulation des gesamten Lageregelungssystems des Satelliten stattfand. Diese Aktivitäten sollten sich später noch als besonders wichtig herausstellen, da bereits kurz nach Beginn der Mission einer der vier Kreisel des Satelliten ausfiel und damit die Funktion des gesamten Satelliten in Gefahr war. In Zusammenarbeit zwischen der Industrie, den Wissenschaftlern und dem Bodenkontrollzentrum GSOC in Oberpfaffenhofen mussten wir praktisch wie in einer Operation am offenen Herzen die Kreiselkompassregelung des Satelliten in eine Magnetkompassregelung umprogrammieren. Das damals völlig neuartige Konzept der Magnetfeldregelung für einen Satelliten, der in drei Achsen stabilisiert ist, hat nach dem Ausfall weiterer Kreiselsysteme das aktive Leben des ROSAT-Satelliten um viele Jahre verlängert und ist inzwischen bei etlichen Satellitensystemen zum Standard geworden.

Eine extrem wichtige Aktivität, die später zum unmittelbaren Verständnis und der schnellen wissenschaftlichen Nutzung der ROSAT-Daten beitrug, war eine möglichst realistische Computersimulation der Mission. Dafür war hauptsächlich meine Kollegin Gisela Hartner zuständig, deren Diplomarbeit ich betreute. Zunächst mit idealisierten Annahmen, später aber mit mehr und mehr detaillierten Informationen aus der Kalibration der Instrumente gefüttert, simulierten wir Beobachtungen der ROSAT-Mission, so gut es eben ging. Jedes einzelne Röntgenphoton wurde künstlich am Himmel erzeugt und dann auf seinem Weg durch das Spiegelsystem und in den Detektor verfolgt. Im Laufe der Zeit wurden diese Simulationen immer realistischer, wir bauten punktförmige und ausgedehnte Objekte am Himmel, verschiedene spektrale Modelle und sogar die zeitliche Variabilität der Röntgenemission ein. Auch die Hintergrundstrahlung, die extragalaktische kosmische Röntgenstrahlung, solare Streustrahlung und der intrinsische Hintergrund des Detektors wurde so realistisch wie möglich simuliert. Auf diese Weise hatten wir bereits weit vor der echten Mission ziemlich realistische Daten zur Verfügung und konnten sogar noch in die Ausführung der Software für den Satelliten eingreifen. Der PSPC-Gas-Proportionalzähler hat nämlich ein sehr dünnes Eintrittsfenster für die Röntgenphotonen, mit der Konsequenz, dass der Überdruck des Zählergases das Fenster zum Platzen bringen würde, wenn es nicht durch ein höchst kompliziertes und fein ziseliertes Netz aus Drähten geschützt wäre. Dieses Netz wirft jedoch einen Schatten auf jedes Röntgenbild, das der Satellit aufnimmt. Am Anfang hofften wir noch, dass die einigermaßen unruhige Hin-und-Her-Bewegung der Lageregelung des

Satelliten diese Schatten auswaschen würde. Als wir jedoch die Ergebnisse der ersten realistischen Lageregelungstests in unser Simulationsprogramm einfütterten, wurde rasch klar, dass der Satellit viel zu stabil ausgerichtet war. So kurz vor dem Abschluss der Missionsvorbereitung war es nicht leicht, den Ingenieuren in der Industrie, vor allem beim Hauptvertragspartner Dornier System in Friedrichshafen, und dem Geldgeber in Bonn klarzumachen, dass sie ihr System zu gut konstruiert hatten und wir deshalb gerne eine künstliche Wackel-Bewegung in den Satelliten einbauen würden. Ich habe sie dann mit dem Argument überzeugt, dass ja auch das menschliche Auge einen blinden Fleck besitzt, der durch die ständige Bewegung des Augapfels und die entsprechende Datenanalyse im Gehirn ausgeglichen wird. Dieser sogenannte *Wobble-Mode*, in dem die Blickrichtung des Satelliten auf einer Zeitskala von einigen Minuten etwas am Himmel hin- und herwanderte, hat später wesentlich zur hohen Qualität der ROSAT-Beobachtungen beigetragen und wurde sogar in einer erweiterten Form für den *Chandra*-Satelliten der NASA übernommen.

Im Jahr 1985 versammelte Joachim Trümper ein internationales Team von Wissenschaftlern in Garching, die alle an sehr langen und empfindlichen Durchmusterungen der Röntgenhintergrundstrahlung interessiert waren. Riccardo Giacconi, der inzwischen beim Space Telescope Science Institute in Baltimore die Geschicke des Hubble-Weltraumteleskops lenkte, hatte von dort seinen jungen Kollegen Richard Burg mitgebracht. Die beiden hatten Erfahrung mit den tiefen Einstein-Durchmusterungen und schlugen vor, sich auf ein Himmelsareal zu konzentrieren, das wir später das *Lockman Hole* nannten. Dieses Gebiet, in dem die Dichte der störenden Vordergrundabsorption unserer Milchstraße ein absolutes Minimum zeigt und das deshalb ein ideales Fenster zum extragalaktischen Universum darstellt, war gerade von dem amerikanischen Radioastronom Jay Lockman und seinen Kollegen entdeckt worden. Gianni Zamorani vom astronomischen Observatorium in Bologna hatte bereits sehr viel Erfahrung mit der Beobachtung von schwachen Quasaren im sichtbaren Licht gewonnen. Maarten Schmidt vom California Institute of Technology, der Entdecker der

Quasare, hatte zuvor detaillierte Vorhersagen berechnet, wie viele Röntgenquellen in tiefen Durchmusterungen mit ROSAT entdeckt werden sollten. Er plante die optischen Nachbeobachtungen, zunächst mit dem großen 5-Meter-Spiegel auf dem Mount Palomar und später mit dem 10-Meter-Keck-Teleskop auf Hawaii.

Über mehr als eine Dekade traf sich dieses Team jedes halbe Jahr für ein paar Tage in Garching und arbeitete an der Vorbereitung und Durchführung der tiefen ROSAT-Durchmusterungen. Bereits im Verlauf des ersten Treffens wurde ich als junger Spund mit der Verantwortung für das *Deep-Survey*-Projekt beauftragt. Es war eine Herausforderung, aber auch eine große Chance für mich. Wir beschäftigten uns mit den astrophysikalischen Hintergründen, detaillierten Simulationen der Beobachtungen, den Kniffen der Datenanalyse und insbesondere deren statistischen und systematischen Effekten, der Vorbereitung und Durchführung der optischen Beobachtungskampagnen, dem Schreiben der Anträge für die ROSAT-Beobachtungszeit und später mit der Analyse der ersten Ergebnisse. Ich erinnere mich noch gut an viele unserer Treffen. Riccardo und Maarten waren sehr konstruktiv, aber meist auch sehr kritisch. Manchmal waren sie gegensätzlicher Meinung, und wir stritten uns stundenlang mit großer Verve. Oft waren sie aber auch mit meinen Vorschlägen zur Beobachtungsstrategie oder zur Datenanalyse nicht einverstanden, und ich musste mir die Nacht um die Ohren schlagen, um sie am nächsten Mogen mit neuen Simulationen zu überzeugen. Riccardo meinte einmal, dass die ROSAT-Mission bereits vor dem Start weit besser vorbereitet und die Datenanalyse besser verstanden sei, als dies bei der Einstein-Mission noch Jahre nach deren Ende der Fall war. Jedenfalls fanden diese Treffen meist bei einem opulenten Abendessen im Augustinerbräu in München ihren Höhepunkt, wobei Riccardo besonders die exzellente Qualität des Apfelstrudels schätzte.

Das *Lockman Hole* misst eigentlich mehrere Grad am Himmel. Zunächst mussten wir also die genaue Beobachtungsrichtung unseres Feldes festlegen. Dabei fiel Maarten Schmidt auf, dass das Feld in der Nähe eines der hellen Sterne des Großen Wagens liegt, den wir gerade noch rechtzeitig vor Beginn der Beobachtungen durch eine

kleine Verschiebung der Blickrichtung vermeiden konnten. Mit optischen Beobachtungen des Feldes begannen wir bereits lange vor
dem ROSAT-Start. Später haben viele andere Gruppen dieses Areal
für tiefe Durchmusterungen in anderen Wellenlängenbereichen ausgewählt, so dass das *Lockman Hole* eines der am besten untersuchten
extragalaktischen Beobachtungsfelder am Himmel wurde.

Über den dramatischen Abend der *Challenger*-Explosion, die
den Start der ROSAT-Mission um mehrere Jahre verzögerte, habe
ich bereits berichtet. Nach intensivsten Vorbereitungen und langem Bangen wurde ROSAT am 1. Juni 1990 erfolgreich mit einer
Delta-Rakete von Cape Canaveral in Florida aus gestartet. Besons-
ders aufregend war das symbolträchtige *First Light,* als der PSPC-
Detektor das erste Mal bei geöffnetem Teleskopdeckel eingeschal-
tet wurde. Beim Deutschen Satellitenkontrollzentrum GSOC in
Oberpfaffenhofen versammelten sich am 16. Juni ein großer Teil
der ROSAT-Mannschaft und etliche Gäste. Wir waren natürlich
alle gespannt, ob das Röntgenlicht im Teleskop wirklich richtig
abgebildet würde. Ich selbst war besonders nervös, da zum ersten
Mal auch der *Wobble-Mode* ausprobiert wurde. Wir wählten einen
Zeitpunkt aus, zu dem wir über eine Bodenstation in Australien
direkten Kontakt zum Satelliten hatten und wir die Große
Magellan'sche Wolke mit der ein paar Jahre zuvor beobachteten
Supernova 1987A ins Visier nehmen konnten. Alle hielten den
Atem an, als die ersten einzelnen Röntgenphotonen auf dem Bild-
schirm erschienen. Als das Bild der Magellan'schen Wolke allmählich Konturen annahm, brach Jubel aus. Peinlicherweise war mir
bei der ersten Programmierung der Software allerdings ein Fehler
unterlaufen – entweder ein falsches Vorzeichen oder ein vertausch-
ter Sinus beziehungsweise Cosinus. Jedenfalls wurde der *Wobble-
Mode* des Satelliten nicht korrekt herauskorrigiert, sondern durch
den Softwarefehler noch so verstärkt, dass alle Quellen am Himmel
zunächst einmal in lange Striche gezogen wurden. Das tat jedoch
der allgemeinen Freude über die erfolgreiche Öffnung der Augen
von ROSAT keinen Abbruch.

Die ersten Wochen und Monate der Mission waren sehr dramatisch und anstrengend, aber die intensive Vorbereitung des gesam-

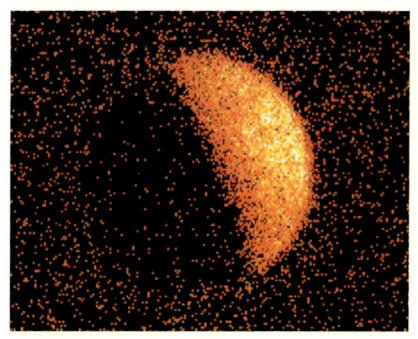

42   Röntgenaufnahme des Mondes
mit dem ROSAT-PSPC. Jeder einzelne Punkt
stellt ein gemessenes Röntgenquant dar.
Die Sichel des Mondes zeigt auf der rechten
Seite die reflektierte Röntgenstrahlung
der Sonne. Auf der dunklen Seite des Mondes
zeichnet sich ein deutlicher Schatten vor
der Röntgenhintergrundstrahlung ab.[133]

ten Teams war uns in dieser Phase eine große Hilfe. Zusammen mit meinem Kollegen Peter Predehl entwickelten wir aus der Software für die Analyse der Kalibrations- und Simulationsdaten einen sogenannten Trampelpfad, mit dem wir die Wissenschaftler in den ersten Monaten der Mission mit ROSAT-Daten versorgen konnten. Als eine der ersten spektakulären ROSAT-Beobachtungen konnten wir 28 Jahre nach Giacconis ursprünglichem Raketenflug das zunächst geplante Experiment wiederholen und den Mond im Röntgenlicht beobachten. Das Röntgenbild des Mondes (Abbildung 42) ist unter anderem auch deshalb faszinierend, weil die dunkle Seite des Mondes wirklich einen Schatten auf die dahinterliegende diffuse Röntgenstrahlung wirft. Mit diesem Bild wurde klar, dass ROSAT wegen seines extrem niedrigen eigenen Hintergrundsignals perfekt zum Studium der diffusen Röntgenstrahlung geeignet war.

Im ersten Halbjahr seiner Mission führte ROSAT die erste vollständige Himmelsdurchmusterung mit einem abbildenden Röntgenteleskop durch. Vergleicht man die ROSAT-Karte des Röntgenhimmels (Abbildung 43) mit dem Bild der Milchstraße im sichtbaren Licht (Abbildung 1), so erscheinen die im sichtbaren Licht hellen Gebiete der Milchstraßenebene im Röntgenlicht dunkler, da sie die dahinterliegende diffuse Emission absorbieren. Die im Sichtbaren dunklen Gebiete über der Milchstraßenebene erscheinen in hellem, farbigem Röntgenlicht. Dabei handelt es sich um die Explosionswolken gestorbener Sterne, die den gesamten Himmel wie ein heißer Nebel überdecken. Die von Riccardo Giacconi

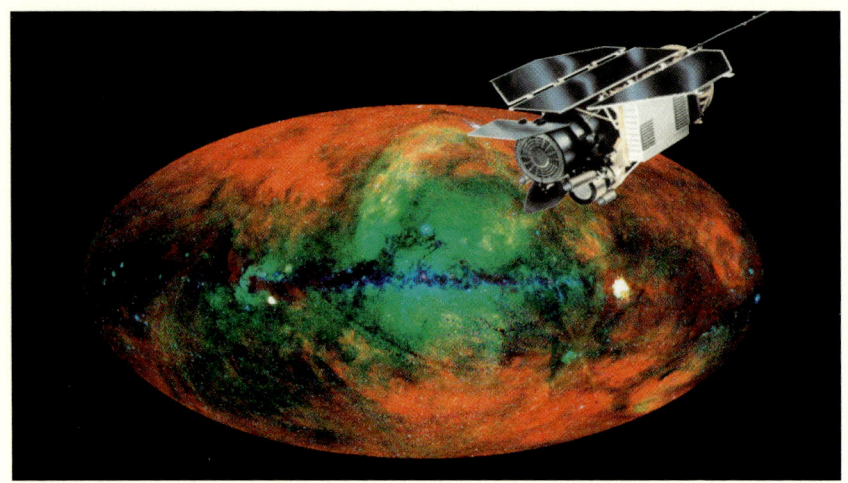

43   Panorama des gesamten Himmels im Röntgenlicht. Die Röntgenstrahlung ist farbkodiert, weiche Strahlung mit Temperaturen von etwa 1 Million Grad ist rot, entsprechend härtere Strahlung mit Temperaturen im Bereich 3 bis 10 Millionen Grad grün beziehungsweise blau dargestellt. In der Mitte der Abbildung befindet sich das Galaktische Zentrum.

und Kollegen entdeckte extragalaktische Hintergrundstrahlung wird erst bei höheren Energien sichtbar. Das *Lockman Hole* liegt in diesem Bild oben links in dem rötlich schimmernden Bereich des Himmels.

Die detaillierten tiefen Durchmusterungen im *Lockman Hole* begannen im Frühjahr 1991 mit einer etwa zwei Tage langen Belichtung mit dem ROSAT-PSPC. Ein Jahr später folgte eine weitere, ebenso lange PSPC-Belichtung. Neben zwei abbildenden Proportionalzählern aus dem MPE, die Röntgenfarben messen konnten, trug der Satellit noch eine hochauflösende Röntgenkamera (HRI: *High Resolution Imager*) aus den USA. Sie wurde das Arbeitspferd des Satelliten, als das Proportionalzählergas zur Neige ging. Mit dieser Kamera gelang es uns das erste Mal, eine «Megasekunde», also eine Million Sekunden, für Beobachtungen im *Lockman Hole* zu gewinnen. Alles in allem hat ROSAT dieses Feld etwa 1,4 Millionen Sekunden lang beobachtet. Berücksichtigt man die Tatsache, dass ein Satellit effektiv nur etwa die Hälfte der Zeit nutzen kann, entspricht das fast einem ganzen Monat an Beobachtungszeit. Dies ist durchaus vergleichbar mit den

empfindlichsten Beobachtungen in anderen Wellenlängenbereichen, zum Beispiel dem berühmten *Hubble Ultradeep Field* (siehe
Abbildung 26), und hat Maßstäbe für die zukünftigen tiefen Röntgenbeobachtungen mit *XMM-Newton* und *Chandra* gesetzt. Zunächst mit ROSAT und später mit *Chandra* und *XMM-Newton*
ist damit Giacconis ursprünglicher Traum
in Erfüllung gegangen: die Auflösung
der Röntgenhintergrundstrahlung in einzelne Objekte.[134] Praktisch haben wir mit
diesen tiefen Durchmusterungen im Röntgenlicht etwas Ähnliches gemacht wie
Galileo Galilei, der im Jahr 1609 sein
Fernrohr auf die Milchstraße richtete
und feststellte, dass sie aus Millionen einzelner Sterne besteht. Das diffuse Rönt-
genleuchten am Himmel konnte mit den
tiefsten Röntgenbeobachtungen in Hunderte von Millionen einzelner Lichtpunkte aufgelöst werden.

Die hauptsächliche Arbeit bestand in
der aufwändigen optischen Nachbeobachtung und Identifikation der neu entdeckten Röntgenquellen. Es war eine
wirkliche Sisyphos-Aufgabe, an opti-

44   Tiefe Röntgendurchmusterung
im *Lockman Hole*. Das Feld ist am
Himmel etwa so groß wie der Vollmond. Links die längste (1,4 Msec)
und empfindlichste Aufnahme mit
dem ROSAT-Satelliten in Falsch-
farben. Die mit dem «farbempfind-
lichen» PSPC aufgenommenen
Daten sind rot (sehr «weiche» Röntgenstrahlung, 0,1–0,5 keV) und
blau («weiche» Röntgenstrahlung,
0,5–2 keV), die mit der hochauf-
lösenden HRI-Kamera grün dargestellt. Rechts das mit einer Belich-
tungszeit von etwa 1 Msec von
XMM-Newton aufgenommene Rönt-
genfarbbild der gleichen Himmelsregion. Die Farben entsprechen den
Energiebereichen: rot: «weiche»
Röntgenstrahlung (0,5–2 keV), grün:
mittlere Röntgenenergien (2–4,5 keV)
und blau: «harte» Röntgenstrahlung
(4,5–10 keV).

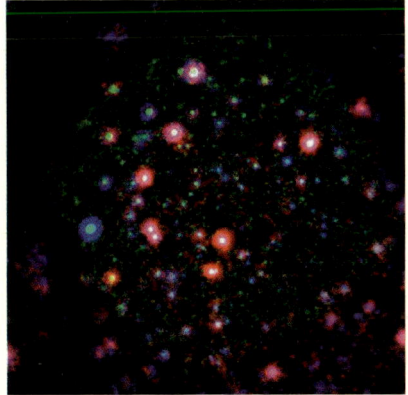

schen Teleskopen Hunderte von Spektren schwacher Quellen aufzunehmen. Mit ihrer Hilfe wurden die Röntgenquellen identifiziert und klassifiziert, um ihre Rotverschiebung und damit ihre
Entfernung beziehungsweise ihr Alter bestimmen zu können. Die
in den tiefen Durchmusterungen entdeckten Objekte stellen im
Röntgenlicht die schwächsten Quellen dar, die je ein Mensch gesehen hat, und sind im sichtbaren Licht meistens noch viel schwächer. Um von ihnen optische Spektren aufzunehmen, benötigten
wir den Zugang zu den größten Teleskopen der Welt. Maarten
Schmidt führte mich in die Welt der optischen Beobachtungen an
Großteleskopen ein. Zusammen mit Don Schneider und Jim Gunn
hatte er eine spezielle Spektrographenkamera für das 5-Meter-
Teleskop auf dem Mount Palomar entwickelt, und ich durfte bei
einem der ersten Beobachtungsläufe an diesem Riesen-Auge dabei
sein. Maarten, Don und Jim, drei Pioniere auf der Suche nach immer weiter entfernten Quasaren, sind Hauptfiguren in Richard
Prestons interessantem biographischem Roman *Das Erste Licht.
Auf der Suche nach der Unendlichkeit*,[135] der das Leben der Astronomen auf «dem Berg» in großartiger Detailfülle schildert.

An meinem ersten Tag auf dem Mount Palomar zeigte mir
Maarten das altehrwürdige 5-Meter-Teleskop. Mit einem eigens
dafür konstruierten Fahrstuhl fuhren wir zur Primärfokuskabine
hinauf. Sie liegt mehr als 20 Meter über dem Hauptspiegel. Früher
mussten sich die Astronomen nicht selten die ganze Nacht für ihre
Beobachtungen in diese winzige Kabine förmlich hineinzwängen.
Maarten ist vermutlich der Astronom, der sich dort am längsten
aufgehalten hat. Danach kletterten wir im Gestänge des Innen-
raums durch eine kleine Luke hindurch auf das Dach des gigantischen Doms, auf dem sich ansonsten nur die Techniker zum Schnee-
räumen aufhalten dürfen.

Nachdem das erste 10-Meter-Keck-Teleskop in Hawaii seinen Betrieb aufgenommen hatte, fuhren Maarten und ich mehrere Jahre
hintereinander im Frühjahr dorthin, um Beobachtungen durchzuführen. Meiner Meinung nach werden die Astronomen zu Unrecht
dafür beneidet, dass sie ihre Tätigkeit in einer derart schönen Umgebung ausüben dürfen. Die Reise auf den 4300 Meter hohen Vul-

kan Mauna Kea auf Big Island in Hawaii ist sehr lang und beschwerlich, mit mehreren Zwischenstopps und einer zusätzlichen Nacht in einer Schlafstatt auf halber Höhe des Berges zur Akklimatisierung. Anders als die Urlauber in Shorts und Sandalen, von denen der Flieger voll ist, sind die Astronomen schwer bepackt mit Arbeitsmaterial und mit Winterausrüstung angesichts der extremen Kälte auf dem Berg. Das Arbeiten bei Nacht in 4300 Metern Höhe ist ebenfalls kein Honigschlecken. Jede Bewegung fällt schwer und führt wegen des Sauerstoffmangels schnell zu stechenden Kopfschmerzen. Maarten hatte uns deshalb verboten, in dieser Umgebung komplizierte Berechnungen durchzuführen oder kurzfristig wichtige Entscheidungen zu treffen. Dennoch gehörten die Beobachtungsnächte im Keck-Teleskop auf dem Gipfel des Mauna Kea (und später auch am *Very Large Telescope* der ESO auf dem Gipfel des Cerro Paranal in Chile) zu meinen schönsten beruflichen Erinnerungen.

Später ging das Keck-Observatorium immer mehr dazu über, die Astronomen vom Hauptgebäude im Waimea am Fuße des Mauna Kea aus per Mikrowellen-Funkstrecke und Video-Link mit dem Teleskop, dem Nachtastronom und den Technikern auf dem Gipfel zu verbinden. Maarten jedoch wehrte sich lange gegen diese seiner Meinung nach degenerierte Art, Astronomie zu betreiben. Er wollte das Teleskop hören und riechen, in regelmäßigen Abständen den Himmel mit eigenen Augen überprüfen und vor allem mit dem Nachtastronom, der das Teleskop betreibt, in direkter Verbindung stehen. Tatsächlich liegt Waimea nicht selten unter Wolken, oder es regnet dort sogar, während auf dem Gipfel das beste Wetter herrscht. Es ist schon ein seltsames Gefühl, um die halbe Welt zu reisen, um dann wenige Kilometer vom Ziel der Begierde entfernt die Beobachtungen unter einer Wolkendecke durchzuführen.

Zurück zur Wissenschaft: Nach vielen Jahren optischer Beobachtungen hatten wir ein vollständiges Bild der Population der Quellen des Röntgenhintergrundes gewonnen. Wir konnten zeigen, dass es sich bei den meisten der neu entdeckten Röntgenquellen um weit entfernte aktive Galaxien handelt, in deren Zentren die massereichen Schwarzen Löcher gerade gut gefüttert werden und deshalb wachsen. Die Röntgenhintergrundstrahlung stammt demnach aus der Fress- und Wachstumsphase der gesamten Population massereicher Schwarzer Löcher im Universum. Alle massereichen Schwarzen Löcher, die wir heute in den Zentren naher Galaxien beobachten, müssen in früheren Zeiten des Kosmos gewachsen sein und das dabei emittierte Licht im Röntgenhintergrund hinterlassen haben. Durch die Messung ihrer Rotverschiebung können wir die Quellen in die kosmische Geschichte einordnen. Dabei stellt sich heraus, dass die größten Schwarzen Löcher mit der stärksten Leuchtkraft, die sogenannten Quasare, in einem wahren Feuerwerk nur wenige Milliarden Jahre nach dem Urknall entstanden sind, während die kleineren Exemplare wie das in unserer Milchstraße im Mittel erst wesentlich später kamen. Dieses Verhalten ist etwas paradox, da man in einem hierarchisch wachsenden Universum erwarten würde, dass kleine Strukturen zuerst gebildet werden und größere später wachsen. Wir verstehen dieses Phänomen noch nicht, aber es hat vermutlich etwas mit der Art und Weise zu tun, wie Schwarze Löcher generell gefüttert werden.

Galaxienkannibalismus oder Hochzeit der Giganten

Weiter oben haben wir den Befund diskutiert, dass das zentrale Schwarze Loch in unserer eigenen Milchstraße angesichts der im Prinzip verfügbaren Gasmassen viel zu schwach leuchtet, und sind dabei auf die wichtige Rolle des Drehimpulses gestoßen. Die auf das Schwarze Loch zuströmende Materie bildet zunächst eine flache Scheibe, die durch ihren Drehimpuls stabilisiert wird und – wie bei den Ringen des Saturn – gar nicht daran denkt, in das Schwarze Loch hineinzuspiralen. Wenn allerdings in dieser Akkretionsscheibe eine genügend hohe Dichte und Zähflüssigkeit erreicht wird, so dass die Reibung der Materie in der Scheibe überwiegt, diese sich dadurch aufheizt und Materie langsam nach innen transportiert, gelingt es dem Schwarzen Loch zu fressen. Schon lange wird vermutet, dass bei diesem Prozess gigantische Galaxienkollisionen, bei denen sich zwei Milchstraßen und vermutlich auch

 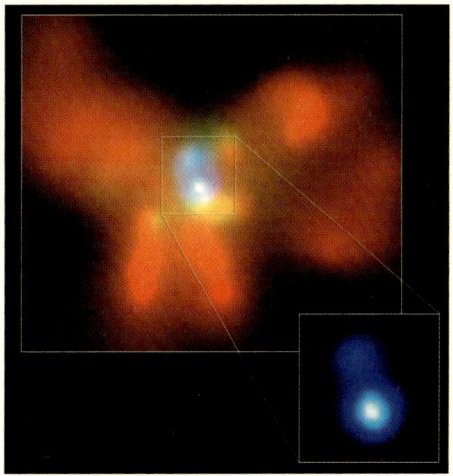

ihre zentralen Schwarzen Löcher miteinander vereinigen, eine erhebliche Rolle spielen. Der Beweis für diese Hypothese gelang in den letzten Jahren wiederum Stefanie Komossa aus unserem Institut und einem Team internationaler Astronomen.

Die Beobachtungen der irregulären Galaxie NGC 6240 zeigen zwei Milchstraßen die sich gerade in einem Vereinigungsprozess befinden (siehe Abbildung 45). Manche Astronomen bezeichnen dies als Galaxienkannibalismus, da der Eindruck entsteht, sie würden sich gegenseitig auffressen. Allerdings kommt ja am Ende eine größere und vielleicht noch schönere Galaxie heraus, so dass

45   Die Galaxie NGC 6240, die sich mitten in einem Vereinigungsprozess befindet. Links eine Aufnahme im sichtbaren Licht, bei der deutlich die Gezeitenarme und Staubbänder sowie im Zentrum die beiden Kerne der ursprünglichen Galaxien sichtbar sind. Rechts eine Röntgenaufnahme mit *Chandra* in ähnlichen Rontgenfarben wie in Abbildung 43. Die roten und grünlichen Emissionsgebiete zeigen heißes Gas von explodierten Sternen im Zentrum des Vereinigungsprozesses, während die beiden blauen Kerne, die noch einmal separat herausvergrößert sind, zwei aktive Schwarze Löcher in den beiden Kernen der Ursprungsgalaxien darstellen.

ich lieber von «Galaxienhochzeit» spreche. Simulationen derartiger Kollisionen zeigen zwei Spiralgalaxien, die einander wie rotierende Kreissägeblätter durchtrennen und die Bahnen ihrer Sterne durcheinanderwirbeln. Dabei wird auch der Drehimpuls der beiden Galaxien erheblich umverteilt. Große Gezeitenschwänze von

Sternen und Gas werden aus den beiden Galaxien gerissen und weit in das Weltall hinausgeschleudert. Gleichzeitig wirbeln Sterne und Gasmassen in die beiden Galaxienzentren hinein und verursachen heftige Sternentstehungsausbrüche. In den Simulationen dauert es etliche hundert Millionen Jahre, bis sich beide Galaxien komplett vereinigt haben und eine neue, elliptische Galaxie gebildet wird. Man vermutet, dass sich in diesem Vereinigungsprozess die beiden zentralen Schwarzen Löcher der ursprünglichen Galaxien, begleitet von einem starken Gravitationswellenausbruch, ebenfalls miteinander vereinigen und sich auf diese Weise die Quasare bilden.

Die Röntgenbeobachtung von NGC 6240, bei der das erste Mal zwei aktive Schwarze Löcher in einer einzigen Galaxie «in flagranti» ertappt wurden (siehe Abbildung 45 rechts), führte allerdings zu einer deutlich anderen Interpretation, die sich als Schlüssel zum Verständnis vieler offener Fragen der Galaxienentwicklung erweist. Offenbar gelingt es der Natur, bereits weit vor dem Vereinigungsprozess der beiden Schwarzen Löcher, diese so effizient zu füttern, dass sie sehr schnell wachsen und sehr hell strahlen können. Obwohl sie im sichtbaren Licht überhaupt nicht entdeckt werden können, weil sie sich hinter dichten Gas- und Staubwolken verstecken, strahlen beide Röntgenkerne in der Galaxie NGC 6240 die Leuchtkraft von hellen Quasaren ab. Wir wissen aus der Beobachtung anderer Quasare und aktiver Galaxien, dass diese fast ebenso viel Materie von sich weg«pusten» können, wie sie selbst verschlucken. Man kann sich dies wie einen Wind vorstellen, der von dem Quasar ausgeht. Oft hat man es aber auch mit einem fein gebündelten Materiestrahl (Jet) zu tun, in dem die Teilchen fast mit Lichtgeschwindigkeit aus dem Zentrum der Galaxie weit in den tiefen Weltraum geschleudert werden (siehe Abbildung 46). Bei der mehrere hundert Millionen Jahre dauernden Vereinigung zweier Galaxien kann durch die Winde, die beim Wachstum der zentralen Schwarzen Löcher entstehen, so viel Energie freigesetzt werden, dass dadurch sämtliche freien Gasmassen der beiden ursprünglichen Spiralgalaxien weit in den intergalaktischen Raum hinausgeblasen werden. Somit steht der neuen, ellip-

46 Die Monster-Galaxie M87 im Zentrum des Virgo-Haufens beinhaltet ein Schwarzes Loch von etwa 3 Milliarden Sonnenmassen und stößt einen lichtschnellen Materiestrahl weit in das Universum hinaus.

tischen Galaxie kein frisches Gas mehr zur Verfügung, aus dem sie neue Sterne bilden könnte. Aus den beiden jungen, blauen Galaxien ist eine alte, rote, elliptische Galaxie geworden. Durch die dramatischen Rückwirkungseffekte ihrer zentralen Schwarzen Löcher lassen sich so mehrere bisher nicht verstandene Zusammenhänge erklären: die Korrelation zwischen der Größe des Schwarzen Lochs und der Galaxie, die Tatsache, dass elliptische Galaxien kein Gas mehr enthalten, sowie schließlich die obere Massengrenze der Galaxien. Die zentralen Schwarzen Löcher erlauben ihren Galaxien ab einer gewissen Grenze einfach nicht mehr weiterzuwachsen, und nehmen deshalb dramatisch Einfluss auf die kosmische Entwicklung.

Aus der Rotverschiebung der Galaxie NGC 6240 wissen wir, dass sie sich in einem Abstand von etwa 400 Millionen Lichtjahren von uns befindet. Wir sehen deshalb die Galaxie nicht so, wie sie heute aussieht, sondern 400 Millionen Jahre jünger, weil ja ihr Licht so lange bis zu uns unterwegs war. Andererseits sagen uns die Simulationen, dass es vom derzeit beobachteten Zustand der Galaxie NGC 6240 aus gerechnet noch etwa 100 Millionen Jahre dauern sollte, bis sich die beiden Schwarzen Löcher miteinander vereinigen. Das heißt aber, dass das Ereignis schon stattgefunden hat und die Gravitationswellen bereits zu uns unterwegs sein müssen! Das Gravitationswellenobservatorium LISA der ESA und der NASA wird hoffentlich in den nächsten 10 bis 15 Jahren seinen Betrieb aufnehmen. Es wird sicherlich nicht mehr funktionieren, wenn uns die Gravitationswellen von NGC 6240 erreichen, aber die Beobachtung dieses einen Objekts hat den Gravitationswellenastronomen große Hoffnungen gemacht, dass derartige Ereignisse im ganzen beobachtbaren Universum häufig vorkommen sollten und sie deshalb in der Tat etwas messen werden.

Was war aber zuerst da: das Schwarze Loch oder die Galaxie? Setzt man die in den letzten Jahren gefundenen Puzzleteile zusammen, so ergibt sich ein einigermaßen abgerundetes Bild: Etwa 370 000 Jahre nach dem heißen Urknall dominiert die Dunkle Materie das Geschehen im Universum. Sie klumpt unter ihrer eigenen Schwerkraft zu einem unsichtbaren kosmischen Netz von Filamenten und Haufen zusammen. Dabei reißt sie die normale Materie mit sich, aus der später die Galaxien entstehen. Nach dem Urknall musste das Universum noch 200 bis 500 Millionen Jahre warten, bis es sich so weit abgekühlt hatte, dass sich die ersten Sterne bilden konnten. Nach neueren Erkenntnissen muss der erste Stern, der im damals tiefsten Potentialtopf der Dunklen Materie entstanden ist, sehr massereich gewesen sein, so dass er nach kurzer Zeit sein Leben in einer gigantischen Supernova-Explosion beendete und – vermutlich von einem Gammastrahlenblitz begleitet – das erste stellare Schwarze Loch im Universum hinterließ. Dieses Schwarze Loch befindet sich für den Rest seines Lebens immer in der Nähe einer der größten Massekonzentrationen im Universum und muss, wie die Spinne im Netz, nur warten, bis etwas zu fressen vorbeikommt. Am besten gefüttert werden die Schwarzen Löcher bei den hier beschriebenen Galaxienkollisionen. In wenigen hundert Millionen Jahren können sie dabei exponentiell auf Milliarden Sonnenmassen anwachsen, auf diese Weise die ersten, weit entfernten Quasare bilden und gleichzeitig das weitere Wachstum ihrer Galaxien drosseln. In diesem Bild entstehen die Schwarzen Löcher als «Galaxienkeime» also tatsächlich weit vor den meisten

Sternen und wachsen dann gemeinsam mit ihrer Galaxie. Das «Große Fressen», in dessen Verlauf die Quasare in der Sturm- und Drangperiode des Universums entstanden sind, können wir uns damit erklären, dass es zu dieser Zeit gerade besonders viele Galaxienzusammenstöße gegeben haben muss. Früher war ja das Universum noch wesentlich kleiner, so dass die Galaxien im Mittel näher beieinanderstanden und öfter zusammenstießen. Andererseits dauerte es eine gewisse Zeit, bis sich die großen Galaxien gebildet hatten. Daraus ergibt sich ein Maximum der Galaxienhochzeiten bei einer Rotverschiebung von 2 bis 3, also wenige Milliarden Jahre nach dem Urknall.

Dort, wo die tiefste Badewanne der Dunklen Materie sitzt, wo am Anfang der erste Stern entstanden ist und sich kurze Zeit darauf in ein Schwarzes Loch verwandelt hat, befinden sich heute noch die reichsten Galaxienhaufen. In ihren Zentren sind riesige Galaxien mit milliardenschweren Schwarzen Löchern gewachsen. Das älteste bisher bekannte Objekt im lokalen Universum ist vermutlich das Schwarze Loch in der Galaxie M87 im Zentrum des Virgo-Haufens (Abbildung 46), zu dem sich auch unsere Milchstraße hingezogen fühlt.

Der Kalender des Universums

Bislang hat dieses Buch Sie mit so vielen Größenskalen, winzigen wie riesigen Zeiträumen konfrontiert, dass ich befürchte, Sie könnten den Überblick über das große Ganze verlieren. Bevor wir uns deshalb noch weit unvorstellbareren Ewigkeiten zuwenden, möchte ich Sie langsam wieder auf den Erdboden und an unsere menschlichen Raum- und Zeitdimensionen heranführen. Einer Idee meines verstorbenen Garchinger Kollegen Peter Kafka folgend, lasse ich die ereignisreiche Geschichte des Universums noch einmal im Zeitraffer Revue passieren. Dazu definiere ich die Zeitskala so, dass die 13,7 Milliarden Jahre zwischen dem Urknall und heute in ein Jahr gepresst werden: Am 1. Januar um 0:00 Uhr war der Urknall, und heute befinden wir uns am «Silvesterknall» des neuen Jahres. In diesem Maßstab entspricht eine Sekunde des Zeitraffer-Jahres 433 Jahren Echtzeit.

Auf dieser Zeitskala geschieht die Entkopplung zwischen Strahlung und Materie – als das Universum die Eigenschaften einer Kerzenflamme hatte und durchsichtig wurde – bereits zu einem Zeitpunkt, an dem das Jahr gerade einmal 14 Minuten alt ist. Irgendwann zwischen dem 5. und dem 13. Januar – genauer können wir das noch nicht festlegen – entstehen die ersten massereichen Sterne und unmittelbar darauf die ersten stellaren Schwarzen Löcher. Die Sterne beginnen in ihren Fusionsmägen die schwereren Elemente bis zum Eisen zusammenzubrauen, und in ihren Supernova-Explosionen entstehen alle noch schwereren Elemente. In den Tagen des 20. bis 23. Januar haben die ältesten heute bekannten Galaxien und Quasare ihr Licht ausgesandt. Das Maximum der Sternentstehung und des Galaxienkannibalismus, das «Große Fressen», findet gegen

Ende März statt. Dann geschieht lange Monate nichts weiter, als dass, angeheizt durch Galaxienzusammenstöße und Supernova-Explosionen, immer neue Generationen von Sternen immer mehr schwere Elemente zusammenbrauen. Anfang September entsteht auf diese Weise auch die Sonne und mit ihr unser Planetensystem. Wir wissen heute, dass Planeten sich aus Staub zusammenklumpen und deshalb nur um Sterne mit ausreichenden Mengen schwerer Elemente gebildet werden können. Daher ist es kein Wunder, dass es mit der Entstehung der Erde so lange gedauert hat.

Nun muss ich mich kurzfristig auf Gebiete begeben, von denen ich persönlich nur sehr wenig Ahnung habe, gleichwohl aber fasziniert bin: die Paläontologie und die Früh-Biologie. Die ersten Minerale, die im heutigen Westaustralien gefundenen Zirkone, sind am 4. September entstanden, und die frühesten zusammenhängenden Gesteinsformationen der Erde traten am 14. September in den kanadischen Nordwest-Territorien zutage. In den ältesten Sedimentgesteinen in Südwest-Grönland entdeckte sogenannte Chemofossilien legen den Schluss nahe, dass bereits am 19. September auf der Erde Leben existiert hat. Erste Spuren von Organismen in Form von mikrobenartigen, strukturierten Fäden und Zellen, sogenannte Stromatolithe, finden sich bereits am 29. September, wiederum im heutigen Westaustralien und in Südafrika. Dabei handelt es sich um die Cyanobakterien – im Volksmund Blaualgen oder Blaugrünalgen –, die sich bereits durch komplexe Zellteilung fortpflanzen und Photosynthese betreiben können.

Was in den langen Monaten nach dem Auftreten der Cyanobakterien auf der Erde weiter passiert ist, liegt vielfach noch im Dunkeln. Tatsächlich haben die Cyanobakterien in großem Stil Umweltverschmutzung, in gewisser Hinsicht aber auch *Terraforming* betrieben. Sie haben die Atmosphäre mit Sauerstoff – ihrem Stoffwechselendprodukt – vergiftet und damit ein Massensterben verursacht. Der Sauerstoff war allerdings für die nachfolgenden Generationen lebenswichtig. Ungefähr Mitte Dezember entstanden weltweit erste Gesellschaften vielzelliger Organismen, die sogenannte Ediacara-Fauna, zum Teil fremd wirkende Baupläne längst wieder ausgestorbener Organismen. Es gibt Spekulationen darüber, dass das junge Leben auf der Erde mehrfach neue Anläufe unternehmen musste, weil es beispielsweise Mitte Dezember durch die globale Vereisung – das völlige Einfrieren zu einer Schneeball-Erde – wieder ausgelöscht worden war. Neuere Erkenntnisse zeigen aber, dass das Leben wesentlich robuster ist als bisher angenommen und selbst kilometertief in der Erdkruste oder in heißen vulkanischen Quellen auf dem Ozeanboden existiert. Nach der monatelangen Wartezeit stellt man am 16. Dezember im Kambrium ein wahres Feuerwerk der Evolution fest. Die Kontinente auf der Erde sind zu diesem Zeitpunkt noch völlig anders gestaltet. Afrika, Süd- und Teile Mittelamerikas, Indien, Teile von Europa, die Antarktis und Australien bilden zusammen den Großkontinent Gondwana. In der sogenannten Kambrischen Explosion entwickeln sich plötzlich viele neue Arten von mehrzelligen Lebewesen. Die ersten Schalen- und Wirbeltiere entstehen und mit ihnen die Baupläne sämtlicher heute noch existierender Lebewesen; viele sind allerdings auch schon wieder ausgestorben.

Durch verschiedene paläontologische Epochen wie das Silur, Devon, Karbon und Perm hindurch sind dann im Meer Korallenriffe, Ammoniten und Fische und auf dem Land, das sich inzwischen zu dem «Superkontinent» Pangäa vereinigt hat, die Schachtelhalme, Waldbäume, Spinnen, Insekten und Reptilien entstanden. Scherzhaft füge ich an dieser Stelle immer hinzu: «Rechtzeitig zu Weihnachten sind auch die Weihnachtsbäume fertig.» Ungefähr zu Weihnachten, beim Übergang vom Perm zum Trias, gab es auf der Erde das schlimmste von insgesamt fünf bekannten Massensterben. Es ist nicht ganz klar, ob dies damit zusammenhing, dass der Riesenkontinent Pangäa in seine Einzelteile auseinandergebrochen war. Zwischen 70 und 95 Prozent aller Lebewesen starben zu dieser Zeit aus – allerdings nicht die zu den Reptilien gehörenden Saurier, die jetzt ihren Siegeszug antreten und die nächsten Tage über die Erde herrschen werden. Ungefähr am 25. Dezember traten auch die ersten kleinen Säugetiere auf den Plan sowie etwas später der Urvogel Archaeopteryx, ein Abkömmling kleiner Dinosaurier. Die Säugetiere hatten es jedoch in der von Sauriern dominierten Welt schwer, sich zu entwickeln.

Am 28. Dezember, beim Übergang von der Kreidezeit in die Erdneuzeit, starben plötzlich die Dinosaurier und mit ihnen eine ganze Reihe von Tiergruppen aus, etwa die Ammoniten und andere Meeresbewohner. Der Grund für dieses Massensterben ist immer noch umstritten. An verschiedenen Stellen der Erde hat man in der Erdschicht über der Kreide stark mit Iridium angereicherten Ton gefunden, was einen großen Meteoriteneinschlag vermuten lässt. Tatsächlich gibt es am Rande der Halbinsel Yukatan in Mexiko den Chicxulub-Krater, der vom Einschlag eines etwa 10 Kilometer großen Meteoriten ungefähr zu der besagten Zeit stammt und von vielen für das Aussterben der Saurier verantwortlich gemacht wird. Neuere Untersuchungen einer Forschergruppe aus den USA, Deutschland, der Schweiz und Mexiko, die einen Bohrkern aus einer Tiefe von 1500 Metern im Zentrum des Chicxulub-Kraters analysierten, lassen allerdings darauf schließen, dass sich der Einschlag etwa 300 000 Jahre vor dem Ende der Kreidezeit und damit dem Aussterben der Dinosaurier ereignete. Möglicherweise gab es einen späteren, bisher noch nicht identifizierten Meteoriteneinschlag, oder es haben mehrere Ereignisse wie ein verstärkter Vulkanismus und mehrere Meteoriteneinschläge zusammengewirkt, um das Klima drastisch zu verändern, was zu einem Artensterben geführt hat. Jedenfalls machten die Dinosaurier Platz für eine rasche Entwicklung größerer Säugetiere. Durch den Zusammenstoß großer Kontinentalplatten falteten sich nun auch die großen Gebirge der heutigen Erdoberfläche auf: der Himalaya und die Alpen. Am 31. Dezember, knapp vier Stunden vor Mitternacht, spaltet sich die Linie der Hominiden vom Entwicklungsast der übrigen Primaten ab: Der aufrecht gehende Mensch entsteht, zunächst der Australopithecus, später andere Seitenlinien. Der moderne Mensch, Homo sapiens, entwickelt sich erst etwa 6 Minuten vor Mitternacht. Eine Zeitlang lebt er mit dem Neandertaler zusammen, unter allen Frühmenschen der einzige typische «Europäer». Dieser stellt allerdings eine weniger erfolgreiche Seitenlinie dar, die ungefähr 70 Sekunden vor Mitternacht ausstirbt. Jesus Christus lebte etwa 4,6 Sekunden vor Mitternacht – um politisch korrekt zu sein, müsste man sagen: Alle großen Weltreligionen

Der Kalender des Universums

1. Januar 0:00 Uhr	Urknall, Entstehung der Elemente H, He, …
1. Januar 0:14 Uhr	Entkopplung von Strahlung und Materie
5.–13. Januar	Erste Sterne und Schwarze Löcher entstehen
	Sterne erzeugen die Elemente C, N, O …
20.–23. Januar	Älteste bekannte Galaxien, Gamma-Bursts und
	Quasare
27. März	«Großes Fressen», Quasar-Maximum
1. September	Entstehung der Sonne und der Erde
4. September	Älteste Mineralien auf der Erde: Zirkon
	(Westaustralien)
14.–19. September	Erste Gesteinskruste (Kanada) und Sediment-
	gesteine (Grönland)
19. September	Erste Hinweise auf Leben (Chemofossilien)
29. September	Älteste Fossilreste; Bakterienabdrücke
	(Stromatolithe)
11.–15. Dezember	Schneeball-Erde
16. Dezember	Fremde, wieder ausgestorbene Organismen
	(Ediacara-Fauna)
16.–19. Dezember	Urknall der Evolution (Kambrische Explosion;
	alle Tierarten)
20.–24. Dezember	Wald, Fische, Reptilien
24. Dezember	Schlimmstes Massensterben (70–95 % aller
	Arten sterben aus)
25. Dezember	Säugetiere entstehen
29. Dezember	Aussterben der Dinosaurier
31. Dezember 20 Uhr	Erste Vorfahren des Menschen; Australopithecus
–6 Minuten	Moderner Mensch; Homo sapiens
–70 Sekunden	Aussterben des Neandertalers
–4,6 Sekunden	Jesus Christus
–0,23 Sekunden	Unser Leben (100 Jahre)
9. Februar	Die Erde wird zu heiß zum Leben
16. April	Die Milchstraße wird vom Andromeda-Nebel
	verschluckt
10. Juli	Die Sonne bläht sich zu einem Roten Riesen auf

entstanden erst in den letzten 15 Sekunden des Kalenders des Universums. Wir selbst – ein menschliches Leben von 100 Jahren dauert in diesem Maßstab 0,23 Sekunden – sind ein Wimpernschlag in der Geschichte des Kosmos! Dennoch stellt ein Menschenleben im Maßstab des Kosmos immer noch eine in menschlichen Maßstäben deutlich messbare Zeiteinheit dar. Es hätten ja zum Beispiel auch 6 Mikrosekunden sein können (das entspricht der Lebensspanne einer Eintagsfliege).

Wir können nun noch einen Blick in die Zukunft wagen, die im Folgenden noch ausführlicher erörtert wird. Wenn wir unsere Erde nicht innerhalb kürzester Zeit selbst zerstören, so wird es doch nur etwa bis zum 9. Februar dauern, bis es auf ihr zu heiß zum Leben wird. Die Sonne dehnt sich im Laufe der Zeit langsam aus, und das Wasser auf der Erde fängt an zu kochen. Ungefähr am 16. April wird die Milchstraße vom Andromeda-Nebel verschluckt (falls dieser nicht doch knapp vorbeischrammt) – welch wunderbarer Anblick für die Astronomen der Zukunft. Das Galaktische Zentrum wird dann zum Quasar werden, und die beiden großen Schwarzen Löcher im Zentrum der Milchstraße und des Andromeda-Nebels werden sich mit großem Gravitationswellengetöse vereinigen. Um den 10. Juli herum wird die Sonne ihren Wasserstoff aufgebraucht haben, sich zu einem Roten Riesen ausdehnen und die inneren Planeten Merkur und Venus verschlucken. Sie wird dann von der Erde aus gesehen von Horizont zu Horizont reichen und die Gesteine der inneren Planeten zum Schmelzen bringen. Damit ist unsere Geschichte aber noch nicht zu Ende! Allerdings sind die Zeiträume, mit denen wir uns weiter beschäftigen werden, so lang, dass wir anstatt der «Kalenderzeit» nun eine logarithmische Darstellung mit Zehnerpotenzen in der Zeit benötigen.

Die Zukunft des Universums – eine Spekulation

Nachdem wir den roten Faden, der dieses Buch durchzieht, nach der Beschäftigung mit dem Urknall, der Entstehung und Entwicklung der Galaxien, der Sterne, der Planeten, insbesondere unserer

Erde, und schließlich des Lebens nun fast vollständig abgewickelt haben, bleibt uns noch der Ausblick in die fernere Zukunft. Die Beschäftigung mit der Zukunft gehört notwendigerweise zu den riskantesten Feldern jeder Wissenschaft und ist oft spekulativ. Für die Beschäftigung mit der Zukunft des Universums gilt dies in ganz besonderem Maße, deshalb habe ich diesen Abschnitt auch als «eine Spekulation» bezeichnet. Dennoch lassen sich aus den bereits sehr genau ausgeführten Modellen der Sternentwicklung relativ präzise Aussagen über die Zukunft unseres Sonnensystems sowie der Sterne und Galaxien insgesamt gewinnen. Die Geometrie des Universums und die wichtigsten kosmologischen Parameter konnten in den letzten Jahren gut bestimmt werden, so dass man auch Aussagen über den wahrscheinlichen Verlauf der kosmischen Expansion wagen kann. Aufgrund der durch die Dunkle Energie beschleunigten Expansion des Kosmos gehen wir heute davon aus, dass sich das Universum bis in alle Ewigkeit exponentiell ausdehnen wird. Darüber hinaus lassen sich aus den Erweiterungen des Standardmodells der Elementarteilchen sowie den Bemühungen zur Vereinigung der Allgemeinen Relativitätstheorie mit der Quantentheorie Aussagen über das Schicksal der Materie und der Schwarzen Löcher in den extrem langen kosmischen Zeiträumen gewinnen. Da viele Vorhersagen in diesem kurzen Abschnitt nur skizziert werden können, verweise ich auf zwei Bücher, die sich ausführlicher mit der Zukunft des Universums befassen: *Die fünf Zeitalter des Universums* von Adams und Laughlin[136] sowie *Die Zukunft des Universums: Zufall, Chaos, Gott?* von Arnold Benz.[137] Einen graphischen Überblick der im Weiteren diskutierten Entwicklungsphasen des Universums gibt Abbildung 48.

Die Zukunft des Sonnensystems

Die Sonne ist vor etwa 4,55 Milliarden Jahren aus einem Ur-Nebel interstellarer Materie entstanden, die ihrerseits schon durch mehrere frühere Generationen von Sternen mit schwereren Elementen als den im Urknall entstandenen Wasserstoff- und Heliumatomen

angereichert war. Nachdem im Sonneninnern der Fusionsofen ge-
zündet hat, wird durch die Kernverschmelzung von Wasserstoff zu
Helium und schwereren Elementen stetig Energie erzeugt und damit der Wasserstoff verbraucht. Die chemischen Elemente des Periodensystems bis hinauf zum Eisenatom werden auf diese Weise im
Bauch von Sternen «gebacken».[138] Während der etwa elf Milliarden
Jahre anhaltenden Phase des Wasserstoffbrennens hält der durch
die Hitze im Innern entstehende Druck dem durch die Schwerkraft
der Sternmasse erzeugten Druck die Waage – der Stern ist stabil.
Langsam verändert sich aber die chemische Zusammensetzung der
Sonne. Der mit der nuklearen «Asche» des Wasserstoffbrennens
angereicherte Kern wird langsam dichter und heißer, mit der Folge, dass die Energieproduktion der Kernfusion ansteigt. Der Strahlungsdruck vergrößert sich, wodurch sich die Oberfläche der Sonne ausdehnt und ihre Leuchtkraft zunimmt. Die Abstrahlung der
Sonne hat seit ihrer Entstehung bereits merklich zugenommen und
wird sich bis zu ihrem Lebensende noch einmal verdoppeln.

Die Zunahme der Sonneneinstrahlung wirkt sich auf der Erde in
bemerkbarer Weise aus und wird letztendlich die Möglichkeit für
das Leben auf unserem Planeten zunichte machen. In aller Munde
ist die Gefahr eines durch die globale Erwärmung verursachten
Treibhauseffekts auf der Erde. Die Temperatur der Erde ist in den
letzten einhundert Jahren um etwa 0,6 Grad angestiegen. Die Ex-
perten streiten sich noch, welcher Anteil davon durch die Sonne
verursacht und welcher Anteil durch menschlichen Einfluss
«hausgemacht» ist. Neueste Vorhersagen gehen von einer weiteren
Erhöhung um 2 Grad in den nächsten einhundert Jahren aus. Das
System Erde hat zwar eine erstaunliche und in den letzten Jahrmillionen sehr erfolgreiche Fähigkeit bewiesen, Temperaturschwan-
kungen über komplexe Regelvorgänge der Atmosphäre, Biosphä-
re, der Hydro- und Geosphäre auszugleichen. Angesichts der
ständigen Erhöhung der Einstrahlung, die durch die chemische
Entwicklung im Sonneninnern verursacht ist, wird jedoch irgendwann in der Zukunft kein Halten mehr sein und der Treibhaus-
effekt auf der Erde instabil werden. Am Institut für Klimafolgen-
forschung und am Astrophysikalischen Institut in Potsdam wurden

Sternentwicklungsmodelle und detaillierte Geoklimamodelle zusammengeschaltet, um die sogenannte habitable Zone für die Erde und andere Planeten zu berechnen.[139] Danach wird es in etwa 1,5 Milliarden Jahren so heiß, dass alles Wasser zu kochen beginnt, die Meere verdampfen und die Erde sterilisiert wird. Gleichzeitig werden sich die Bedingungen für mögliches Leben auf dem Mars jedoch verbessern. Bereits geraume Zeit vorher wäre es dem dann noch existierenden Leben auf der Erde anzuraten, eine Arche auszurüsten und etwa den Mars zu besiedeln.

In etwa sieben Milliarden Jahren, wenn die Sonne ungefähr ein Zehntel ihres Wasserstoffvorrats (und damit fast den gesamten Wasserstoff im Kern) verbraucht hat, beschleunigen sich die Kernverschmelzungsprozesse in ihrem Innern, und die Fusionsasche wird zu schwereren Elementen verbrannt. Gleichzeitig schrumpft der Kern weiter und erhöht die Leuchtkraft der Sonne. Sie dehnt sich dann zu einem Roten Riesenstern aus, der aufgrund seiner Größe wesentlich leuchtkräftiger, aber gleichzeitig wesentlich kühler ist als unsere heutige Sonne. Da dieser Stern einen starken Sternwind aussendet, verliert er an Masse, und seine Anziehungskraft verringert sich. Die Planeten wandern dabei weiter nach außen; die Erde zum Beispiel ungefähr auf die jetzige Marsbahn. Die Sonne hat bis dahin die inneren Planeten, Merkur und Venus, verdampft, und ihre Scheibe macht, von der Erde aus betrachtet, einen Gutteil des Firmaments aus. Die Temperatur auf der Erde steigt auf etwa 1200 Grad Celsius. Spätestens zu diesem Zeitpunkt wird auch der Mars nicht mehr bewohnbar sein. Am Ende ihrer Entwicklung wird die Sonne ihre verbleibende Wasserstoffhülle in einen sogenannten Planetaren Nebel abstoßen – diese Sternhüllen gehören zu den schönsten und farbenprächtigsten Objekten in unserer Milchstraße (siehe Abbildung 47). Der schwere Kern der Sonne zieht sich zu einem Weißen Zwerg zusammen, einem Objekt mit ungefähr dem Durchmesser der Erde und der Masse der Restsonne, die fast vollständig aus sogenannter entarteter Materie besteht, die nur durch den Quantendruck der Elektronen stabilisiert wird – eine Folge der Heisenberg'schen Unschärferelation und des von Wolfgang Pauli formulierten Ausschließungsprinzips.

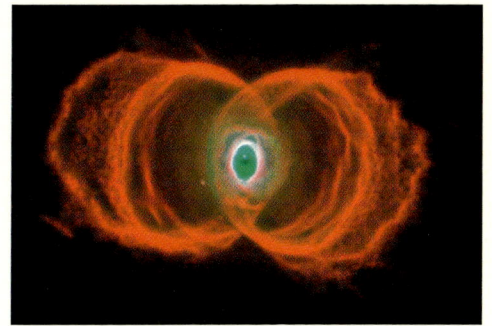

47 Der «Sanduhr-Nebel», ein Planetarer Nebel, aufgenommen mit dem *Hubble Space Telescope* – ein Modell für die Zukunft unserer Sonne.

Der ursprünglich bläulich-weiß strahlende Weiße Zwerg beinhaltet so viel Wärmeenergie, dass er noch viele Milliarden Jahre weiterstrahlt und sich dabei immer weiter abkühlt. Die meisten Sterne im Universum enden wie unsere Sonne als Weiße Zwerge. Sterne hingegen, die sehr viel schwerer als die Sonne sind, beenden ihr Leben in einer Supernova-Explosion und hinterlassen noch kompaktere Reste: Neutronensterne und Schwarze Löcher.

Das Schicksal der Galaxien

Unsere Milchstraße besteht aus etwa 200 Milliarden Sternen, aus der interstellaren Materie, aus der ständig neue Sterne entstehen und wieder vergehen, sowie der «Dunklen Materie», die durch ihre Gravitationskraft das schnell rotierende Sternsystem zusammenhält. Durch die Entstehung immer neuer Generationen von Sternen, die in ihren «Bäuchen» Wasserstoff zu schwereren Elementen fusionieren, die sie zum Teil durch Sternwinde und Supernova-Explosionen wieder an das interstellare Medium abgeben, zum Teil in kompakten Resten wie Weißen Zwergen, Neutronensternen und stellaren Schwarzen Löchern ablagern, wird der Wasserstoff in den Galaxien mit der Zeit verbraucht.

Unsere Milchstraße ist Teil einer hierarchischen Struktur aus kleinen Galaxiengruppen, größeren Galaxienhaufen, Galaxien-Superhaufen sowie einer schaumartigen Struktur aus Filamenten und Blasen, an deren Oberfläche sich die Materie im Zuge der Entstehung der großräumigen kosmischen Struktur angesammelt hat. Bewegt durch die Anziehungskraft der Dunklen Materie verschmelzen die Galaxien im Laufe der kosmologischen Entwicklung zu lokal immer größeren Einheiten, während sich das Universum insgesamt immer weiter ausdehnt. Die dominante Galaxie der Lokalen Gruppe ist der Andromeda-Nebel, auf den sich die Milchstraße mit etwa 150 km/s zubewegt. In etwa vier Milliarden Jahren werden sich die Milchstraße und der Andromeda-Nebel sehr nahe kommen und möglicherweise miteinander verschmelzen. Eine derartige «Galaxienhochzeit» bedeutet für die Sterne der beiden Galaxien keine Gefahr, sie verspüren keine dramatischen Veränderungen, und ihre Planetensysteme bleiben intakt. Die beiden Schwarzen Löcher in den Galaxienzentren werden bei diesem Zusammenstoß effizient gefüttert und wachsen dadurch dramatisch an. Auf diese Weise werden neue Quasare geboren. Wir können uns jedoch vorstellen, wie phantastisch und interessant der Himmel in einem verschmelzenden Galaxiensystem aussehen würde. Wenn wir lange genug warten, werden sämtliche Galaxien in der Lokalen Gruppe mit denen des nächsten großen Galaxienhaufens im Sternbild Virgo zu einer einzigen, riesigen Metagalaxie verschmolzen sein.

Aussehen und Lebenserwartung von Sternen hängen im Wesentlichen von deren Masse ab. Während ein Stern von der Masse unserer Sonne, wie oben beschrieben, etwa elf Milliarden Jahre mit einer Temperatur von etwa 5800 Kelvin (also etwa gelbgrüner Farbe) strahlt, verbraucht ein Stern mit 10 Sonnenmassen seinen Wasserstoff ungefähr 300-mal schneller und leuchtet extrem hell mit einem Emissionsmaximum im ultravioletten Spektralbereich. Umgekehrt lebt ein Stern mit nur einem Zehntel der Sonnenmasse etwa 300-mal länger als die Sonne und strahlt sein Licht im roten Wellenlängenbereich ab. Die langlebigsten unter den Sternen sind die sogenannten Braunen Zwerge, die mit etwa 8 Prozent der Sonnenmasse gerade noch genügend Druck in ihrem Innern aufbauen konnten, um für kurze Zeit die Fusion von Deuteriumkernen zu zünden. Objekte mit noch weniger Masse werden zu großen Planeten. Gasriesen-Planeten wie beispielsweise Jupiter haben es nicht ganz bis zum Stern geschafft.

Wenn den Galaxien langsam die interstellare Materie ausgeht und keine neuen Sterne mehr gebildet werden können, bleiben mit der Zeit neben den Weißen Zwergen, Neutronensternen und Schwarzen Löchern nur noch die roten, sehr alten Sterne übrig. Große elliptische Galaxien oder die Zentralbereiche von Spiralgalaxien sind bereits in diesem Zustand. In etwa 10^{13} Jahren werden die ältesten heute bekannten Sterne ausgebrannt sein, und in etwa 10^{14} Jahren wird die normale Bildung von Sternen zu Ende gehen. Das Universum wird wieder dunkel werden.

Die sehr ferne Zukunft

In etwa 10^{14} Jahren, wenn die letzten Sterne aus Resten interstellarer Gaswolken kollabieren, wird die normale Sternentstehung zu Ende gehen. Danach bleiben nur noch die ausgebrannten Reste von Sternen übrig, also Weiße Zwerge, Neutronensterne und Schwarze Löcher, sowie die Himmelskörper, die keine Fusion unterhalten konnten: Braune Zwerge und Planeten. Der größte Teil der Sternmasse liegt nun in Form von entarteter Materie in den Weißen Zwergen vor, die sich mit der Zeit immer weiter abkühlen. Die Braunen Zwerge haben ihren unverbrauchten Wasserstoff über sehr lange Zeiten behalten. In äußerst seltenen Fällen kann es vorkommen, dass zwei Braune Zwerge kollidieren und dann einen größeren, Roten Zwergstern bilden, der genügend Masse hat, um den Fusionsofen in seinem Innern zu zünden. Diese wenigen normalen Sterne werden dann die einzigen Lichtquellen im Universum sein.

Falls die Dunkle Materie aus schwach wechselwirkenden, massereichen Teilchen besteht, können diese Teilchen langsam durch die Gravitationskraft der Weißen Zwerge eingefangen werden, sich im Sterninnern ansammeln und sich immer wieder einmal so nahe kommen, dass sich Teilchen und Antiteilchen durch schwache Wechselwirkungsprozesse gegenseitig vernichten. Die auf diesem Weg frei werdende Energie würde den Abkühlungsprozess der Weißen Zwerge stoppen, die sich so über sehr lange Zeiträume in

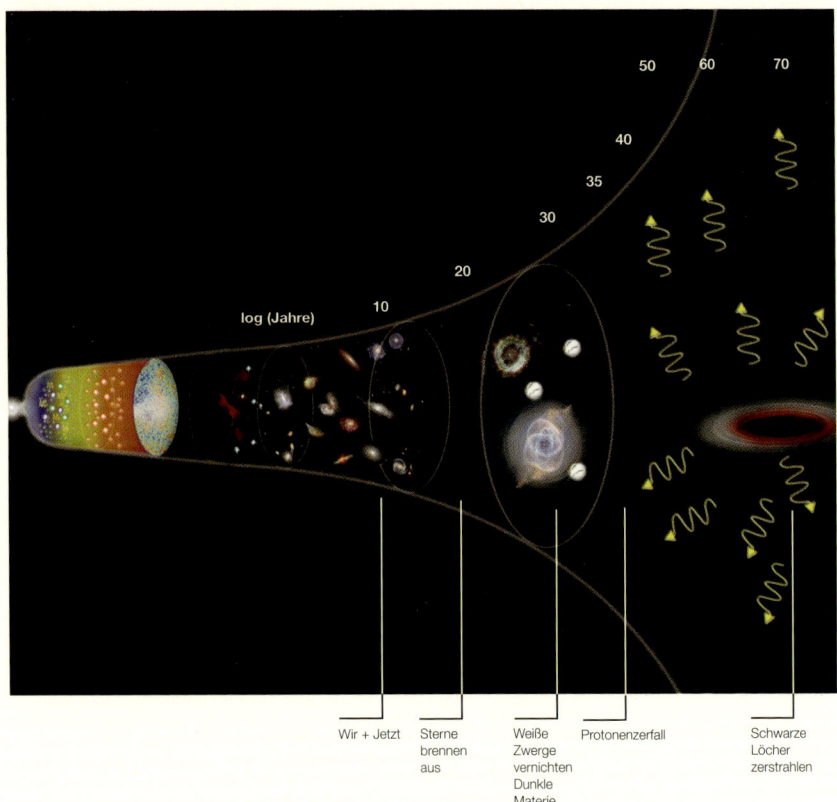

log (Jahre)

10   20   30   35   40   50   60   70

Wir + Jetzt | Sterne brennen aus | Weiße Zwerge vernichten Dunkle Materie | Protonenzerfall | Schwarze Löcher zerstrahlen

48   Überblick der möglichen weiteren Entwicklung eines Universums mit exponentiell beschleunigter Ausdehnung. Die Zahlen geben die Zehnerpotenz der Zeit in Jahren seit dem Urknall an (unser heutiges Universum liegt bei ca. 10^{10} Jahren).
Die wichtigsten weiteren Phasen des Universums sind in verschiedenen Farben angedeutet: Nach etwa 10^{15} Jahren werden die letzten Sterne ausgebrannt sein. Danach dominieren die abkühlenden Weißen Zwerge das Universum, in deren Innern etwa um die Zeit von 10^{25} Jahren die Dunkle Materie langsam vernichtet wird. Nach vielen weiteren Äonen (hier z. B. 10^{37-39} Jahren), werden erwartungsgemäß die Protonen zerfallen und damit die baryonische Materie vernichtet. Danach bleiben für sehr lange Zeit nur noch die Schwarzen Löcher übrig; auch sie werden im Zeitraum von 10^{70-100} Jahren zerstrahlen. Am Ende hat sich das Universum so weit verdünnt, dass es gegenüber der Energie des Vakuums verschwindet – es bleibt «Nichts» übrig, möglicherweise das gleiche Energiefeld, aus dem es ursprünglich entstanden ist.

der Nähe der Temperatur des flüssigen Stickstoffs bei 65 Kelvin aufhalten können. Einer Idee von Freeman Dyson[140] folgend, spekulieren Adams und Laughlin,[136] dass aufgrund der extrem langen zur Verfügung stehenden Zeit und der sehr großen Energievorräte in der Atmosphäre solcher Weißer Zwerge eine neue biologische Evolution, möglicherweise sogar mit der Entwicklung von Komplexität und Intelligenz, stattfinden könnte. Die für eine derartige Evolution zur Verfügung stehende Zeit ist so ewig lang, dass trotz der relativ niedrigen Temperaturen wesentlich mehr Evolutionsschritte möglich wären als in unserer Zivilisation. Eine intelligente Art, die sich letztendlich aus der Energie der Dunklen Materie speist, könnte sich unter Umständen wesentlich weiter entwickeln, als wir dazu je in der Lage sein werden.

Die Protonen sollten auf einer Zeitskala von etwa 10^{36} Jahren zerfallen. Damit «schmelzen» sämtliche stellare Reste, also Weiße und Braune Zwerge, Neutronensterne und Planeten dahin, nicht jedoch die Schwarzen Löcher, innerhalb deren Ereignishorizont sämtliche Materie- und Energieformen durch ihre gigantische Schwerkraft festgehalten werden. Stellare Schwarze Löcher zerstrahlen nach Stephen Hawking in etwa 10^{67} Jahren. Schwarze Löcher mit Millionen Sonnenmassen, wie das derzeit im Zentrum unserer eigenen Galaxie liegende, leben etwa 10^{83} Jahre und solche von der Masse unserer ganzen Galaxie etwa 10^{98} Jahre. In der fast ewig lange zur Verfügung stehenden Zeit wird jedes Teilchen, das sich heute im gravitativen Einzugsbereich des Virgo-Haufens befindet, von dem Schwerkraftmonster im Zentrum der Galaxie M87 verschluckt worden sein. Solche Schwarzen Löcher können auf Hunderte Milliarden Sonnenmassen anwachsen und etwa 10^{100} Jahre leben. Die ersten kompakten Objekte, die die Bühne des Universums betreten haben, sind dann auch die letzten, die sie wieder verlassen werden.

Nach grob 10^{100} Jahren sind also sämtliche Strukturen aus unserem Universum verschwunden, das dann ein «Tohuwabohu» vor allem aus Strahlung und leichten Teilchen wie Neutrinos, Elektronen und Positronen ist. Falls die Expansion bis zu diesem Zeitpunkt wirklich exponentiell verläuft, ist die mittlere Dichte, die heute etwa bei einem Proton/m^3 liegt, auf etwa ein Positron im 10^{194}-fachen Volumen des heutigen Universums abgefallen. Die Wellenlänge der Hintergrundstrahlung, die heute bei etwa 1 Millimeter liegt, beträgt dann ungefähr 10^{41} Lichtjahre – eine wahrhaft unvorstellbare Zukunft. Das Universum ist dann wieder etwa in dem Zustand, aus dem es entstanden ist. Sämtliche Energie aus dem Urknall ist so dünn über den Raum verteilt, dass sie im Nichts verschwindet. Das Universum entstand aus dem «Nichts», und es bleibt am Ende «Nichts» übrig. Nur dass dieses «Nichts» inzwischen der höchste Energiezustand ist, den wir kennen.

Eine der Fragen, die mir nach meinen Vorträgen häufig gestellt wird, ist die nach der Rolle Gottes. Wo bleibt denn der Schöpfer in dieser ganzen Geschichte? Früher habe ich mich in meiner Antwort meist auf Papst Johannes Paul II. herausgeredet, der 1992 bei der kirchlichen Rehabilitation von Galileo Galilei bestätigte, «die Theologen der damaligen Zeit hätten geirrt in der Annahme, der Wortsinn der Bibel beschreibe den physikalischen Zustand der Welt». In seiner 1996 verfassten Botschaft an die päpstliche Akademie der Wissenschaften ging er sogar noch einen Schritt weiter und stellte fest, dass «neue Erkenntnisse dazu Anlass geben, in der Evolutionstheorie mehr als eine Hypothese zu sehen». Die Kirche verbrennt also keine Wissenschaftler mehr, deren Ergebnisse im Gegensatz zur wörtlichen Auslegung der Bibel stehen. Im Gegenteil: Neue naturwissenschaftliche Erkenntnisse werden im Lauf der Zeit Teil der christlichen Lehrmeinung. Allerdings scheinen diese Einsichten bei vielen Gläubigen nicht so schnell anzukommen, wie sie von den Theologen formuliert werden. Im Januar 2003 hielt ich in der Dialog-Reihe «Naturwissenschaften – Technik – Theologie» an der TU Darmstadt einen Vortrag zum Thema «Es gibt viel zu viele Sterne – Neugier und Ehrfurcht in der Astronomie», der im Anschluss von einem Theologen kommentiert wurde. In der darauffolgenden Diskussion wurde dieser von einem Teil des Publikums angefeindet, weil seine Ausführungen «zu gottlos» seien. Zwei Jahre später verließ ein Evolutionskritiker nach meinem Vortrag im Deutschen Museum unter Protest den Saal und meinte, er wäre mit der Meinung des Papstes nicht einverstanden. Noch bedenklicher sind meiner Meinung nach die subversiven Aktivitäten der *Intelligent-Design*-Sekten. Vielleicht passt an dieser Stelle der Auszug eines Briefes, den Goethe im Jahr

1782 an seinen Freund, den Pfarrer Johann Caspar Lavater, geschrieben hat: «Du hältst das Evangelium, wie es steht, für die göttliche Wahrheit. Mich würde eine vernehmliche Stimme vom Himmel nicht überzeugen, dass das Wasser brennt und dass das Feuer löscht, dass ein Weib ohne Mann gebiert und dass ein Toter aufersteht. Vielmehr halte ich dieses für Lästerungen gegen den großen Gott und seine Offenbarung in der Natur.»[141]

Mitte des Jahres 2006 veranstaltete die Stiftung Weltethos des Theologen Hans Küng an der Universität Tübingen auf dem Schloss Hohentübingen ein interessantes interdisziplinäres Symposium, «Naturwissenschaft und Religion», bei dem es unter anderem um Küngs Buch *Der Anfang aller Dinge* ging.[142] Ziel des Symposiums war es, «den Dialog von Naturwissenschaft und Philosophie/Theologie über Fragen der Entstehung von Kosmos, Leben und Menschheit zu vertiefen». Hans Küng hatte jeden der eingeladenen Naturwissenschaftler und Theologen gebeten, am Ende seines Vortrags seine ganz persönliche Auffassung von Gott darzustellen, was mich dazu zwang, mich intensiver mit diesem Thema zu befassen.

Ich bin im Prinzip ein religiöser Mensch − kein Wunder, wenn man in Oberammergau geboren ist. Ich habe damals sogar aus religiösen Gründen den Kriegsdienst verweigert. Allerdings bezieht sich mein Glaube im Wesentlichen auf die Bergpredigt und die daraus folgende christliche Nächstenliebe. In Vorbereitung auf Küngs Symposium und beim Lesen seines Buches habe ich mich nach meinem eigenen Verständnis der Rolle Gottes gefragt. Küng beschreibt zwar mit beeindruckender Belesenheit und Detailkenntnis die neuesten Erkenntnisse der Physik und der Kosmologie, identifiziert aber besonders akribisch jene Bereiche, in denen unser Wissen an seine Grenzen gelangt und unser Verständnis nebulös wird. Das sind im Wesentlichen die Fragen nach dem Anfang der Zeit und der Unendlichkeit des Raumes, auf die ich bereits in der Einleitung eingegangen bin. Küng weist in seinem Buch auch darauf hin, dass die «physikalische Wirklichkeit weitgehend unanschaulich» ist und «sich letztlich nur mit Bildern, Chiffren, Vergleichen, mit Modellen und mathematischen Formeln umschreiben» lässt.[143] An dieser Stelle lädt er den Naturwissenschaftler dazu ein, sich auf Gott als Hypothese einzulassen, ebenso wie sich die Theologen auf die schwer verständlichen naturwissenschaftlichen Erkenntnisse und Modelle einlassen.

Mir kommt das ein wenig so vor, als würde Küng tun, was er explizit kritisiert, nämlich Gott als Lückenbüßer für alles bisher Unverstandene einzusetzen. Mir käme diese Rolle für Gott sehr unbefriedigend vor, weil damit sein «Lebensraum» Tag für Tag schrumpfen würde. Mit jedem neuen wissenschaftlichen Ergebnis stellen sich zwar viele neue Fragen, mit denen auch das Wissen über unser Unwissen größer wird, dennoch werden die Grenzen der Erkenntnis immer weiter hinausgeschoben. Vor wenigen hundert Jahren durfte er noch Blitze schleudern, und heute wäre er nur noch für die letzten unverstandenen 10^{-35} Sekunden zwischen dem Urknall und der Inflation zuständig. Diese Stellung Gottes beinhaltet die Gefahr, dass er mit fortschreitender Erkenntnis seine Positionen räumen müsste.

Was ist Gott aber dann? Bei der Lektüre von Küngs Buch habe ich mir an den Rand geschrieben: «Kann Gott sich schneller als die Lichtgeschwindigkeit bewegen?» Ist er Teil der Relativitätstheorie? Wir wissen heute, dass unser Universum gigantisch viel größer sein muss als der uns durch elektromagnetische Signale oder Gravitationswellen zugängliche Bereich innerhalb unseres Horizonts. Um «sein Reich» zu überblicken, bräuchte er also viel mehr Zeit als die 13,7 Milliarden Jahre, die seit dem Urknall zur Verfügung stehen. Die Geschichte mit den Wurmlöchern, durch die man schneller als mit Lichtgeschwindigkeit durch Zeit und Raum tunneln kann, ist zwar eine schöne Spekulation für Science-Fiction-Autoren, wird aber, wie in Kapitel 8 beschrieben, inzwischen selbst von ihrem Erfinder Stephen Hawking nicht mehr ernst genommen. Eine Omnipräsenz allüberall im Universum könnte nur außerhalb der Kausalität stehen. Dann könnte sie allerdings auch keine direkte Wirkung auf uns ausüben.

Meiner Meinung nach ist Gott ein zutiefst geistiges und damit menschliches Phänomen: Ohne Mensch kein Gott! Damit will ich

Gott keinesfalls abwerten. Das über Jahrmillionen gewachsene gemeinsame Bewusstsein und die Erfahrungen der Menschheitsgeschichte haben einen Gott hervorgebracht, der eine unendlich wichtige Rolle im geistigen und seelischen Selbstverständnis der Zivilisation spielt. Gott ist in den Hirnen der Menschen – sonst nirgends. Als ich diesen Gedanken formulierte, wusste ich noch nicht, dass ihn vor mir schon weit Berufenere aufgeschrieben haben, wie zum Beispiel der deutsche Philosoph Ludwig Feuerbach: «Denn nicht Gott schuf den Menschen nach seinem Bilde, wie es in der Bibel steht, sondern der Mensch schuf, wie ich im *Wesen des Christentums* zeigte, Gott nach seinem Bilde.»[144]

Das Symposium im Schloss Hohentübingen war hoch interessant. Die Urgeschichtler referierten über die Ausbildung des Geistes, von Kunst, Musik, des Jenseitsglaubens und der Religion in der Frühgeschichte der Menschheit. Besonders begeistert war ich von dem Klang einer altsteinzeitlichen Flöte, die der Tübinger Urgeschichtler Nicholas Conard und seine Kollegen in der Geißenklösterle-Höhle bei Blaubeuren entdeckt haben.[145] Die Evolutionsbiologen, allen voran der Tübinger Nico Michiels, gingen sogar so weit, festzustellen, dass Gott ein Teil der Darwinschen Evolution, von Mutation und Selektion sei. Zivilisationen, die über religiöse Bindungen spirituelle Stärkung und Identifikation erfahren, sind überlebensfähiger als gottlose Gesellschaften. Selbst Hans Küng stimmte diesen Einschätzungen im Prinzip zu, allerdings mit dem Vorbehalt, dass es sich bei dieser Diskussion nur um das «Gottesbild» des Menschen handle, das von diesem erschaffen wurde. Der Mensch schuf sich das Gottesbild nach seinem Ebenbild, wie der französische Philosoph Charles-Louis Baron de Montesquieu sagte: «Wenn Dreiecke einen Gott hätten, würden sie ihn mit drei Ecken ausstatten.» Der Gedanke selbst ist freilich viel älter. Dem griechischen Dichter und Philosophen Xenophanes aus Kolophon (6.–5. Jh. v. Chr.) wird der Satz zugeschrieben: «Wenn Kühe, Pferde oder Löwen Hände hätten und damit malen und Werke wie die Menschen schaffen könnten, dann würden die Pferde pferde-, die Kühe kuhähnliche Götterbilder malen und solche Gestalten schaffen, wie sie selbst haben.»[146] Küng wies jedoch darauf hin, dass es neben dem Gottesbild des Menschen, entsprechend der Lehre des Thomas von Aquin, noch den alles durchdringenden Gott gebe, der auch da wäre, wenn nichts anderes existierte, das sogenannte «ipsum esse», das «Sein an sich». An dieser Stelle fühlte ich mich an die mysteriöse Dunkle Energie oder auch das Higgs-Feld am Anfang des Universums erinnert, ein skalares, allumfassendes Energiefeld, aus dem das Universum entstanden ist. Also vielleicht doch die «Creatio ex Nihilo», die Schöpfung aus dem Nichts? Liegen vielleicht die Theologen und die Kosmologen gar nicht so weit auseinander? Ist Gott das Nichts?

Danksagung

Dieses Buch wäre nicht zustande gekommen ohne die Motivation und tatkräftige Unterstützung durch viele Freunde und Kollegen. Besonderen Dank schulde ich Carmen und Heinrich Didwiszus sowie meiner Frau Barbara, die mir die Tür zum Schreiben weit geöffnet haben. Auf verschiedenen Stationen des teilweise holprigen Weges habe ich immer wieder große Hilfe und konstruktive Kritik von Freunden und Kollegen erhalten, die sich in den verschiedenen Feldern wesentlich besser auskennen als ich, beispielsweise Gerhard Börner, Stefan Gillessen, Harald Immel, Matthias Steinmetz, Volker Springel, Rashid Sunyaev und Joachim Trümper. Besonders dankbar bin ich auch den Mitarbeiterinnen und Mitarbeitern des Verlages C. H. Beck in München, insbesondere meinem Lektor Stefan Bollmann und seiner Assistentin Angelika von der Lahr, sowie meinem Grafiker Franz Aichinger. Das Bildmaterial für dieses Buch stammt aus vielen verschiedenen Quellen, die im Abbildungsverzeichnis im Einzelnen aufgeführt sind; auch für die Erlaubnis zur Benutzung bedanke ich mich sehr. Eine ganze Reihe aufmerksamer Leser hat mich auf kleine Fehler in den früheren Ausgaben des Buches aufmerksam gemacht, wofür ich mich herzlich bedanke.

Anmerkungen

1   Genesis, 1. Buch der Bibel.

2   Die vier großen Teleskope der ESO in der Atacama-Wüste wurden in einem Wettbewerb unter chilenischen Schülern nach Begriffen aus der Mapuche-Sprache der chilenischen Ureinwohner getauft. Das erste Teleskop heißt *Antu*, die Sonne. Das zweite Teleskop wurde auf den Namen *Kueyen* getauft. So wird in der Mapuche-Sprache der Mond genannt. Das dritte Teleskop heißt *Melipal* (in der Mapuche-Sprache das Kreuz des Südens) und das vierte *Yepun* (in der Mapuche-Sprache Venus als Abendstern).

3   Albert Einstein: The Collected Papers of Albert Einstein (CPAE). Princeton University Press, Vol. 8, Part A, p. 386, Doc. 294.

4   Brief Einsteins an Schwarzschild, 9.1.1916: Collected Papers of Albert Einstein (CPAE). Princeton University Press, Vol. 8, Doc. 181.

5   Jürgen Renn: The Third Way to General Relativity. Einstein and Mach in Context, MPI für Wissenschaftsgeschichte, preprint 9 (1994).

6   Julius Scheiner, Astronomische Nachrichten 148, 325 (1899).

7   Julius Scheiner: Note on the Spectrum of the Andromeda Nebula, Astrophysical Journal 30, 69 (1909).

8   Hans Oleak: Scheiners Spektrum des Andromeda Nebels; Über die Natur der Spiralnebel, Die Sterne 71, 95 (1995).

9   Edwin Hubble, Milton Humason: The Velocity-Distance Relation among Extra-Galactic Nebulae, Astrophysical Journal 74, 43 (1931).

10 Steven Weinberg: Der Traum von der Einheit des Universums. C. Bertelsmann, München 1993, S. 35, Originalzitat: «... a look at Hubble's data leaves me perplexed how he could reach such a conclusion – galactic velocities seem almost uncorrelated with their distance. In fact, we would not expect any neat relation of proportionality between velocity and distance for these 18 galaxies – they are all much too close, none being further than the Virgo Cluster.»

11 Vgl. Kap. 5 in John Gribbin: The Birth of Time. Phoenix Paperback, London 2000.

12 http://archives.caltech.edu.

13 Albert Einstein: Grundzüge der Allgemeinen Relativitätstheorie. Vieweg, Wiesbaden 1982, S. 126.

14   George Gamow: My World Line. Viking Press, New York 1970.

15   H. G. B. Casimir, Proc. Con. Ned. Akad. v. Wetensch. B51 (7), 793 (1948).

16   F. Chen, U. Mohideen et al., Phys. Rev. Letters 88 (2002).

17   Siehe Richard Preston: Das Erste Licht. Droemer Knaur, München 2000, S. 157 ff.

18   Alan Guth: Die Geburt des Kosmos aus dem Nichts. Droemer Knaur, München 1999.

19   http://de.wikipedia.org/wiki/Bild:GalacticRotation2_de.svg.

20   Erwin Freundlich: Über einen Versuch, die von A. Einstein vermutete Ablenkung des Lichtes in Gravitationsfeldern zu prüfen, Astronomische Nachrichten 193, 369 (1912).

21   Albrecht Fölsing: Albert Einstein. Eine Biographie, Suhrkamp, Frankfurt am Main 1993, S. 401.

22   Albert Einstein: Lens-like action of a star by the deviation of light in the gravitational field, Science 84, 506 (1936); vor kurzem wurde in Einsteins Notizbüchern entdeckt, dass er sich bereits 1912 mit Gravitationslinsen beschäftigt hatte: Jürgen Renn et al., The origin of gravitational lensing: A postscript to Einstein's 1936 ‹Science› Paper, Science 275, 184 (1997).

23   Aus: Wolfgang Pauli: Fünf Arbeiten zum Ausschließungsprinzip und zum Neutrino, Texte zur Forschung, Vol. 27. Wissenschaftliche Buchgesellschaft, Darmstadt 1977.

24   Harald Fritzsch: Vom Urknall zum Zerfall. R. Piper & Co., München 1983.

25   Vor kurzem ging sogar die Nachricht über die Ticker, dass japanische und amerikanische Physiker ein exotisches Teilchen aus fünf Quarks entdeckt haben, das sogenannte Pentaquark, doch ist dessen Existenz noch umstritten.

26   http://cast.web.cern.ch/CAST/.

27   Die Einheit Megaparsec (Mpc) beruht auf der astronomischen Parallaxen-Messung (Parallaxen-Sekunde) und entspricht 3,26 Millionen Lichtjahren.

28   Die kritische Dichte ist $\rho_c = 3\,H_0^2/8\pi G = 10{,}6 \cdot 10^{-27}\,\mathrm{kg/m^3}$ für $H_0 = 75\ \mathrm{km/s/Mpc}$.

29   Alan Guth: Die Geburt des Kosmos aus dem Nichts. Droemer Knaur, München 1999.

30   Planck-Zeit: $5{,}39 \cdot 10^{-44}\,\mathrm{s}$; Planck-Länge: $1{,}61 \cdot 10^{-35}\,\mathrm{m}$, Planck-Masse: $2{,}18 \cdot 10^{-8}\,\mathrm{kg}$, Planck-Temperatur: $1{,}42 \cdot 10^{32}\,\mathrm{K}$.

31   Die Geschichte der Teilchen unmittelbar nach dem Urknall ist sehr schön in dem Buch von Harald Fritzsch: Vom Urknall zum Zerfall. R.Piper und Co., München 1983, beschrieben.

32 Im Gegensatz zum «Starken Anthropischen Prinzip», das postuliert, dass unser Universum durch einen Schöpfer genau so austariert wurde, dass wir Menschen darin existieren können.

33 AMANDA steht für das «Antarctic Muon and Neutrino Detector Array» am Südpol. IceCube ist eine Erweiterung von AMANDA und umfasst ein Eis-Volumen von annähernd einem Kubikkilometer. ANTARES steht für «Astronomy with a Neutrino Telescope and Abyss environmental RESerarch» und ist ein Unterwasser-Cherenkow-Detektor im Mittelmeer.

34 Diese Temperatur ist wegen der Elektron-Positron-Vernichtung, die nach der Neutrino-Entkopplung stattgefunden hat, etwa 40 Prozent niedriger als die Temperatur der Hintergrundstrahlung (siehe Seite 77).

35 Die Biografie George Gamows inklusive der Geschichte seiner dramatischen Flucht aus dem stalinistischen Russland ist in Alan Guths Buch, Die Geburt des Kosmos aus dem Nichts, Droemer Knaur, München 1999, S. 157 ff, beschrieben.

36 George Gamow: My World Line. Viking Press, New York 1970.

37 Alan Guth: Die Geburt des Kosmos aus dem Nichts, Droemer Knaur, München 1999, S. 161.

38 R. A. Alpher, H.A. Bethe, G. Gamow: The Origin of Chemical Elements, Physical Review 73, 803 (1948).

39 Diese Geschichte wird in Marcus Chowns Buch, Auf der Suche nach dem Ursprung der Atome. Deutscher Taschenbuch Verlag, München 2002, erzählt.

40 Zitiert aus Alan Guth: Die Geburt des Kosmos aus dem Nichts, Droemer Knaur, München 1999, S. 164.

41 Steven Weinberg: Die ersten drei Minuten. R. Piper & Co., München 1977.

42 Siehe auch Emmenegger et al.: http://www.unlfr.ch/spc/UF/93juillet/emmenegger.html.

43 Alan Guth: Die Geburt des Kosmos aus dem Nichts, Droemer Knaur, München 1999, S. 161.

44 Arno A. Penzias, R. W. Wilson, Astrophysical Journal 142, 419 (1965).

45 Robert H. Dicke, P. J. E. Peebles, P. G. Roll, David T. Wilkinson, Astrophysical Journal 142, 414 (1965).

46 Rudolf Kippenhahn: Licht vom Rande der Welt. Deutsche Verlags-Anstalt, Stuttgart 1984.

47 A. McKellar, Publ. Dom. Astrophys. Observ. 7, No. 15, 251 (1941).

48 J. Delannoy, J. F. Denisse, E. Le Roux, B. Morlet: Mesures absolues de faibles densités de flux de rayonnement à 900 MHZ, Annales d'Astrophysique 20, 222 (1957).

49   Z. B. G. B. Field, R. W. Wilson, Physical Review Letters 16, 817 (1966).

50   George F. Smoot et al.: Structure in the COBE differential microwave radiometer first-year maps, Astrophysical Journal Letters 396, L1 (1992).

51   Rashid A. Sunyaev, Yakow B. Zeldovich: Small-Scale Fluctuations of Relic Radiation, Astrophysics and Space Science 7, 3 (1970).

52   P. J. E. Peebles, J. T. Yu: Primeval Adiabatic Perturbation in an Expanding Universe, Astrophysical Journal 162, 815 (1979).

53   Zitiert aus: Aled Jones, Anthony N. Lasenby: The Cosmic Microwave Background, Living Rev. Relativity 1 (1998), 11 (am 12.8.2005): http://www.livingreviews.org/lrr-1998-11.

54   C. L. Bennett, M. Halpern, G. Hinshaw, N. Jarosik, A. Kogut, M. Limon, S. S. Meyer, L. Page, D. N. Spergel, G. S. Tucker, E. Wollack, E. L. Wright, C. Barnes, M. R. Greason, R. S. Hill, E. Komatsu, M. R. Nolta, N. Odegard, H. V. Peiris, L. Verde, J. L. Weiland: First-Year Wilkinson Microwave Anisotropy Probe (WMAP) Observations: Preliminary Maps and Basic Results, Astrophysical Journal Supplement Series 148, 1 (2003).

55   Joseph Silk: Das fast unendliche Universum. Grenzfragen der Kosmologie. C. H. Beck, München 2006.

56   COBRAS wurde von Nazzareno Mandolesi von der Universität Bologna vorgeschlagen. Mit im Team war George Smoot, der Leiter des COBE-DMR-Experiments. Der Vorschlag für SAMBA wurde von dem französischen Astronom Jean-Loup Puget angeführt.

57   C. L. Bennett et al.: «Microwave Anisotropy Probe: A MIDEX Mission Proposal» (1996). http://map.gsfc.nasa.gov/.

58   E. J. Wollack, N. C. Jarosik, C. B. Netterfield, L. A. Page, D. Wilkinson: A Measurement of the Anisotropy in the Cosmic Microwave Background Radiation at Degree Angular Scales, Astrophysical Journal Letters 419, L49 (1993).

59   A. D. Miller, R. Caldwell, M. J. Devlin, W. B. Dorwart, T. Herbig, M. R. Nolta, L. A. Page, J. Puchalla, E. Torbet, H. T. Tran: A Measurement of the Angular Power Spectrum of the Cosmic Microwave Background from L = 100 to 400, Astrophysical Journal 524, L1 (1999).

60   P. de Bernardis et al.: A flat universe from high-resolution maps of the cosmic microwave background radiation, Nature 404, 955 (2000).

61   A. Balbi et al.: Constraints on cosmological parameters from MAXIMA-1, Astrophysical Journal 545, L1 (2000).

62   A. Burkert, R. Genzel, G. Hasinger, G. Morfill, P. Schneider, D. Koester: Deutsche Forschungsgemeinschaft, Status und Perspektiven der Astronomie in Deutschland 2003–2016, Denkschrift, Wiley-VCH (2003).

63   Die ersten sieben Zeilen der Tabelle, ebenso wie die obere Grenze der Neutrinomasse, sind der Veröffentlichung der WMAP3-Daten entnommen und stellen die derzeit von praktisch allen Astrophysikern verwendete sogenannte «Konsens-Kosmologie» dar: Spergel et al., 2007, submitted to Astrophysical Journal (astro-ph/0603449). Die letzten beiden Zeilen sind dem Lehrbuch Bergmann-Schäfer, Band 8, 456 (2002), entnommen.

64   John P. Huchra: Mapmaker, Mapmaker Make Me a Map, Kapitel in «Our Universe» von Cambridge University Press.

65   http://cfa-www.harvard.edu/~huchra/zcat/.

66   M. J. Geller, J. P. Huchra: Mapping the universe, Science 246, 897 (1989).

67   H. Ebeling, C. R. Mullis, R. B. Tully: A Systematic X-Ray Search for Clusters of Galaxies behind the Milky Way, ApJ 580, 774 (2002).

68   2 Micron All Sky Survey Image Mosaic: Infrared Processing and Analysis Center/Caltech & University of Massachusetts. T. H. Jarrett, PASA 21, 39b (2004).

69   Der Spiegel, Nr. 30 / 24.7.06, 118.

70   Unter http://www.dlr.de/pf/ in der Rubrik Europäisches Feuerkugelnetz.

71   http://www.dlr.de/desktopdefault.aspx/tabid-830/1331_read-2408/.

72   http://de.wikipedia.org/wiki/Sibirien-Meteorit.

73   http://www.astronews.com/news/artikel/2003/09/0309-011.shtml.

74   Matthäus-Evangelium, Kapitel 25, Vers 29.

75   Die dazugehörigen Filme liegen unter http://cosmicweb.uchicago.edu/images/mov/.

76   Volker Springel et al., 2005; auf der Webseite http://www.mpa-garching.mpg.de/galform/virgo/millennium/ können ebenfalls Filme heruntergeladen werden.

77   Volker Springel, C. S. Frenk, S. D. M. White: The large-scale structure of the Universe, Nature 440, 1137 (2006).

78   Volker Springel et al., 2005; auf der Webseite http://www.mpa-garching.mpg.de/galform/data_vis/ können ebenfalls Filme heruntergeladen werden.

79   Anfang 2007 ist die Advanced Camera for Surveys leider aufgrund eines Fehlers in der Stromversorgung ausgefallen. Jetzt warten die Astronomen gespannt auf die nächste und vermutlich letzte Reparaturmission der NASA an ihrem Flagschiff.

80   http://hubblesite.org/newscenter/newsdesk/archive/releases/2004/07/.

81   http://www.stsci.edu/hst/udf/adv_cmte: R. Ekers (CSIRO), C. Cesarsky (ESO), G. Hasinger (MPE), G. Illingworth (UCSC), J. Mould (NOAO),

M. Mountain (Gemini), A. Sargent (Caltech), T. Soifer (Caltech), H. Tannenbaum (CFA), B. Williams (STScI), R. Windhorst (ASU).

82   ESO-Bild: http://www.eso.org/outreach/press-rel/pr-2000/phot-07a-00-normal.jpg; Spitzer-Bild: http://www.spitzer.caltech.edu/Media/releases/ssc2005-11/ssc2005-11a.shtml.

83   http://www.weltderphysik.de/de/1120.php.

84   http://www.aip.de/People/MSteinmetz/Movies.html.

85   Tom Abel, Greg L. Bryan, Michael L. Norman: The Formation of the First Star in the Universe, Science 295, 93 (2002); Volker Bromm, Richard B. Larson: The First Stars, Ann. Rev. in Astronomy & Astrophys. 42, 79 (2004).

86   http://heritage.stsci.edu/2005/12b/supplemental.html.

87   http://heritage.stsci.edu/2005/12b/big.html.

88   João F. Alves (ESO), Charles J. Lada (CfA), Elizabeth A. Lada (University of Florida), http://www.eso.org/outreach/press-rel/pr-2001/pr-01-01.html.

89   http://www.spitzer.caltech.edu/Media/releases/ssc2003-06/ssc2003-06f.shtml.

90   http://hubblesite.org/newscenter/newsdesk/archive/releases/1995/45/image/b.

91   http://www.spacetelescope.org/images/html/opo0113a.html.

92   http://www.eso.org/outreach/press-rel/pr-1999/pr-17-99.html.

93   George Biddell Airy, Astronomische Nachrichten 15, 217 (1838).

94   George Biddell Airy: Account of some Circumstances historically connected with the discovery of the Planet exterior to Uranus, Astronomische Nachrichten 25, 133 (1847).

95   Ibid., 149.

96   Nick Kollerstrom: Neptune's Discovery, The British Case for Co-Prediction (2001), http://www.ucl.ac.uk/sts/nk/neptune.

97   Dabei handelt es sich um die sogenannten Ekliptikalen Koordinaten, entlang und senkrecht zur Ebene des Sonnensystems.

98   http://www.aip.de/groups/publications/biennial_2000_2001/07_history.pdf.

99   Brief von Galle an Leverrier, Berlin, 25. Sept 1846.

100   Der Bettelmönch Giordano Bruno war ein Freigeist, dessen Überzeugungen in vielen Punkten der Lehre der katholischen Kirche widersprachen. Insbesondere leugnete er bis zum Schluss die Gottessohnschaft Jesu Christi und die Existenz des Jüngsten Gerichts und hielt an seiner Überzeugung vieler Welten fest. Er wurde aus der Kirche und dem Dominikanerorden ausgeschlossen und wegen Ketzerei und Magie zum Tod auf dem Scheiterhaufen verurteilt. Vor der Hinrichtung wurde ihm angeblich die Zunge festgebunden, damit er nicht

zum anwesenden Volk sprechen konnte. Die Hinrichtung wurde im Jahr 2000 von der katholischen Kirche als «Unrecht» bezeichnet.

101   http://exoplanet.eu/catalog.php.

102   http://www.sciencemag.org/cgi/content/abstract/1132128v1.

103   Rudolf Kippenhahn: 100 Milliarden Sonnen. R. Piper & Co., München 1980.

104   Der Phasenraum ist die quantenmechanische Gesamtheit aller möglichen Ortskoordinaten, Geschwindigkeitsvektoren und Spin-Zuständen, die ein Teilchen einnehmen kann.

105   Walter Baade, Fritz Zwicky: Cosmic Rays from Super-novae, Proceedings of the National Academy of Sciences of the United States of America 20, 259 (1934).

106   J. R. Oppenheimer, G. M. Volkoff: On Massive Neutron Cores, Phys. Rev. 55, 374 (1939).

107   F. S. Kitaura, H.-Th. Janka, W. Hillebrandt: Explosions of O-Ne-Mg cores, the Crab supernova, and subluminous type II-P supernovae, Astronomy and Astrophysics 450, 345 (2006), http://www.mpa-garching. mpg.de/mpa/research/current_research/hl2006-7/hl2006-7-de.html.

108   http://chandra.harvard.edu/photo/2002/0052/0052_xray_opt.jpg.

109   http://de.wikipedia.org/wiki/Krebsnebel.

110   A. Aschenbach, W. Brinkmann: A model of the X-ray structure of the Crab Nebula: Astrophysics 41, 147 (1975).

111   J. Trümper, G. Hasinger, B. Aschenbach, H. Bräuninger, U. G. Briel, W. Burkert, H. Fink, E. Pfeffermann, W. Pietsch, P. Predehl, J. H. M. M. Schmitt, W. Voges, U. Zimmermann, K. Beuermann: X-ray survey of the Large Magellanic Cloud by *ROSAT*, Nature 349, 579 (1991).

112   Neutronensterne haben, ähnlich wie Planeten, eine feste Kruste, die auf einem flüssigen Kern schwimmt. So wie es auf der Erde durch die Plattentektonik zu Erdbeben kommt, kann es auf der Oberfläche von Neutronensternen Sternbeben geben, die allerdings wesentlich mehr Energie freisetzen. Durch diese Prozesse kann es tatsächlich zur explosionsartigen Emission von Gamma- und Röntgenstrahlung kommen. Dieses Phänomen erklärt jedoch nur einen kleinen Teil der Gammastrahlenausbrüche, die sogenannten «Soft Gamma Repeater».

113   E. Costa, F. Frontera, J. Heise et al.: Discovery of an X-ray afterglow associated with the gamma-ray burst of 28 February 1997, Nature 387, 783 (1997).

114   J. van Paradijs, P. J. Groot, T. Galama et al.: Transient optical emission from the error box of the gamma-ray burst of 28 February 1997, Nature 386, 686 (1997).

115   Mein Kollege Jochen Greiner unterhält eine sehr informative Web-Seite über Gamma-Bursts: http://www.mpe.mpg.de/~jcg/grbgen.html.

116   GROND: Gamma-Ray Optical-Near-infrared Detector, web: http://www.mpg.mpg.de/~jcg/GROND.

117   Die Entweichgeschwindigkeit kann einfach aus der Balance zwischen der kinetischen Energie eines Körpers der Masse m und der Geschwindigkeit v ($E_{kin} = \frac{1}{2} m v^2$) und seiner potentiellen Energie im Gravitationsfeld des Himmelskörpers mit der Masse M ($E_{pot} = GMm/r$) berechnet werden. Sie hängt von der Wurzel aus dem Verhältnis M/r ab.

118   Der genaue Wert der Lichtgeschwindigkeit ist 299.792.458 Meter pro Sekunde.

119   Kip S. Thorne: Gekrümmter Raum und verbogene Zeit. Droemer Knaur, München 1996.

120   Allerdings muss man dazu bemerken, dass die Relativitätstheorie und die Quantentheorie an dieser Stelle noch nicht zusammenpassen. Je nachdem, mit welcher Theorie Sie die Eigenschaften eines Planck-Loches berechnen, kommt etwas anderes heraus. An der Theorie der Quantengravitation, die beide Ansätze miteinander vereinigt, wird seit Jahrzehnten gearbeitet.

121   Stefan Gillessen, Reinhard Genzel: Galaktisches Zentrum: Jagd auf das Schwarze Loch, Sterne & Weltraum 12, 37 (2006).

122   Galactic Centers. In: B. Aschenbach, V. Burwitz, G. Hasinger, B. Leibundgut (Eds.): Relativistic Astrophysics and Cosmology – Einstein's Legacy: ESO Astrophysics Symposia. Springer Verlag, Heidelberg 2007, S. 141.

123   Der Maser-Effekt funktioniert so ähnlich wie der verwandte Laser-Effekt, mit dem sichtbares Licht stark verstärkt und effizient gebündelt wird.

124   http://nobelprize.org/nobel_prizes/physics/laureates/2002/giacconi-autobio.html.

125   R. Giacconi, G. W. Clark, B. B. Rossi: A brief review of Experimental and Theoretical Progress in X-ray Astronomy, Technical Note of American Science and Engineering, ASE-TN-49, Jan. 15 (1960).

126   Riccardo Giacconi, Herbert Gursky, Frank R. Paolini, Bruno B. Rossi: Evidence for x Rays From Sources Outside the Solar System, Physical Review Letters 9, 439 (1962).

127   Giacconi, Riccardo, Rossi, Bruno: A ‹Telescope› for Soft X-Ray Astronomy, Journal of Geophysical Research 65, 773 (1960).

128   J. Trümper, W. Pietsch, C. Reppin, W. Voges, R. Staubert, E. Kendziorra: Evidence for strong cyclotron line emission in the hard X-ray spectrum of Hercules X-1, Astrophysical Journal Letters 219, L105 (1978).

129   Werner Heisenberg: Schritte über Grenzen. Gesammelte Reden und Aufsätze. R. Piper & Co., München 1971.

130   Hoimar v. Ditfurth: Im Anfang war der Wasserstoff. Hoffmann & Campe, Hamburg 1972.

131 Rudolf Kippenhahn: 100 Milliarden Sonnen. R. Piper & Co., München 1980.

132 Auf der Feier zu seinem achtzigsten Geburtstag hat mich Kippenhahn übrigens für diese Aussage scherzhaft gescholten; er war bislang immer davon ausgegangen, die Mädchen wären seinetwegen in die Vorlesung gekommen.

133 J. H. M. M. Schmitt, S. L. Snowden, B. Aschenbach, G. Hasinger, E. Pfeffermann, P. Predehl, J. Trümper: A soft X-ray image of the moon, Nature 349, 583 (1991).

134 Einige Publikationen zur Auflösung des Röntgenhintergrundes mit ROSAT, *XMM-Newton* und *Chandra*: G. Hasinger, R. Burg, R. Giacconi, G. Hartner, M. Schmidt, J. Trümper, G. Zamorani: A deep X-ray survey in the Lockman Hole and the soft X-ray log N – log S, Astronomy & Astrophysics 275, 1 (1993); G. Hasinger, R. Burg, R. Giacconi, M. Schmidt, J. Trümper, G. Zamorani: The *ROSAT* Deep Survey I. X-ray sources in the Lockman Field, Astronomy & Astrophysics 329, 482 (1998); G. Hasinger, B. Altieri, M. Arnaud, X. Barcons, J. Bergeron et al.: *XMM-Newton* observation of the Lockman Hole. I. The X-ray data, Astronomy & Astrophysics 365, L45 (2001); R. Giacconi, P. Tozzi, M. Nonino, G. Hasinger et al.: First Results from the X-ray and Optical Survey of the Chandra Deep Field South, Astrophysical Journal 551, 624 (2001); W. N. Brandt, A. E. Hornschemeier, D. M. Alexander, G. P. Garmire, D. P. Schneider et al.: The Chandra Deep Survey of the Hubble Deep Field North Area. IV. An Ultradeep Image of the HDF-N, Astronomical Journal 122, 1 (2001).

135 Richard Preston: Das Erste Licht. Auf der Suche nach der Unendlichkeit. Droemer Knaur, München 2000.

136 Fred Adams, Greg Laughlin: Die fünf Zeitalter des Universums. Eine Physik der Ewigkeit. Deutsche Verlags-Anstalt, Stuttgart 2000.

137 Arnold Benz: Die Zukunft des Universums: Zufall, Chaos, Gott? Patmos-Verlag, Düsseldorf 1997.

138 Die Elemente schwerer als Eisen entstehen erst in Supernova-Explosionen – dem gewaltsamen Tod der masserreichsten Sterne.

139 S. Franck, W. von Bloh, Ch. Bounama, M. Steffen, D. Schönberner, H.-J. Schellnhuber: Determination of habitable zones in extrasolar planetary systems: Where are Gaia's sisters?, Journal of Geophysical Research 105, 1651 (2001).

140 F. J. Dyson: Time without end: Physics and Biology in an open Universe, Rev. mod. Phys. 51, 447.

141 Johann Wolfgang Goethe an Johann Caspar Lavater (9.8.1782).

142 Hans Küng: Der Anfang aller Dinge. Naturwissenschaft und Religion, R. Piper & Co., München 2005.

143   Ich bin der Meinung, dass diese Aussage auf alle Wirklichkeiten zu-
       trifft (siehe dazu die Einleitung).

144   Ludwig Feuerbach: Das Wesen der Religion, Leipzig 1846.

145   http://www.sueddeutsche.de/imperia/md/audio/wissen/shaman.mp3.

146   Die Vorsokratiker. Die Fragmente und Quellenberichte. Übersetzt und
       eingeleitet von Wilhelm Capell. Alfred Kröner Verlag, Stuttgart, fr. 15.

Abbildungsverzeichnis

Personenregister

Sachregister